人工智能技术丛书

scikit-learn 机器学习实战

邓立国 郭雅秋 陈子尧 邓淇文 / 著

清华大学出版社
北 京

内 容 简 介

本书围绕scikit-learn库，详细介绍机器学习模型、算法、应用场景及其案例实现方法，通过对相关算法循序渐进的讲解，带你轻松踏上机器学习之旅。本书采用理论与实践相结合的方式，结合Python3语言的强大功能，以最小的编程代价来实现机器学习算法。本书配套PPT课件、案例源码、数据集、开发环境与答疑服务。

本书共分13章，内容包括机器学习的基础理论、模型范式、策略、算法以及机器学习的应用开发，涵盖特征提取、简单线性回归、k近邻算法、多元线性回归、逻辑回归、朴素贝叶斯、非线性分类、决策树回归、随机森林、感知机、支持向量机、人工神经网络、K均值算法、主成分分析等热点研究领域。

本书可以作为机器学习初学者、研究人员或从业人员的参考书，也可以作为计算机科学、大数据、人工智能、统计学和社会科学等专业的大学生或研究生的教材。

图书在版编目（CIP）数据

scikit-learn机器学习实战 / 邓立国等著. – 北京：清华大学出版社，2022.4（2023.8重印）
（人工智能技术丛书）
ISBN 978-7-302-60439-6

Ⅰ. ①s… Ⅱ. ①邓… Ⅲ. ①机器学习 Ⅳ. ①TP181

中国版本图书馆CIP数据核字（2022）第052840号

责任编辑： 夏毓彦
封面设计： 王 翔
责任校对： 闫秀华
责任印制： 杨 艳
出版发行： 清华大学出版社
网 址： http://www.tup.com.cn，http://www.wqbook.com
地 址： 北京清华大学学研大厦A座 **邮 编：** 100084
社 总 机： 010-83470000 **邮 购：** 010-62786544
投稿与读者服务： 010-62776969，c-service@tup.tsinghua.edu.cn
质量反馈： 010-62772015，zhiliang@tup.tsinghua.edu.cn
印 装 者： 大厂回族自治县彩虹印刷有限公司
经 销： 全国新华书店
开 本： 190mm×260mm **印 张：** 13.75 **字 数：** 371千字
版 次： 2022年6月第1版 **印 次：** 2023年8月第3次印刷
定 价： 69.00元

产品编号： 094151-01

前　　言

机器学习实际上已经存在了几十年，或者也可以认为存在了几个世纪。追溯到 17 世纪，贝叶斯、拉普拉斯关于最小二乘法的推导和马尔可夫链，这些构成了机器学习广泛使用的工具和基础。从 1950 年艾伦•图灵提议搭建一个学习机器开始，到 2000 年年初深度学习的实际应用以及最近的进展，比如 2012 年的 AlexNet，机器学习有了很大的发展。

scikit-learn 项目最早由数据科学家 David Cournapeau 在 2007 年发起，需要 NumPy 和 SciPy 等其他包的支持，它是 Python 语言中专门针对机器学习应用而发展起来的一款开源框架。

机器学习是一门多领域交叉学科，涉及概率论、统计学、逼近论、凸分析、算法复杂度理论等多门学科。它专门研究计算机怎样模拟或实现人类的学习行为，以获取新的知识或技能，重新组织已有的知识结构并使之不断改善自身的性能。它是人工智能的核心，即使计算机具有智能的根本途径。

本书针对机器学习这个领域，描述了多种学习模型、策略、算法、理论以及应用，基于 Python3 使用 scikit-learn 工具包演示算法解决实际问题的过程。对机器学习感兴趣的读者可通过本书快速入门，快速胜任机器学习岗位，成为人工智能时代的人才。

读者需要了解的重要信息

本书作为机器学习专业图书，介绍机器学习的基本概念、算法流程、模型构建、数据训练、模型评估与调优、必备工具和实现方法，全程以真实案例驱动，案例采用 Python3 实现。本书涵盖数据获得、算法模型、案例代码实现和结果展示的全过程，以机器学习的经典算法为轴线：算法分析→数据获取→模型构建→推断→算法评估。本书案例具有代表性，结合了理论与实践，并能明确机器学习的目标及完成效果。

本书内容

本书共分 13 章，系统讲解机器学习的典型算法，内容包括机器学习概述、数据特征提取、scikit-learn 估计器分类、朴素贝叶斯分类、线性回归、*k* 近邻算法分类和回归、从简单线性回归到多元线性回归、从线性回归到逻辑回归、非线性分类和决策树回归、从决策树到随机森林、从感知机到支持向量机、从感知机到人工神经网络、主成分分析降维。

本书的例子都是在 Python3 集成开发环境 Anaconda3 中经过实际调试通过的典型案例，同时本书配备了案例的源码和数据集供读者参考。

配套资源下载

本书配套的案例源码、PPT 课件、数据集、开发环境和答疑服务，需要使用微信扫描下边的二维码下载，可按扫描后的页面提示，把链接转发到自己的邮箱中下载。如果有疑问，请联系 booksaga@163.com，邮件主题写“scikit-learn 机器学习实战”。

本书读者

本书适合大数据分析与挖掘、机器学习与人工智能技术的初学者、研究人员及从业人员，也适合作为高等院校和培训机构大数据、机器学习与人工智能相关专业的师生教学参考。

致　谢

本书完成之际，感谢合作者与清华大学出版社各位老师的支持。作者夜以继日用了近一年的时间写作，并不断修正错误和完善知识结构。由于作者水平有限，书中有纰漏之处还请读者不吝赐教。本书写作过程中参考的图书与网络资源都在参考文献中给出了出处。

邓立国

2022 年 1 月

目　录

第1章 机器学习概述

机器学习（Machine Learning）是人工智能及模式识别领域的共同研究热点，其理论和方法已被广泛应用于解决工程应用和科学领域的复杂问题。

机器学习是一门多学科交叉专业，涵盖概率论知识、统计学知识、近似理论知识和复杂算法知识，使用计算机作为工具并致力于真实模拟人类的学习方式，并对现有内容进行知识结构划分，以有效提高学习效率。

1.1 什么是机器学习

机器学习是一门多领域交叉学科，涉及概率论、统计学、逼近论、凸分析、算法复杂度理论等多门学科，专门研究计算机怎样模拟或实现人类的学习行为，以获取新的知识或技能，重新组织已有的知识结构并使之不断改善自身的性能。它是人工智能的核心，也是使计算机具有智能的根本途径。

机器学习历经70年的曲折发展，以深度学习为代表借鉴人脑的多分层结构，神经元连接交互信息的逐层分析处理机制，自适应、自学习的强大并行信息处理能力，在很多方面收获了突破性进展，其中最有代表性的是图像识别领域。

机器学习过程正像人类在成长、生活过程中积累了很多的实践经验，人类对这些经验进行“归纳”得到“规律”。当遇到未知的问题时，可以使用这些“规律”对未知的问题进行“推测”，从而指导自己的工作。机器学习中的“训练”与“预测”过程可以对应到人类的“归纳”和“推测”过程，机器学习的思想仅仅是对人类在实践中学习过程的一个模拟，因而机器学习是通过归纳思想得出相关性结论的。

1. 机器学习的定义

第一个机器学习的定义来自Arthur Samuel。他把机器学习定义为：在进行特定编程的情况下，给予计算机学习能力的领域。

第二个机器学习的定义来自卡内基梅隆大学的Tom：一个程序被认为能从经验E中学习，解决任务T，达到性能度量值P，当且仅当有了经验E后，经过P评判，程序在处理T时的性能有所提升。

机器学习还有下面几种定义：

（1）Langley（1996）定义的机器学习是“机器学习是一门人工智能的科学，该领域的主要研究对象是人工智能，特别是如何在经验学习中改善具体算法的性能”。

（2）Tom Mitchell（1997）在 *Machine Learning*（《机器学习》）一书中定义机器学习时提到，“机器学习是对能通过经验自动改进的计算机算法的研究”。

（3）Alpaydin（2004）提出了自己对机器学习的定义，“机器学习是用数据或以往的经验，以此优化计算机程序的性能标准”。

2. 机器学习和数据挖掘的关系

机器学习方法对大型数据库的应用称为数据挖掘。在数据挖掘中，处理大量数据以构建具有使用价值的简单模型。其应用领域非常丰富：除了零售业外，金融业（比如银行）分析其过去的数据，以建立模型，用于信用应用、欺诈检测和股票市场；在制造中，学习模型用于优化、控制和故障排除，在医学中，学习程序用于医学诊断；在电信中，分析呼叫模式用于网络优化和最大化服务质量；在科学上，物理学、天文学和生物学中的大量数据只能通过计算机进行足够快的分析。

3. 机器学习的范围

机器学习跟模式识别、统计学习、数据挖掘类似，同时，机器学习与其他领域的处理技术相结合，形成了计算机视觉、语音识别、自然语言处理等交叉学科。从某种程度来说，机器学习等同于数据挖掘。

4. 机器学习的发展历程

机器学习实际上已经存在了几十年，或者也可以认为存在了几个世纪。追溯到 17 世纪，贝叶斯、拉普拉斯关于最小二乘法的推导和马尔可夫链，这些构成了机器学习广泛使用的工具和基础。从 1950 年艾伦·图灵提议建立一个学习机器，到 2000 年初深度学习的实际应用，以及 2012 年的 AlexNet，机器学习有了很大的进展。

从 20 世纪 50 年代研究机器学习以来，不同时期的研究途径和目标并不相同，可以划分为 4 个阶段：

（1）第一阶段从 20 世纪 50 年代中叶到 60 年代中叶，是“没有知识”的学习（即无知学习）。

（2）第二阶段从 20 世纪 60 年代中叶到 70 年代中叶，主要研究将各个领域的知识植入系统中，目的是通过机器模拟人类学习的过程。

（3）第三阶段从 20 世纪 70 年代中叶到 80 年代中叶，探索不同的学习策略和学习方法，已开始把学习系统与各种应用结合起来。

（4）第四阶段是 20 世纪 80 年代中叶，是机器学习的最新阶段。这个时期的机器学习具有如下特点：

- 综合应用了心理学、生物学、神经生理学、数学、自动化和计算机科学等学科知识，形成了机器学习的理论基础。
- 机器学习使用数据或以往的经验，以此优化计算机程序的性能标准。

- 机器学习与人工智能各种基础问题的统一性观点正在形成。
- 各种学习方法的应用范围不断扩大，部分应用研究成果已转化为产品。

5. 机器学习的研究现状

机器学习是人工智能及模式识别领域的共同研究热点，其理论和方法已被广泛应用于解决工程应用和科学领域的复杂问题。机器学习历经 70 年的曲折发展，以深度学习为代表，借鉴人脑的多分层结构、神经元的连接交互信息的逐层分析处理机制，以及自适应、自学习的强大并行信息处理能力，在很多方面收获了突破性进展，其中最有代表性的是图像识别领域。传统机器学习的研究方向主要包括决策树、随机森林、人工神经网络、贝叶斯学习等方面。随着大数据时代各行业对数据分析需求的持续增加，通过机器学习高效地获取知识已逐渐成为当今机器学习技术发展的主要推动力。如何基于机器学习对复杂多样的数据进行深层次的分析，以及更高效地利用信息，已成为当前大数据环境下机器学习研究的主要方向。

1.2 机器学习的作用领域

人工智能是机器学习的父类，深度学习则是机器学习的子类。机器学习是目前业界最为热门的一门技术，网上购物、汽车 AI 自动驾驶技术、网络防御系统等都有机器学习的技术支撑。同时，机器学习也是最有可能使人类完成 AI 梦想的一项技术，目前各种人工智能的应用（如百度小度聊天机器人）、计算机视觉技术的进步，都有机器学习的成分。

1. 数学在机器学习中的作用有两个方面

机器学习在构建数学模型的过程中使用统计学理论，因为核心任务是从样本进行推理。

- 在训练中，需要高效的算法来解决优化问题，以及存储和处理大量的数据。
- 一旦模型被学习，其表示和用于推断的算法解决方案也需要是高效的。在某些应用中，学习或推断算法的效率（即其空间和时间复杂度）与其预测精度一样重要。

2. 机器学习发挥作用的 6 个领域

机器学习在增强学习、生成模型、记忆神经网络、迁移学习、学习 / 判断 / 推理硬件、模拟环境等 6 个领域发挥了较大的作用。

（1）增强学习

增强学习（Enhanced Learning）是指如何让智能体在环境中做到数据积累和回报。例如 Google 采用增强学习优化其数据中心降温能源的有效利用率，而使用增强学习的优势是训练数据可以不断积累，获取成本比较低廉，这就是增强学习战胜监督学习的原因。

（2）生成模型

生成模型（Generation Model）主要应用于训练样本上的学习概率分析，通过高位数据分布采集，生成模型可以产生与训练数据相似的模型。

（3）记忆神经网络

机器学习必须不断学习新的任务，创建新的模型，但是传统的神经网络记不住多态模型和任务，这就是变灾性失忆现象。网络技术可以解决失忆问题，其中包括长 - 短记忆网络、微积分神经计算机、弹性联合算法、进步学习神经网络，比如用于机械臂、物联网、自动驾驶。

（4）迁移学习

深度学习如果想做到最优表现，必须要有大规模的数据训练，更别提完成语音识别、机器翻译这种高准确率的复杂项目。如果机器学习需要解决某个问题，但是数据量不充足，那么在小型模拟中获取最优算法，然后将这个可学习的模型应用到现在的这个模型上，这称之为迁移学习（Transfer Learning）。

（5）学习 / 判断 / 推理硬件

GPU 大规模地应用到神经网络中，与 CPU 不同的是，GPU 可以大量地处理并行单元结构，可以同时并行处理多个任务。GPU 的运算精度高，不会出现内存宽带限制和数据溢出的问题，这就为深度学习提供定制芯片奠定了基础，比如用于语音交互的物联网设备、云服务、自动驾驶、无人机。

（6）模拟环境

为机器学习提供大量数据是一个巨大的挑战，并且需要适应不同的环境、在不同的环境中学习建立模型，所以搭建一个可以为机器学习提供测试的模拟真实环境和电子虚拟世界是必需的，可以为以后向真实环境转变提供数据依据，比如用于游戏开发、智慧城市。

1.3 机器学习的分类

机器学习的分类主要有学习策略、学习方法、数据形式和学习目标等。几十年来，研究发表的机器学习的方法种类很多，根据强调侧面的不同可以有多种分类方法。

1. 基于学习策略的分类

（1）模拟人脑的机器学习。

- 符号学习：模拟人脑的宏观心理级学习过程，以认知心理学原理为基础，以符号数据为输入，以符号运算为方法，用推理过程在图或状态空间中搜索，学习的目标为概念或规则等。符号学习的典型方法有记忆学习、示例学习、演绎学习、类比学习和解释学习等。
- 神经网络学习（或连接学习）：模拟人脑的微观生理级学习过程，以脑和神经科学原理为基础，以人工神经网络为函数结构模型，以数值数据为输入，以数值运算为方法，用迭代过程在系数向量空间中搜索，学习的目标为函数。典型的连接学习有权值修正学习和拓扑结构学习。

（2）直接采用数学方法的机器学习。

统计机器学习是基于对数据的初步认识以及学习目的的分析，选择合适的数学模型，拟定超参数，并输入样本数据，依据一定的策略，运用合适的学习算法对模型进行训练，最后运用训练好的模型对数据进行分析预测。

2. 基于学习方法的分类

（1）归纳学习，可分为符号归纳学习和函数归纳学习。

- 符号归纳学习：典型的符号归纳学习有示例学习、决策树学习。
- 函数归纳学习（发现学习）：典型的函数归纳学习有神经网络学习、示例学习、发现学习、统计学习。

（2）演绎学习。

（3）类比学习：典型的类比学习有案例（范例）学习。

（4）分析学习：典型的分析学习有解释学习、宏操作学习。

3. 基于学习方式的分类

（1）监督学习（有导师学习）：输入数据中有导师信号，以概率函数、代数函数或人工神经网络为基函数模型，采用迭代计算方法，学习的结果为函数。

（2）无监督学习（无导师学习）：输入数据中无导师信号，采用聚类方法，学习结果为类别。典型的无导师学习有发现学习、聚类和竞争学习等。

（3）强化学习（增强学习）：以环境反馈（奖 / 惩信号）作为输入，以统计和动态规划技术为指导的一种学习方法。

4. 基于数据形式的分类

（1）结构化学习：以结构化数据为输入，以数值计算或符号推演为方法。典型的结构化学习有神经网络学习、统计学习、决策树学习和规则学习。

（2）非结构化学习：以非结构化数据为输入。典型的非结构化学习有类比学习、案例学习、解释学习、文本挖掘、图像挖掘和 Web 挖掘等。

5. 基于学习目标的分类

（1）概念学习：学习的目标和结果为概念，或者说是为了获得概念的学习。典型的概念学习有示例学习。

（2）规则学习：学习的目标和结果为规则，或者说是为了获得规则的学习。典型的规则学习有决策树学习。

（3）函数学习：学习的目标和结果为函数，或者说是为了获得函数的学习。典型的函数学习有神经网络学习。

（4）类别学习：学习的目标和结果为对象类，或者说是为了获得类别的学习。典型的类别学习有聚类分析。

（5）贝叶斯网络学习：学习的目标和结果是贝叶斯网络，或者说是为了获得贝叶斯网络的一种学习。其又可分为结构学习和多数学习。

1.4 机器学习理论基础

机器学习是人工智能研究发展到一定阶段的必然产物。从 20 世纪 50 年代到 70 年代初，人工智能研究处于“推理期”，人们认为只要给机器赋予逻辑推理能力，机器就能具有智能。

机器学习是人工智能研究的核心内容。它的应用已遍及人工智能的各个分支，如专家系统、自动推理、自然语言理解、模式识别、计算机视觉、智能机器人等领域。

机器学习的科学基础之一就是神经科学。然而，对机器学习的进展产生重要影响的是以下三个发现：

- James 关于神经元是相互连接的发现。
- McCulloch 与 Pitts 关于神经元的工作方式是“兴奋”和“抑制”的发现。
- Hebb 的学习律（神经元相互连接强度的变化）。

1. 机器学习逻辑描述

令 W 是给定世界的有限或无限的所有观测对象的集合，由于观察能力的限制，只能获得这个世界的一个有限的子集 QW，称为样本集。机器学习就是根据这个样本集推算这个世界的模型，使它对这个世界（尽可能地）为真。这个描述隐含三个需要解决的问题：

（1）一致：假设世界 W 与样本集 Q 有相同的性质。例如，如果学习过程基于统计原理，独立同分布（independently and identically distributed，简称 i. i. d）就是一类一致条件。

（2）划分：将样本集放到 n 维空间，寻找一个定义在这个空间上的决策分界面（等价关系），使得问题决定的不同对象分在不相交的区域。

（3）泛化：泛化能力是这个模型对世界为真程度的指标。从有限样本集合计算一个模型，使得这个指标最大（最小）。

E.A.Feigenbaum 在著名的《人工智能手册》中，把机器学习技术划分为 4 大类，即“机械学习”“示教学习”“类比学习”和“归纳学习”。

2. 常见的算法

（1）决策树算法。
（2）朴素贝叶斯算法。
（3）支持向量机算法。
（4）随机森林算法。
（5）人工神经网络算法。
（6）Boosting 与 Bagging 算法。
（7）关联规则算法。

（8）EM（期望最大化）算法。

（9）深度学习。

1.5 机器学习应用开发的典型步骤

开发机器学习应用时，可以灵活地尝试不同的模型与算法，以及使用不同的方法对数据进行处理，这个过程还是有章可循的。

1. 定义问题

先明确需要解决的问题。在实际应用中，很多时候得到的并非是一个明确的机器学习任务，而只是一个需要解决的问题。

2. 数据采集

数据采集是机器学习应用开发的基础。人工收集数据，例如预测房屋价格，可以从房屋相关的网站上获取数据、提取特征并进行标记。人工收集数据耗时较长且非常容易出错，所以通常在其他方法都无法实现时才会采用。

通过网络爬虫从相关网站收集数据，例如从传感器收集实测数据（如压力传感器的压力数据），从某些 API 获取数据（如交易所的交易数据），从 App 或 Web 端收集数据等。对于某些领域，也可以直接采用业界的公开数据集，从而节省时间和精力。

3. 数据清洗

通过数据采集得到的原始数据可能并不规范，需对数据进行清洗才能满足使用需求。比如，去掉数据集中的重复数据、噪声数据，修正错误数据，最后将数据转换为需要的格式，以方便后期处理。

4. 特征选择与处理

特征选择是在原始特征中选出对模型有用的特征，去除数据集中与模型预测没有太大关系的特征。

通过分析数据，可以人工选择贡献较大的特征，也可以采用类似 PCA 等算法进行选择。对特征进行相应处理，如对数值型特征进行标准化，对类别型特征进行 one-hot 编码等。

5. 训练模型

特征数据准备完成后，即可根据具体任务选择合适的模型并进行训练。对于监督学习，一般会将数据集分为训练集和测试集，通过训练集训练模型参数，然后通过测试集测试模型精度。而无监督学习则不需要对算法进行训练，只需要通过算法发现数据的内在结构，发现其中的隐藏模式即可。

6. 模型评估与调优

无论是监督学习还是无监督学习，模型训练完毕后都需要对模型结果进行评估。监督学习可采用测试集数据对模型算法的精度进行评估。无监督学习也需要采用相应的评估方法检验模型的准确性。若模型不满足要求，则需要对模型进行调整、训练以及再评估，直至模型达到标准。

7. 模型使用

调优之后得到的最优模型一般会以文件的形式保存起来（TensorFlow 以 .h5 文件保存模型），应用时可直接加载使用。机器学习应用加载模型文件，将新样本的特征数据输入模型，由模型进行预测，并得到最终预测结果。

1.6 本章小结

本章从机器学习的起源、发展依据、历史上的重要事件的角度讨论了机器学习的发展脉络，介绍了机器学习的基本概念、机器学习的作用领域、机器学习的分类、机器学习的理论基础和机器学习的开发步骤。

1.7 复习题

（1）机器学习发挥作用的领域有哪些？

（2）机器学习基于学习方法的分类有哪些？

（3）机器学习基于学习目标的分类有哪些？

（4）机器学习的常见算法有哪些？

（5）机器学习应用开发的典型步骤是什么？

第 2 章 机器学习之数据特征

数据特征分析与数据质量分析一起构成了数据探索两个方面的工作，前文介绍过机器学习的概况，本章将着重讲解数据特征分析，找寻数据间的关系。

机器学习专门研究计算机怎样模拟或实现人类的学习行为，以获取新的知识或技能，重新组织已有的知识结构，使之不断改善自身的性能。数据和特征决定了机器学习的上限，模型和算法是逼近这个上限的工具手段，特征工程目的是最大限度地从原始数据中提取特征以供算法和模型使用。

2.1 数据的分布特征

统计数据的分布特征可以从两个方面进行描述：一是数据分布的集中趋势，二是数据分布的离散程度。集中趋势和离散程度是数据的分布特征对立统一的两个方面。本节通过介绍平均指标和变异指标这两个统计指标的概念及计算，来反映数据分布的集中趋势和离散程度两个方面的特征。

2.1.1 数据分布集中趋势的测度

集中趋势是指一组数据向某中心值靠拢的倾向，集中趋势的测度实际上就是对数据一般水平代表值或中心值的测度。不同类型的数据使用不同的集中趋势测度值，低层次数据的集中趋势测度值适用于高层次的测量数据，反过来，高层次数据的集中趋势测度值并不适用于低层次的测量数据。选用哪一个测度值来反映数据的集中趋势，需要根据所掌握的数据的类型来确定。

通常用平均指标作为集中趋势测度指标，本节重点介绍众数、中位数两个位置型平均数以及算术平均数、调和平均数、几何平均数三个数值型平均数。

1. 众数

众数是指一组数据中出现次数最多的变量值，用 M_0 表示。从变量分布的角度看，众数是具有明显集中趋势点的数值，一组数据分布的最高峰点所对应的变量值即为众数。当然，如果数据的分布没有明显的集中趋势或最高峰点，众数也可以不存在；如果有多个高峰点，也就有多个众数。

（1）定类数据和定序数据众数的测定

定类数据与定序数据计算众数时，出现次数最多的组所对应的变量值即为众数。

（2）未分组数据或单变量值分组数据众数的确定

未分组数据或单变量值分组数据计算众数时，出现次数最多的变量值即为众数。

（3）组距分组数据众数的确定

组距分组数据众数的数值与其相邻两组的频数分布有一定的关系，这种关系可作如下理解：

设众数组的频数为f_m，众数前一组的频数为f_{-1}，众数后一组的频数为f_{+1}。当众数相邻两组的频数相等时，即$f_{-1}=f_{+1}$，众数组的组中值即为众数；当众数组前一组频数多于众数组后一组的频数时，即$f_{-1}>f_{+1}$，则众数会向其前一组靠，众数小于其组中值；当众数组后一组的频数多于众数组前一组的频数时，即$f_{-1}<f_{+1}$，则众数会向其后一组靠，众数大于其组中值。基于这种思路，借助几何图形导出的分组数据众数的计算公式如下：

$$M_0 \doteq L+\frac{f_m-f_{-1}}{(f_m-f_{-1})+(f_m-f_{+1})}\times i$$
$$M_0 \doteq U-\frac{f_m-f_{+1}}{(f_m-f_{-1})+(f_m-f_{+1})}\times i$$
（公式 2.1）

其中，L 表示众数所在组的下限，U 表示众数所在组的上限，i 表示众数所在组的组距，f_m 为众数所在组的频数，f_{-1} 为众数所在组前一组的频数，f_{+1} 为众数所在组后一组的频数。

上述下限和上限公式是假定数据分布具有明显的集中趋势，且众数组的频数在该组内是均匀分布的，若这些假定不成立，则众数的代表性就会很差。从众数的计算公式可以看出，众数是根据众数组及相邻组的频率分布信息来确定数据中心点位置的，因此众数是一个位置代表值，它不受数据中极端值的影响。

2. 中位数

中位数是将总体各单位标志值按大小顺序排列后，处于中间位置的那个数值。各变量值与中位数的离差绝对值之和最小，即：

$$\sum_{i=1}^{n}\left|X_i-M_\mathrm{e}\right|=\min$$
（公式 2.2）

（1）定序数据中位数的确定

确定定序数据中位数的关键是确定中间位置，中间位置所对应的变量值即为中位数。

① 未分组原始资料中间位置的确定

$$\begin{cases}\text{中位数位置}=\dfrac{N+1}{2} & N\text{为奇数}\\ \text{中位数位置}=\dfrac{N}{2} & N\text{为偶数}\end{cases}$$
（公式 2.3）

② 分组数据中间位置的确定

$$中位数位置=\frac{\sum f}{2} \qquad （公式 2.4）$$

（2）数值型数据中位数的确定

$$数值型数据资料=\begin{cases}未分组资料\\ 分组资料\begin{cases}单变量值分组资料\\ 组距分组资料\end{cases}\end{cases}$$

① 未分组资料

首先必须将标志值按大小排序。设排序的结果为：$x_1 \leqslant x_2 \leqslant x_3 \leqslant \cdots \leqslant x_n$ 则：

$$M_e=\begin{cases}X_{\left(\frac{N+1}{2}\right)} & 当N为奇数时\\ \frac{1}{2}\left(X_{\frac{N}{2}}+X_{\frac{N}{2}+1}\right) & 当N为偶数时\end{cases} \qquad （公式 2.5）$$

② 单变量分组资料

$$M_e=\begin{cases}X_{\left(\frac{\sum f+1}{2}\right)} & \sum f为奇数时\\ X_{\left(\frac{\sum f}{2}\right)} & \sum f为偶数时\end{cases} \qquad （公式 2.6）$$

③ 组距分组资料

根据位置公式确定中位数所在的组，假定中位数所在的组内各单位是均匀分布的，就可以利用下面的公式计算中位数的近似值：

$$M_e=L+\frac{\frac{\sum f}{2}-S'_{m-1}}{f_m}\cdot i$$

$$M_e=U-\frac{\frac{\sum f}{2}-S'_{m+1}}{f_m}\cdot i \qquad （公式 2.7）$$

其中，S'_{m-1} 是到中位数组前面一组为止的向上累计频数，S'_{m+1} 则是到中位数组后面一组为止的向下累计频数，f_m 为中位数组的频数，i 为中位数组的组距。

3. 算术平均数

算术平均数也称为均值（Mean），是全部数据算术平均的结果。算术平均法是计算平均指标最基本、最常用的方法。算术平均数在统计学中具有重要的地位，是集中趋势的主要测度值，通常用 $\bar{x}$ 表示。根据所掌握数据形式的不同，算术平均数有简单算术平均数和加权算术平均数。

（1）简单算术平均数

未经分组整理的原始数据，其算术平均数的计算就是直接将一组数据的各个数值相加再除以数值个数。设总体数据为 $X_1,X_2,\cdots,X_n$，样本数据为 $x_1,x_2,\cdots,x_n$，则统计总体均值 $\overline{X}$ 和样本均值 $\overline{x}$ 的计算公式为：

$$\overline{X}=\frac{X_1+X_2+\cdots+X_N}{N}=\frac{\sum_{i=1}^{N}X_i}{N}$$

$$\overline{x}=\frac{x_1+x_2+\cdots+x_n}{n}=\frac{\sum_{i=1}^{n}x_i}{n} \quad \text{（公式 2.8）}$$

（2）加权算术平均数

根据分组整理的数据计算算术平均数，就要以各组变量值出现的次数或频数为权数计算加权的算术平均数。设原始数据（总体或样本数据）被分成 K 或 k 组，各组的变量值为 $X_1,X_2,\cdots,X_K$ 或 $x_1,x_2,\cdots,x_k$，各组变量值的次数或频数分别为 $F_1,F_2,\cdots,F_K$ 或 $f_1,f_2,\cdots,f_k$，则总体或样本的加权算术平均数为：

$$\overline{X}\doteq\frac{X_1F_1+X_2F_2+\cdots+X_KF_K}{F_1+F_2+\cdots+F_K}=\frac{\sum_{i=1}^{K}X_iF_i}{\sum_{i=1}^{K}F_i}$$

$$\overline{x}\doteq\frac{x_1f_1+x_2f_2+\cdots+x_kf_k}{f_1+f_2+\cdots+f_k}=\frac{\sum_{i=1}^{k}x_if_i}{\sum_{i=1}^{k}f_i} \quad \text{（公式 2.9）}$$

公式 2.9 中是用各组的组中值代表各组的实际数据，使用代表值时，假定数据在各组中是均匀分布的，但实际情况与这一假定会有一定的偏差，使得利用分组资料计算的平均数与实际的平均数会产生误差，它是实际平均值的近似值。

加权算术平均数其数值的大小不仅受各组变量值 x_i 大小的影响，而且受各组变量值出现的频数（即权数 f_i）大小的影响。如果某一组的权数大，说明该组的数据较多，那么该组数据的大小对算术平均数的影响就越大；反之，则越小。实际上，我们将上式变形为公式 2.10 的形式，更能清楚地看出这一点。

$$\overline{x}=\frac{\sum_{i=1}^{K}x_if_i}{\sum_{i=1}^{K}f_i}=\sum_{i=1}^{K}x_i\frac{f_i}{\sum_{i=1}^{K}f_i} \quad \text{（公式 2.10）}$$

由上式可以清楚地看出，加权算术平均数受各组变量值（x_i）和各组权数（即频率 $f_i/\sum f_i$）大小的影响。频率越大，相应的变量值计入平均数的份额也越大，对平均数的影响就越大；反之，频率越小，相应的变量值计入平均数的份额也越小，对平均数的影响就越小。这就是权数权衡轻重作用的实质。

算术平均数在统计学中具有重要的地位，它是进行统计分析和统计推断的基础。从统计思想上看，算术平均数是一组数据的重心所在，它是消除一些随机因素的影响或者数据误差相互抵消后的必然结果。

算术平均数具有下面一些重要的数学性质，这些数学性质实际有着广泛的应用，同时也体现了算术平均数的统计思想。

（1）各变量值与其算术平均数的离差之和等于零，即：

$$\sum_{i=1}^{n}(x_i-\overline{x})=0 \text{ 或 } \sum_{i=1}^{k}(x_i-\overline{x})f_i=0 \qquad \text{（公式 2.11）}$$

（2）各变量值与其算术平均数的离差平方和最小，即：

$$\sum_{i=1}^{n}(x_i-\overline{x})^2=\min \text{ 或 } \sum_{i=1}^{k}(x_i-\overline{x})^2 f_i=\min \qquad \text{（公式 2.12）}$$

4. 调和平均数

在实际工作中，经常会遇到只有各组变量值和各组标志总量，而缺少总体单位数的情况，这时就要使用调和平均数法来计算平均指标。调和平均数是各个变量值倒数的算术平均数的倒数，习惯上用 H 表示。计算公式如下：

$$H=\frac{m_1+m_2+\cdots+m_k}{\frac{m_1}{x_1}+\frac{m_2}{x_2}+\cdots+\frac{m_k}{x_k}}=\frac{\sum_{i=1}^{K}m_i}{\sum_{i=1}^{K}\frac{m_i}{x_i}} \qquad \text{（公式 2.13）}$$

调和平均数和算术平均数在本质上是一致的，唯一的区别是计算时使用了不同的数据。在实际应用时，可掌握这样的原则：计算算术平均数时，当其分子资料未知时，就采用加权算术平均数计算平均数；当分母资料未知时，就采用加权调和平均数计算平均数。

$$H=\frac{\sum_{i=1}^{K}m_i}{\sum_{i=1}^{K}\frac{m_i}{x_i}}=\frac{\sum_{i=1}^{K}x_i f_i}{\sum_{i=1}^{K}\frac{x_i f_i}{x_i}}=\frac{\sum_{i=1}^{K}x_i f_i}{\sum_{i=1}^{K}f_i}=\overline{x} \qquad \text{（公式 2.14）}$$

5. 几何平均数

几何平均数是适用于特殊数据的一种平均数，在实际生活中，通常用来计算平均比率和平均速度。当所掌握的变量值本身是比率的形式，而且各比率的乘积等于总的比率时，就采用几何平均法计算平均比率。

$$G_M=\sqrt[N]{X_1\times X_2\times\cdots\times X_N}=\sqrt[N]{\prod_{i=1}^{N}X_i} \qquad \text{（公式 2.15）}$$

也可看作是算术平均数的一种变形：

$$\log G_M = \frac{1}{N}(\log X_1 + \log X_2 + \cdots + \log X_N) = \frac{\sum_{i=1}^{N}\log X_i}{N} \quad \text{（公式 2.16）}$$

6. 众数、中位数与算术平均数的关系

算术平均数与众数、中位数的关系取决于频数分布的状况。它们的关系如下：

（1）当数据具有单一众数且频数分布对称时，算术平均数与众数、中位数三者完全相等，即 $M_0=M_e=\bar{x}$。

（2）当频数分布呈现右偏态时，说明数据存在最大值，必然拉动算术平均数向极大值一方靠，则三者之间的关系为 $\bar{X} > M_e > M_0$。

（3）当频数分布呈现左偏态时，说明数据存在最小值，必然拉动算术平均数向极小值一方靠，而众数和中位数由于是位置平均数，不受极值的影响，因此，三者之间的关系为 $\bar{X} < M_e < M_0$。

当频数分布出现偏态时，极端值对算术平均数产生很大的影响，而对众数、中位数没有影响，此时，用众数、中位数作为一组数据的中心值比算术平均数有更高的代表性。算术平均数与众数、中位数从数值上的关系看，当频数分布的偏斜程度不是很大时，无论是左偏还是右偏，众数与中位数的距离都约为算术平均数与中位数的距离的两倍，即：

$$\begin{gathered} |M_e - M_0| = 2|\bar{X} - M_e| \\ M_0 = \bar{X} - 3(\bar{X} - M_e) = 3M_e - 2\bar{X} \end{gathered} \quad \text{（公式 2.17）}$$

2.1.2 数据分布离散程度的测定

数据分布的离散程度是描述数据分布的另一个重要特征，它反映各变量值远离其中心值的程度，因此也称为离中趋势。它从另一个侧面说明了集中趋势测度值的代表程度，不同类型的数据有不同的离散程度测度值。描述数据离散程度的测度值主要有异众比率、极差、四分位差、平均差、方差和标准差、离散系数等，这些指标我们又称为变异指标。

1. 异众比率

异众比率是衡量众数对一组数据的代表性程度的指标。异众比率越大，说明非众数组的频数占总频数的比重就越大，众数的代表性就越差；反之，异众比率越小，众数的代表性就越好。异众比率主要用于测度定类数据、定序数据的离散程度。

$$V_r = \frac{\sum F_i - F_m}{\sum F_i} = 1 - \frac{F_m}{\sum F_i} \quad \text{（公式 2.18）}$$

其中，$\sum F_i$ 为变量值的总频数，F_m 为众数组的频数。

2. 极差

极差指一组数据的最大值与最小值之差，是离散程度最简单的测度值。极差的测度：

（1）未分组数据：

$$R=\max(X_i) - \min(X_i) \quad \text{（公式 2.19）}$$

（2）组距分组数据：在组距分组中，各组之间的取值界限称为组限，一个组的最小值称为下限，最大值称为上限；上限与下限的差值称为组距；上限与下限值的平均数称为组中值，它是一组变量值的代表值。

3. 四分位差

中位数是从中间点将全部数据等分为两部分。与中位数类似的还有四分位数、八分位数、十分位数和百分位数等，它们分别是用 3 个点、7 个点、9 个点和 99 个点将数据四等分、八等分、十等分和 100 等分后各分位点上的值。这里只介绍四分位数的计算，其他分位数与之类似。

一组数据排序后处于 25% 和 75% 位置上的值称为四分位数，也称四分位点。四分位数是通过 3 个点将全部数据等分为 4 部分，其中每部分包含 25% 的数据。很显然，中间的分位数就是中位数，因此，通常所说的四分位数是指处在 25% 位置上的数值（下四分位数）和处在 75% 位置上的数值（上四分位数）。与中位数的计算方法类似，根据未分组数据计算四分位数时，首先对数据进行排序，然后确定四分位数所在的位置。

（1）四分位数的确定

设下四分位数为 Q_L，上四分位数为 Q_U。

① 未分组数据

$$Q_L = X_{\frac{n+1}{4}} \quad Q_U = X_{\frac{3(n+1)}{4}} \quad \text{（公式 2.20）}$$

当四分位数不在某一个位置上时，可根据四分位数的位置按比例分摊四分位数两侧的差值。

② 单变量值分组数据

$$Q_L = X_{\frac{\sum f}{4}} \quad Q_U = X_{\frac{3\sum f}{4}} \quad \text{（公式 2.21）}$$

③ 组距分组数据

$$Q_L = L + \frac{\frac{\sum f}{4} - S_L}{f_L} \cdot i \quad Q_U = U + \frac{\frac{3\sum f}{4} - S_U}{f_U} \cdot i \quad \text{（公式 2.22）}$$

（2）四分位差

四分位数是离散程度的测度值之一，是上四分位数与下四分位数之差，又称为四分位差，亦称为内距或四分间距，用 Q_d 表示。四分位差的计算公式为：

$$Q_d = Q_U - Q_L \quad \text{（公式 2.23）}$$

4. 平均差

平均差是各变量值与其算术平均数离差绝对值的平均数，用 M_d 表示，是离散程度的测度值之一。它能全面反映一组数据的离散程度，但该方法数学性质较差，实际应用较少。

（1）简单平均法

对于未分组资料，采用简单平均法。其计算公式为：

$$M_D = \frac{\sum_{i=1}^{N}\left|X_i - \bar{X}\right|}{N} \quad \text{（公式 2.24）}$$

（2）加权平均法

在资料分组的情况下，采用加权平均法。其计算公式为：

$$M_D \doteq \frac{\sum_{i=1}^{K}\left|X_i - \bar{X}\right|F_i}{\sum_{i=1}^{K}F_i} \quad \text{（公式 2.25）}$$

5. 方差和标准差

方差和标准差与平均差一样，也是根据全部数据计算的，反映每个数据与其算术平均数相比平均相差的数值，因此它能准确地反映出数据的差异程度。但与平均差在计算时的处理方法不同，平均差是取离差的绝对值消除正负号，而方差、标准差是取离差的平方消除正负号，这样更加便于数学上的处理。因此，方差、标准差是实际应用最广泛的离中程度度量值。

（1）设总体的方差为 σ^2，标准差为 σ，对于未分组整理的原始资料，方差和标准差的计算公式分别为：

$$\sigma^2 = \frac{\sum_{i=1}^{N}(X_i - \bar{X})^2}{N} \qquad \sigma = \sqrt{\frac{\sum_{i=1}^{N}(X_i - \bar{X})^2}{N}} \quad \text{（公式 2.26）}$$

（2）对于分组数据，方差和标准差的计算公式分别为：

$$\sigma^2 \doteq \frac{\sum_{i=1}^{K}(X_i - \bar{X})^2 F_i}{\sum_{i=1}^{K}F_i} \qquad \sigma \doteq \sqrt{\frac{\sum_{i=1}^{K}(X_i - \bar{X})^2 F_i}{\sum_{i=1}^{K}F_i}} \quad \text{（公式 2.27）}$$

（3）样本的方差和标准差。样本的方差、标准差与总体的方差、标准差在计算上有所差别。总体的方差和标准差在对各个离差平方平均时是除以数据个数或总频数，而样本的方差和标准差在对各个离差平方平均时，是用样本数据个数或总频数减 1（自由度）去除总离差平方和。

设样本的方差为S^2，标准差为S，对于未分组整理的原始资料，方差和标准差的计算公式为：

$$S_{n-1}^2=\frac{\sum_{i=1}^{n}(x_i-\overline{x})^2}{n-1} \quad S_{n-1}=\sqrt{\frac{\sum_{i=1}^{n}(x_i-\overline{x})^2}{n-1}} \tag{公式 2.28}$$

对于分组数据，方差和标准差的计算公式为：

$$S_{n-1}^2\doteq\frac{\sum_{i=1}^{k}(x_i-\overline{x})^2 f_i}{\sum_{i=1}^{k}f_i-1} \quad S_{n-1}\doteq\sqrt{\frac{\sum_{i=1}^{k}(x_i-\overline{x})^2 f_i}{\sum_{i=1}^{k}f_i-1}} \tag{公式 2.29}$$

当n很大时，样本方差S^2与总体方差σ^2的计算结果相差很小，这时样本方差也可以用总体方差的公式来计算。

6. 相对离散程度：离散系数

前面介绍的平均差、方差和标准差都是反映一组数值变异程度的绝对值，其数值的大小不仅取决于数值的变异程度，而且还与变量值水平的高低、计量单位的不同有关。所以，不宜直接利用上述变异指标对不同水平、不同计量单位的现象进行比较，应当先进行无量纲化处理，即将上述反映数据的绝对差异程度的变异指标转化为反映相对差异程度的指标，再进行对比。离散系数通常用V表示，常用的离散系数为标准差系数，它测度了数据的相对离散程度。对不同组别数据离散程度的比较计算公式为：

$$V_\sigma=\frac{\sigma}{\overline{X}} \text{ 或 } V_S=\frac{S}{\overline{X}} \tag{公式 2.30}$$

2.1.3 数据分布偏态与峰度的测定

偏态和峰度就是对这些分布特征的描述。偏态是对数据分布的偏移方向和程度的进一步描述，峰度是对数据分布的扁平程度的描述。对于偏斜程度的描述用偏态系数，对于扁平程度的描述用峰度系数。

1. 动差法

动差又称矩，原是物理学上用以表示力与力臂对重心关系的术语，这个关系和统计学中变量与权数对平均数的关系在性质上非常类似，所以统计学也用动差来说明频数分布的性质。

一般来说，取变量的a值为中点，所有变量值与a之差的K次方的平均数称为变量X关于a的K阶动差。用公式表示即为：

$$\frac{\sum(X-a)^K}{N} \tag{公式 2.31}$$

当a=0 时，即变量以原点为中心，上式称为K阶原点动差，用大写英文字母M表示。

一阶原点动差：

$$M_1 = \frac{\sum X}{N} \qquad \text{（公式 2.32）}$$

二阶原点动差：

$$M_2 = \frac{\sum X^2}{N} \qquad \text{（公式 2.33）}$$

三阶原点动差：

$$M_3 = \frac{\sum X^3}{N} \qquad \text{（公式 2.34）}$$

当$a=\bar{X}$时，即变量以算术平均数为中心，上式称为K阶中心动差，用小写英文字母m表示。

一阶中心动差：

$$m_1 = \frac{\sum (X-\bar{X})}{N} = 0 \qquad \text{（公式 2.35）}$$

二阶中心动差：

$$m_2 = \frac{\sum (X-\bar{X})^2}{N} = \sigma^2 \qquad \text{（公式 2.36）}$$

三阶中心动差：

$$m_3 = \frac{\sum (X-\bar{X})^3}{N} \qquad \text{（公式 2.37）}$$

2. 偏态及其测度

偏态是对分布偏斜方向及程度的度量。从前面的内容中我们已经知道，频数分布有对称的，也有不对称的（即偏态的）。在偏态的分布中，又有两种不同的形态，即左偏和右偏。我们可以利用众数、中位数和算术平均数之间的关系来判断分布是左偏还是右偏，但要度量分布偏斜的程度，就需要计算偏态系数。

采用动差法计算偏态系数是用变量的三阶中心动差 m_3 与 σ^3 进行对比，计算公式为：

$$a = \frac{m_3}{\sigma^3} \qquad \text{（公式 2.38）}$$

当分布对称时，变量的三阶中心动差 m_3 由于离差三次方后正负相互抵消而取得 0 值，则 a=0；当分布不对称时，正负离差不能抵消，就形成正的或负的三阶中心动差 m_3。当 m_3 为正值时，表示正偏离差值比负偏离差值要大，可以判断为正偏或右偏；反之，当 m_3 为负值时，表示负偏离差值比正偏离差值要大，可以判断为负偏或左偏。$|m_3|$ 越大，表示偏斜的程度就越大。由于三阶中心动差 m_3 含有计量单位，为消除计量单位的影响，就用 σ^3 去除 m_3，使其

转化为相对数。同样地，a 的绝对值越大，表示偏斜的程度就越大。

3. 峰度及其测度

峰度是用来衡量分布的集中程度或分布曲线的尖峭程度的指标。计算公式如下：

$$a_4 = \frac{m_4}{\sigma_4} = \frac{\sum (X - \bar{X})^4 F_i}{\sigma^4 \cdot \sum F_i} \qquad \text{（公式 2.39）}$$

分布曲线的尖峭程度与偶数阶中心动差的数值大小有直接的关系，m_2 是方差，于是就以四阶中心动差 m_4 来度量分布曲线的尖峭程度。m_4 是一个绝对数，含有计量单位，为消除计量单位的影响，将 m_4 除以 σ^4，就得到无量纲的相对数。衡量分布的集中程度或分布曲线的尖峭程度，往往是以正态分布的峰度作为比较标准的。

在正态分布条件下，$m_4/\sigma^4=3$，将各种不同分布的尖峭程度与正态分布比较。当峰度 $a_4>3$ 时，表示分布的形状比正态分布更瘦更高，这意味着分布比正态分布更集中在平均数周围，这样的分布称为尖峰分布。如图 2.1 的（a）图所示，当 $a_4=3$ 时，分布为正态分布；如图 2.1 的（b）图所示，当 $a_4<3$ 时，表示分布比正态分布更扁平，这意味着分布比正态分布更分散，这样的分布称为扁平分布。

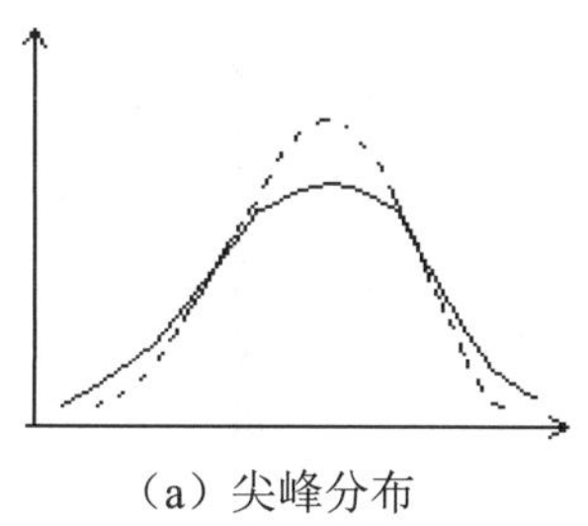

（a）尖峰分布

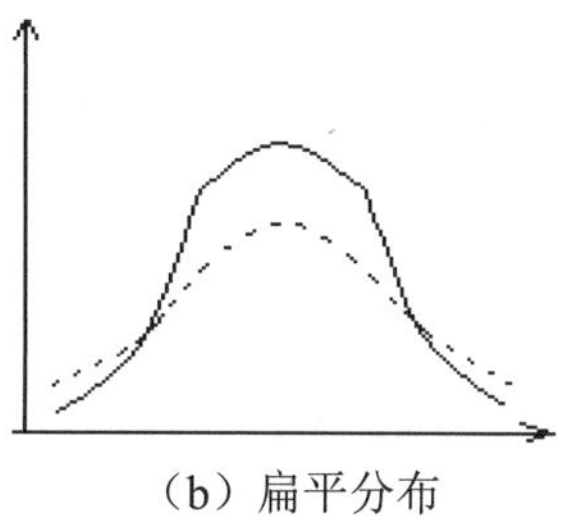

（b）扁平分布

图 2.1 尖峰与平峰分布示意图

2.2 数据的相关性

数据的相关性是指数据之间存在某种关系。大数据时代，数据相关分析因其具有可以快捷、高效地发现事物间内在关联的优势而受到广泛关注，并有效地应用于推荐系统、商业分析、公共管理、医疗诊断等领域。数据相关性可以使用时序分析、空间分析等方法进行分析。数据相关性分析也面对着高维数据、多变量数据、大规模数据、增长性数据及其可计算方面的挑战。

2.2.1 相关关系

数据相关关系是指两个或两个以上变量取值之间在某种意义下所存在的规律，其目的在于探寻数据集中所隐藏的相关关系网。从统计学角度看，变量之间的关系大体可分为两种类型：函数关系和相关关系。一般情况下，数据很难满足严格的函数关系，而相关关系要求宽松，所以被人们广泛接受。需要进一步说明的是，研究变量之间的相关关系主要从两个方向进行：一是相关分析，即通过引入一定的统计指标量化变量之间的相关程度；另一个是回归分析，回归分析不仅刻画相关关系，更重要的是刻画因果关系。

1. 对于不同测量尺度的变数，有不同的相关系数可用

（1）Pearson 相关系数（Pearson' s R）：衡量两个等距尺度或等比尺度变数的相关性。它是最常见的，也是学习统计学时第一个接触的相关系数。

（2）净相关（Partial Correlation）：在模型中有多个自变数（或解释变数）时，去除掉其他自变数的影响，只衡量特定一个自变数与因变数之间的相关性。自变数和因变数皆为连续变数。

（3）相关比（Correlation Ratio）：衡量两个连续变数的相关性。

（4）Gamma 相关系数：衡量两个次序尺度变数的相关性。

（5）Spearman 等级相关系数（Spearman' s Rank Correlation Coefficient）：衡量两个次序尺度变数的相关性。

（6）Kendall 等级相关系数（Kendall Tau Rank Correlation Coefficient）：衡量两个人为次序尺度变数（原始资料为等距尺度）的相关性。

（7）Kendall 和谐系数（Kendall' s Coefficient of Concordance）：衡量两个次序尺度变数的相关性。

（8）Phi 相关系数（Phi Coefficient）：衡量两个真正名目尺度的二分变数的相关性。

（9）列联相关系数（Contingency Coefficient）：衡量两个真正名目尺度变数的相关性。

（10）四分相关（Tetrachoric Correlation）：衡量两个人为名目尺度（原始资料为等距尺度）的二分变数的相关性。

（11）Kappa 一致性系数（K Coefficient of Agreement）：衡量两个名目尺度变数的相关性。

（12）点二系列相关系数（Point-Biserial Correlation Coefficient）：X 变数是真正名目尺度的二分变数。Y 变数是连续变数。

（13）二系列相关系数（Biserial Correlation Coefficient）：X 变数是人为名目尺度二分变数。Y 变数是连续变数。

2. 不同类型数据的相关分析

（1）高维数据的相关分析

在探索随机向量间相关性度量的研究中，随机向量的高维特征导致巨大的矩阵计算量，这也成为高维数据相关分析中的关键困难问题。面临高维特征空间的相关分析时，数据可能呈现块分布现象，如医疗数据仓库、电子商务推荐系统。探测高维特征空间中是否存在数据的块分布现象，并发现各数据块对应的特征子空间，从本质上来看，这是基于相关关系度量的特征子空间发现问题。结合子空间聚类技术发现相关特征子空间，并以此为基础探索新的分块矩阵计算方法，有望为高维数据相关分析与处理提供有效的求解途径。然而，面临的挑战在于：①如果数据维度很高，数据表示非常稀疏，如何保证相关关系度量的有效性？②分

块矩阵的计算可以有效提升计算效率，但是如何对分块矩阵的计算结果进行融合？

（2）多变量数据的相关分析

在现实的大数据相关分析中，往往面临多变量的情况。显然，发展多变量非线性相关关系的度量方法是我们面临的一个重要挑战。

（3）大规模数据的相关分析

大数据时代，相关分析面向的是数据集的整体，因此，试图高效地开展相关分析与处理仍然非常困难。为了快速计算大数据的相关性，需要探索数据集整体的拆分与融合策略。显然，在这种“分而治之”的策略中，如何有效保持整体的相关性，是大规模数据相关分析中必须解决的关键问题。有关学者给出了一种可行的拆分与融合策略，也指出了随机拆分策略是可能的解决路径。当然，在设计拆分与融合策略时，如何确定样本子集规模、如何保持子集之间的信息传递、如何设计各子集结果的融合原理等都是具有挑战性的问题。

（4）增长性数据的相关分析

大数据中，数据呈现快速增长特征。更为重要的是，诸如电商精准推荐等典型增长性数据相关分析任务迫切需要高效的在线相关分析技术。就增长性数据而言，可表现为样本规模的增长、维数规模的增长以及数据取值的动态更新。显然，对增长性数据相关分析而言，特别是对在线相关分析任务而言，每次对数据整体进行重新计算对于用户而言是难以接受的，更难以满足用户的实时性需求。我们认为，无论何种类型的数据增长，往往与原始数据集存在某种关联模式，利用已有的关联模式设计具有递推关系的批增量算法是一种行之有效的计算策略。那么，面向大数据的相关分析任务，探测增长性数据与原始数据集的关联模式，进而发展具有递推关系的高效批增量算法，可为增长性数据相关分析尤其是在线相关分析提供有效的技术手段。

3. 相关关系的种类

现象之间的相互关系很复杂，它们涉及的变动因素多少不同、作用方向不同，表现出来的形态也不同。相关关系大体有以下几种分类。

（1）正相关与负相关

按相关关系的方向分，可分为正相关和负相关。当两个因素（或变量）的变动方向相同时，即自变量 x 值增大（或减小），因变量 y 值也相应地增大（或减小），这样的关系就是正相关。例如家庭消费支出随收入增加而增加就属于正相关。如果两个因素（或变量）变动的方向相反，即自变量 x 值增大（或减小），因变量 y 值随之减小（或增大），则称为负相关。例如商品流通费用率随商品经营规模的增大而逐渐降低就属于负相关。

（2）单相关与复相关

按相关关系自变量的多少分，可分为单相关和复相关。单相关是指两个变量之间的相关关系，即所研究的问题只涉及一个自变量和一个因变量，如职工的生活水平与工资之间的关系就是单相关。复相关是指三个或三个以上变量之间的相关关系，即所研究的问题涉及若干个自变量与一个因变量，如同时研究成本、市场供求状况、消费倾向对利润的影响时，这几个因素之间的关系就是复相关。

（3）线性相关与非线性相关

按相关关系的表现形态分，可分为线性相关与非线性相关。线性相关是指在两个变量之间，当自变量 x 值发生变动时，因变量 y 值发生大致均等的变动，在相关图的分布上近似地表现为直线形式。比如，商品销售额与销售量即为线性相关。非线性相关是指在两个变量之间，当自变量 x 值发生变动时，因变量 y 值发生不均等的变动，在相关图的分布上表现为抛物线、双曲线、指数曲线等非直线形式。比如，从人的生命全过程来看，年龄与医疗费支出呈非线性相关。

（4）完全相关、不完全相关与不相关

按相关关系的相关程度分，可分为完全相关、不完全相关和不相关。完全相关是指两个变量之间具有完全确定的关系，即因变量 y 值完全随自变量 x 值的变动而变动，它在相关图上表现为所有的观察点都落在同一条直线上，这时相关关系就转化为函数关系。不相关是指两个变量之间不存在相关关系，即两个变量的变动彼此互不影响。自变量 x 值变动时，因变量 y 值不随之进行相应变动。比如，家庭收入多少与孩子多少之间不存在相关关系。不完全相关是指介于完全相关和不相关之间的一种相关关系。比如，农作物产量与播种面积之间的关系。不完全相关关系是统计研究的主要对象。

2.2.2 相关分析

1. 相关分析的主要内容

相关分析是指对客观现象的相互依存关系进行分析、研究，这种分析方法叫相关分析法。相关分析的目的在于研究相互关系的密切程度及其变化规律，以便做出判断，进行必要的预测和控制。相关分析的主要内容如下。

（1）确定现象之间有无相关关系

这是相关与回归分析的起点，只有存在相互依存关系，才有必要进行进一步的分析。

（2）确定相关关系的密切程度和方向

相关关系的密切程度主要是通过绘制相关图表和计算相关系数确定的，只有达到一定密切程度的相关关系才可以配合具有一定意义的回归方程。

（3）确定相关关系的数学表达式

为确定现象之间变化上的一般关系，我们必须使用函数关系的数学公式作为相关关系的数学表达式。如果现象之间表现为直线相关，我们可采用配合直线方程的方法；如果现象之间表现为曲线相关，我们可采用配合曲线方程的方法。

（4）确定因变量估计值的误差程度

使用配合直线或曲线的方法可以找到现象之间一般的变化关系，也就是自变量 x 变化时，因变量 y 将会发生多大的变化。根据得出的直线方程或曲线方程，我们可以给出自变量的若干个数值，求出因变量的若干个估计值。估计值与实际值是有出入的，确定因变量估计值误差大小的指标是估计标准误差。估计标准误差大，表明估计不太精确；估计标准误差小，表明估计较精确。

2. 相关关系的测定

相关分析的主要方法有相关表、相关图和相关系数三种，这三种方法分别说明如下。

（1）相关表

在统计中，制作相关表或相关图可以直观地判断现象之间大致存在的相关关系的方向、形式和密切程度。

在对现象总体中两种相关变量进行相关分析，以研究其相互依存关系时，如果将实际调查取得的一系列成对变量值的资料按顺序排列在一张表格上，这张表格就是相关表。相关表仍然是统计表的一种。根据资料是否分组，相关表可以分为简单相关表和分组相关表。

① 简单相关表

简单相关表是资料未经分组的相关表，它是一个把自变量按从小到大的顺序并配合因变量一一对应平行排列起来的统计表。

② 分组相关表

在大量观察的情况下，原始资料很多，运用简单相关表表示就很难使用。这时就要将原始资料进行分组，然后编制相关表，这种相关表称为分组相关表。分组相关表包括单变量分组相关表和双变量分组相关表两种。

- 单变量分组相关表。在原始资料很多时，对自变量数值进行分组，而对应的因变量不分组，只计算其平均值，根据资料的具体情况，自变量可以是单项式，也可以是组距式。
- 双变量分组相关表。对两种有关变量都进行分组，交叉排列，并列出两种变量各组间的共同次数，这种统计表称为双变量分组相关表。这种表格形似棋盘，故又称棋盘式相关表。

（2）相关图

相关图又称散点图。它是以直角坐标系的横轴代表自变量 x，纵轴代表因变量 y，将两个变量间相对应的变量值用坐标点的形式描绘出来，用来反映两个变量之间相关关系的图形。

相关图可以按未经分组的原始资料来编制，也可以按分组的资料（包括按单变量分组相关表和双变量分组相关表）来编制。通过相关图将会发现，当 y 对 x 是函数关系时，所有的相关点都会分布在某一条线上；在相关关系的情况下，由于其他因素的影响，这些点并非处在一条线上，但所有相关点的分布也会显示出某种趋势。所以相关图会很直观地显示现象之间相关的方向和密切程度。

（3）相关系数

相关表和相关图大体说明了变量之间有无关系，但它们的相关关系的紧密程度却无法表达，因此需运用数学解析方法构建一个恰当的数学模型来显示相关关系及其密切程度。要对现象之间的相关关系的紧密程度做出确切的数量说明，就需要计算相关系数。

① 相关系数的计算

相关系数是在直线相关条件下说明两个现象之间关系密切程度的统计分析指标，记为 γ。

相关系数的计算公式为：

$$\gamma=\frac{{\sigma_{xy}}^2}{\sigma_x\sigma_y}=\frac{\frac{1}{n}\sum(x-\overline{x})\sum(y-\overline{y})}{\sqrt{\frac{1}{n}\sum(x-\overline{x})^2}\sqrt{\frac{1}{n}\sum(y-\overline{y})^2}} \qquad \text{（公式 2.40）}$$

在公式中，n 为资料项数，$\overline{x}$ 为 x 变量的算术平均数，$\overline{y}$ 为 y 变量的算术平均数，σ_x 为 x 变量的标准差，σ_y 为 y 变量的标准差，σ_{xy} 为 xy 变量的协方差。

在实际问题中，如果根据原始资料计算相关系数，可运用相关系数的简捷法计算，其计算公式为：

$$\gamma=\frac{n\sum xy-\sum x\sum y}{\sqrt{n\sum x^2-(\sum x)^2}\sqrt{n\sum y^2-(\sum y)^2}} \qquad \text{（公式 2.41）}$$

② 相关系数的分析

明晰相关系数的性质是进行相关系数分析的前提。现将相关系数的性质总结如下：

- 相关系数的取值范围在 -1 和 +1 之间，即 $-1 \leqslant \gamma \leqslant 1$。
- 计算结果，当 $\gamma>0$ 时，x 与 y 为正相关；当 $\gamma<0$ 时，x 与 y 为负相关。
- 相关系数 γ 的绝对值越接近 1，表示相关关系越强；γ 的绝对值越接近 0，表示相关关系越弱。如果 $|\gamma|=1$，则表示两个现象完全直线相关。如果 $|\gamma|=0$，则表示两个现象完全不相关（不是直线相关）。
- 相关系数 γ 的绝对值在 0.3 以下是无直线相关，0.3 以上是有直线相关，0.3~0.5 是低度直线相关，0.5~0.8 是显著相关，0.8 以上是高度相关。

2.3 数据的聚类性

所谓数据聚类，是指根据数据的内在性质将数据分成一些聚合类，每一聚合类中的元素尽可能具有相同的特性，不同聚合类之间的特性差别尽可能大。

聚类分析的目的是分析数据是否属于各个独立的分组，使一组中的成员彼此相似，而与其他组中的成员不同。它对一个数据对象的集合进行分析，但与分类分析不同的是，所划分的类是未知的，因此聚类分析也称为无指导或无监督的（Unsupervised）学习。聚类分析的一般方法是将数据对象分组为多个类或簇（Cluster），在同一簇中的对象之间具有较高的相似度，而不同簇中的对象差异较大。由于聚类分析的上述特征，在许多应用中，对数据集进行聚类分析之后，可将一个簇中的各数据对象作为一个整体对待。

数据聚类分析（Cluster Analysis）是对静态数据分析的一门技术，在许多领域得到广泛应用，包括机器学习、数据挖掘、模式识别、图像分析以及生物信息。

1. 聚类应用

随着信息技术的高速发展，数据库应用的规模、范围和深度的不断扩大，大量数据得以积累，而这些激增的数据后面隐藏着许多重要的信息，因此人们希望能够对其进行更高层次的分析，以便更好地利用这些数据。目前的数据库系统可以高效、方便地实现数据的录入、查询、统计等功能，但是无法发现数据中存在的各种关系和规则，更无法根据现有的数据预测未来的发展趋势。而数据聚类分析正是解决这一问题的有效途径，它是数据挖掘的重要组成部分，用于发现在数据库中未知的对象类，为数据挖掘提供有力的支持，它是近年来广为研究的问题之一。聚类分析是一个极富有挑战性的研究领域，采用基于聚类分析方法的数据挖掘在实践中已取得了较好的效果。聚类分析也可以作为其他一些算法的预处理步骤，聚类可以作为一个独立的工具来获知数据的分布情况，使数据形成簇，其他算法再在生成的簇上进行处理，聚类算法既可作为特征和分类算法的预处理步骤，也可将聚类结果用于进一步关联分析。迄今为止，人们提出了许多聚类算法，所有这些算法都试图解决大规模数据的聚类问题。聚类分析还成功地应用在了模式识别、图像处理、计算机视觉、模糊控制等领域，并在这些领域中取得了长足的发展。

2. 数据聚类

所谓聚类，就是将一个数据单位的集合分割成几个称为簇或类别的子集，每个类中的数据都有相似性，它的划分依据就是“物以类聚”。数据聚类分析是根据事物本身的特性研究对被聚类的对象进行类别划分的方法。聚类分析依据的原则是使同一聚簇中的对象具有尽可能大的相似性，而不同聚簇中的对象具有尽可能大的相异性，聚类分析主要解决的问题是如何在没有先验知识的前提下实现满足这种要求的聚簇的聚合。聚类分析称为无监督学习，主要体现在聚类学习的数据对象没有类别标记，需要由聚类学习算法自动计算。

3. 聚类类型

经过持续了半个多世纪的深入研究聚类算法，聚类技术也已经成为最常用的数据分析技术之一，其各种算法的提出、发展、演化也使得聚类算法家族不断壮大。下面就针对目前数据分析和数据挖掘业界主流的认知对聚类算法进行介绍。

（1）划分方法

给定具有 n 个对象的数据集，采用划分方法对数据集进行 k 个划分，每个划分（每个组）代表一个簇。$k \leqslant n$，并且每个簇至少包含一个对象，而且每个对象一般来说只能属于一个组。对于给定的 k 值，划分方法一般要做一个初始划分，然后采取迭代重新定位技术，通过让对象在不同组间移动来改进划分的准确度和精度。一个好的划分原则是：同一个簇中的对象之间的相似性很高（或距离很近），而不同簇的对象之间的相异度很高（或距离很远）。

① K-Means 算法：又叫 K 均值算法，这是目前最著名、使用最广泛的聚类算法。在给定一个数据集和需要划分的数目 k 后，该算法可以根据某个距离函数反复把数据划分到 k 个簇中，直到收敛为止。K-Means 算法用簇中对象的平均值来表示划分的每个簇，其大致的步骤是，首先随机抽取 k 个数据点作为初始的聚类中心（种子中心），然后计算每个数据点到每个种

子中心的距离，并把每个数据点分配到距离它最近的种子中心；一旦所有的数据点都被分配完成，每个聚类的聚类中心（种子中心）按照本聚类（本簇）的现有数据点重新计算；这个过程不断重复，直到收敛，即满足某个终止条件为止，最常见的终止条件是误差平方和SSE（指令集的简称）局部最小。

② K-Medoids 算法：又叫 K 中心点算法，该算法用最接近簇中心的一个对象来表示划分的每个簇。K-Medoids 算法与 K-Means 算法的划分过程相似，两者最大的区别是 K-Medoids 算法是用簇中最靠近中心点的一个真实的数据对象来代表该簇的，而 K-Means 算法是用计算出来的簇中对象的平均值来代表该簇的，这个平均值是虚拟的，并没有一个真实的数据对象具有这些平均值。

（2）层次方法

在给定 *n* 个对象的数据集后，可用层次方法（Hierarchical Method）对数据集进行层次分解，直到满足某种收敛条件为止。按照层次分解的形式不同，层次方法又可以分为凝聚层次聚类和分裂层次聚类。

① 凝聚层次聚类：又叫自底向上方法，一开始将每个对象作为单独的一类，然后相继合并与其相近的对象或类，直到所有小的类别合并成一个类，即层次的最上面，或者达到一个收敛，即终止条件为止。

② 分裂层次聚类：又叫自顶向下方法，一开始将所有对象置于一个簇中，在迭代的每一步中，类会被分裂成更小的类，直到最终每个对象在一个单独的类中，或者满足一个收敛，即终止条件为止。

（3）基于密度的方法

传统的聚类算法都是基于对象之间的距离，即距离作为相似性的描述指标进行聚类划分，但是这些基于距离的方法只能发现球状类型的数据，而对于非球状类型的数据来说，只根据距离来描述和判断是不够的。鉴于此，人们提出了一个密度的概念——基于密度的方法（Density-Based Method），其原理是：只要邻近区域内的密度（对象的数量）超过了某个阈值，就继续聚类。换言之，给定某个簇中的每个数据点（数据对象），在一定范围内必须包含一定数量的其他对象。该算法从数据对象的分布密度出发，把密度足够大的区域连接在一起，因此可以发现任意形状的类。该算法还可以过滤噪声数据（异常值）。基于密度的方法的典型算法包括 DBSCAN（Density-Based Spatial Clustering of Application with Noise）及其扩展算法 OPTICS（Ordering Points to Identify the Clustering Structure）。其中，DBSCAN 算法会根据一个密度阈值来控制簇的增长，将具有足够高密度的区域划分为类，并可在带有噪声的空间数据库里发现任意形状的聚类。尽管此算法优势明显，但是其最大的缺点是，该算法需要用户确定输入参数，而且对参数十分敏感。

（4）基于网格的方法

基于网格的方法（Grid-Based Method）将把对象空间量化为有限数目的单元，而这些单元则形成了网格结构，所有的聚类操作都是在这个网格结构中进行的。该算法的优点是处理速度快，其处理时间常常独立于数据对象的数目，只跟量化空间中每一维的单元数目有关。

基于网格的方法的典型算法是 STING（Statistical Information Grid，统计信息网格方法）算法。该算法是一种基于网格的多分辨率聚类技术，将空间区域划分为不同分辨率级别的矩形单元，并形成一个层次结构，且高层的低分辨率单元会被划分为多个低一层次的较高分辨率单元。这种算法从最底层的网格开始逐渐向上计算网格内数据的统计信息并储存。网格建立完成后，用类似 DBSCAN 的方法对网格进行聚类。

4. 数据聚类需解决的问题

在聚类分析的研究中，有许多亟待进一步解决的问题，如①处理大数据量、具有复杂数据类型的数据集合时，聚类分析结果的精确性问题；②对高属性维数据的处理能力；③数据对象分布形状不规则时的处理能力；④处理噪声数据的能力，能够处理数据中包含的孤立点，以及未知数据、空缺或者错误的数据；⑤对数据输入顺序的独立性，也就是对于任意的数据输入顺序产生相同的聚类结果；⑥减少对先决知识或参数的依赖性等问题。这些问题的存在使得我们研究高正确率、低复杂度、I/O 开销小、适合高维数据、具有高度的可伸缩性的聚类方法迫在眉睫，这也是今后聚类方法研究的方向。

5. 数据聚类应用

聚类分析可以作为一个独立的工具来获得数据的分布情况，通过观察每个簇的特点，集中对特定的某些簇进行进一步分析，以获取需要的信息。聚类分析应用广泛，除了在数据挖掘、模式识别、图像处理、计算机视觉、模糊控制等领域的应用外，它还被应用在气象分析、食品检验、生物种群划分、市场细分、业绩评估等诸多方面。例如在商务上，聚类分析可以帮助市场分析人员从客户基本库中发现不同的客户群，并且用购买模式来刻画不同的客户群的特征；在欺诈探测中，聚类中的孤立点就可能预示着欺诈行为的存在。聚类分析的发展过程也是聚类分析的应用过程，目前聚类分析在相关领域已经取得了丰硕的成果。

2.4 数据主成分分析

在实际问题中，我们经常会遇到研究多个变量的问题，而且在多数情况下，多个变量之间常常存在一定的相关性。变量个数较多，再加上变量之间的相关性，势必会增加分析问题的复杂性。如何将多个变量综合为少数几个代表性变量，既能够代表原始变量的绝大多数信息，又互不相关，并且在新的综合变量的基础上可以进一步进行统计分析，这时就需要进行主成分分析。

2.4.1 主成分分析的原理及模型

1. 主成分分析的原理

主成分分析是采取一种数学降维的方法找出几个综合变量来代替原来众多的变量，使这些综合变量能尽可能地代表原来变量的信息量，而且彼此之间互不相关。这种把多个变量化为少数几个互不相关的综合变量的统计分析方法叫作主成分分析或主分量分析。

主成分分析所要做的就是设法将原来众多具有一定相关性的变量重新组合为一组新的互不相关的综合变量来代替原来的变量。通常，数学上的处理方法就是将原来的变量进行线性组合，作为新的综合变量，但是这种组合如果不加以限制，则可以有很多，应该如何选择呢？如果将选取的第一个线性组合（即第一个综合变量）记为 F_1，自然希望它尽可能多地反映原来变量的信息，这里“信息”用方差来测量，即希望 $\mathrm{Var}(F_1)$ 越大，表示 F_1 包含的信息越多。因此，在所有的线性组合中所选取的 F_1 应该是方差最大的，故称 F_1 为第一主成分。如果第一主成分不足以代表原来 P 个变量的信息，再考虑选取 F_2（即第二个线性组合）。为了有效地反映原来的信息，F_1 已有的信息就不需要再出现在 F_2 中，用数学语言表达就是要求 $\mathrm{Cov}(F_1,F_2)=0$，称 F_2 为第二主成分，以此类推，直到构造出第 P 个主成分。

2. 主成分分析的数学模型

对于一个样本资料，观测 p 个变量 $x_1,x_2,\cdots,x_p$，n 个样品的数据资料阵为：

$$X=\begin{pmatrix} x_{11} & x_{12} & \cdots & x_{1p} \\ x_{21} & x_{22} & \cdots & x_{2p} \\ \vdots & \vdots & \vdots & \vdots \\ x_{n1} & x_{n2} & \cdots & x_{np} \end{pmatrix}=(x_1,x_2,\cdots,x_p) \qquad \text{（公式 2.42）}$$

其中，$x_j=\begin{pmatrix} x_{1j} \\ x_{2j} \\ \vdots \\ x_{nj} \end{pmatrix},j=1,2,\cdots,p$。

主成分分析就是将 p 个观测变量综合成为 p 个新的变量（综合变量），即：

$$\begin{cases} F_1=a_{11}x_1+a_{12}x_2+\cdots+a_{1p}x_p \\ F_2=a_{21}x_1+a_{22}x_2+\cdots+a_{2p}x_p \\ \qquad\cdots \\ F_p=a_{p1}x_1+a_{p2}x_2+\cdots+a_{pp}x_p \end{cases} \qquad \text{（公式 2.43）}$$

简写为：

$$F_j=a_{j1}x_1+a_{j2}x_2+\cdots+a_{jp}x_p \qquad \text{（公式 2.44）}$$

其中，$j=1,2,\cdots,p$。

要求模型满足以下条件：

① F_i,F_j 互不相关（$i\neq j$，$i,j=1,2,\cdots,p$）。

② F_1 的方差大于 F_2 的方差大于 F_3 的方差。

③ $a_{k1}{}^2+a_{k2}{}^2+\cdots+a_{kp}{}^2=1,k=1,2,\cdots,p$。

于是，称 F_1 为第一主成分，F_2 为第二主成分，以此类推，F_p 为第 p 主成分。主成分又叫主分量。这里 a_{ij} 我们称为主成分系数。

上述模型可用矩阵表示为：$F=AX$。其中：

$$F=\begin{pmatrix}F_1\\F_2\\\vdots\\F_p\end{pmatrix}\qquad X=\begin{pmatrix}x_1\\x_2\\\vdots\\x_p\end{pmatrix}\tag{公式 2.45}$$

$$A=\begin{pmatrix}a_{11}&a_{12}&\cdots&a_{1p}\\a_{21}&a_{22}&\cdots&a_{2p}\\\vdots&\vdots&\vdots&\vdots\\a_{p1}&a_{p2}&\cdots&a_{pp}\end{pmatrix}=\begin{pmatrix}a_1\\a_2\\\vdots\\a_p\end{pmatrix}\tag{公式 2.46}$$

A 称为主成分系数矩阵。

2.4.2 主成分分析的几何解释

假设有 n 个样品，每个样品有两个变量，即在二维空间中讨论主成分的几何意义。设 n 个样品在二维空间中的分布大致为一个椭圆，如图 2.2 所示。

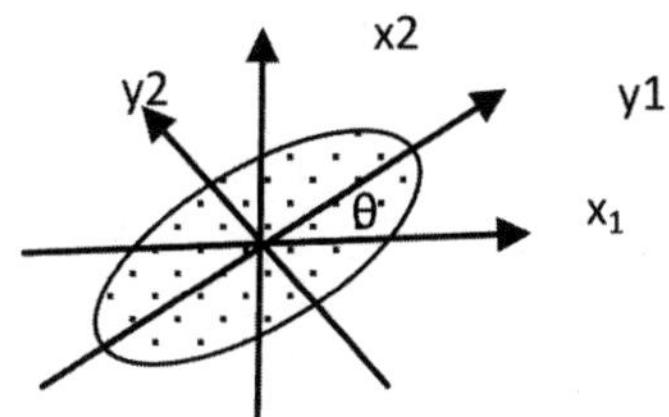

图 2.2 主成分几何解释图

将坐标系进行正交旋转一个角度 θ，使其椭圆长轴方向取坐标 y_1，在椭圆短轴方向取坐标 y_2，旋转公式为：

$$\begin{cases}y_{1j}=x_{1j}\cos\theta+x_{2j}\sin\theta\\y_{2j}=x_{1j}(-\sin\theta)+x_{2j}\cos\theta\end{cases}\tag{公式 2.47}$$

其中，$j=1,2,\cdots,n$。

写成矩阵形式为：

$$Y=\begin{bmatrix}y_{11}&y_{12}&\cdots&y_{1n}\\y_{21}&y_{22}&\cdots&y_{2n}\end{bmatrix}=\begin{bmatrix}\cos\theta&\sin\theta\\-\sin\theta&\cos\theta\end{bmatrix}\cdot\begin{bmatrix}x_{11}&x_{12}&\cdots&x_{1n}\\x_{21}&x_{22}&\cdots&x_{2n}\end{bmatrix}=U\cdot X\tag{公式 2.48}$$

其中，U 为坐标旋转变换矩阵，它是正交矩阵，即有 $U'=U^{-1},UU'=I$，即满足：$\sin^2\theta+\cos^2\theta=1$。

经过旋转变换后，得到如图 2.3 所示的新坐标。

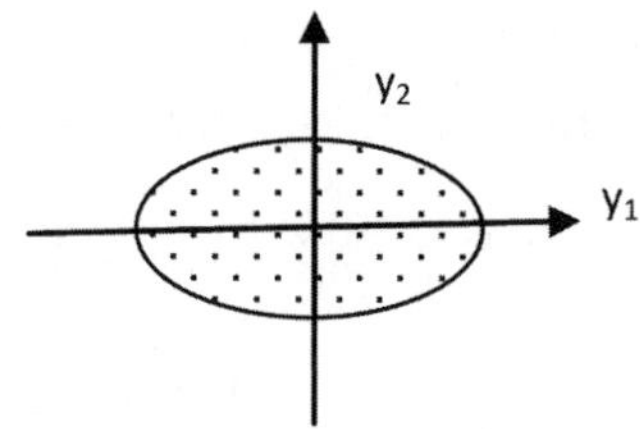

图 2.3 主成分几何解释图

新坐标 y_1-y_2 有如下性质：

- n 个点的坐标 y_1 和 y_2 的相关性几乎为零。
- 二维平面上的 n 个点的方差大部分都归结在 y_1 轴上，而 y_2 轴上的方差较小。

y_1 和 y_2 称为原始变量 x_1 和 x_2 的综合变量。由于 n 个点在 y_1 轴上的方差最大，因而将二维空间的点用 y_1 轴上的一维综合变量来代替，所损失的信息量最小，由此称 y_1 轴为第一主成分，y_2 轴与 y_1 轴正交，有较小的方差，称它为第二主成分。

2.4.3 主成分的导出

根据主成分分析的数学模型的定义，要进行主成分分析，就需要根据原始数据以及模型的三个条件的要求求出主成分系数，以便得到主成分模型。这就是导出主成分所要解决的问题。

（1）根据主成分数学模型的条件①要求主成分之间互不相关，为此主成分之间的协差阵应该是一个对角阵，即对于主成分：

$$F=AX \tag{公式 2.49}$$

其协差阵应为：

$$\begin{aligned}\mathrm{Var}(F) &= \mathrm{Var}(AX) = (AX)\cdot(AX)' = AXX'A' \\ &= \Lambda = \begin{pmatrix} \lambda_1 & & & \\ & \lambda_2 & & \\ & & \ddots & \\ & & & \lambda_p \end{pmatrix}\end{aligned} \tag{公式 2.50}$$

（2）设原始数据的协方差阵为 V，如果原始数据进行了标准化处理，则协方差阵等于相关矩阵，即有：

$$V=R=XX' \tag{公式 2.51}$$

（3）再由主成分数学模型条件③和正交矩阵的性质，若能够满足条件③，则最好要求 A 为正交矩阵，即满足：

$$AA'=I \tag{公式 2.52}$$

于是，将原始数据的协方差代入主成分的协差阵公式得：

$$\begin{aligned}&\mathrm{Var}(F)=AXX'A'=ARA'=\Lambda\\&ARA'=\Lambda \qquad RA'=A'\Lambda\end{aligned}\qquad\text{（公式 2.53）}$$

展开上式得：

$$\begin{pmatrix}r_{11} & r_{12} & \cdots & r_{1p}\\ r_{21} & r_{22} & \cdots & r_{2p}\\ \vdots & \vdots & \vdots & \vdots\\ r_{p1} & r_{p2} & \cdots & r_{pp}\end{pmatrix}\cdot\begin{pmatrix}a_{11} & a_{21} & \cdots & a_{p1}\\ a_{12} & a_{22} & \cdots & a_{p2}\\ \vdots & \vdots & \vdots & \vdots\\ a_{1p} & a_{2p} & \cdots & a_{pp}\end{pmatrix}$$
$$=\begin{pmatrix}a_{11} & a_{21} & \cdots & a_{p1}\\ a_{12} & a_{22} & \cdots & a_{p2}\\ \vdots & \vdots & \vdots & \vdots\\ a_{1p} & a_{2p} & \cdots & a_{pp}\end{pmatrix}\begin{pmatrix}\lambda_1 & & & \\ & \lambda_2 & & \\ & & \ddots & \\ & & & \lambda_p\end{pmatrix}\qquad\text{（公式 2.54）}$$

展开等式两边，根据矩阵相等的性质，这里只根据第一列得出的方程为：

$$\begin{cases}(r_{11}-\lambda_1)a_{11}+r_{12}a_{12}+\cdots+r_{1p}a_{1p}=0\\ r_{21}a_{11}+(r_{22}-\lambda_1)a_{12}+\cdots+r_{2p}a_{1p}=0\\ \qquad\cdots\\ r_{p1}a_{11}+r_{p2}a_{12}+\cdots+(r_{pp}-\lambda_1)a_{1p}=0\end{cases}\qquad\text{（公式 2.55）}$$

为了得到该齐次方程的解，要求其系数矩阵行列式为 0，即：

$$\begin{aligned}&\begin{vmatrix}r_{11}-\lambda_1 & r_{12} & \cdots & r_{1p}\\ r_{21} & r_{22}-\lambda_1 & \cdots & r_{2p}\\ \vdots & \vdots & \vdots & \vdots\\ r_{1p} & r_{p2} & \cdots & r_{pp}-\lambda_1\end{vmatrix}=0\\&|R-\lambda_1 I|=0\end{aligned}\qquad\text{（公式 2.56）}$$

显然，λ_1 是相关系数矩阵的特征值，$a_1=(a_{11},a_{12},\cdots,a_{1p})$ 是相应的特征向量。根据第二列、第三列等可以得到类似的方程，于是 λ_i 是方程 $|R-\lambda_I|=0$ 的 p 个根，λ_i 为特征方程的特征根，a_j 是其特征向量的分量。

2.4.4 证明主成分的方差是依次递减的

设相关系数矩阵 R 的 p 个特征根为 $\lambda_1 \geqslant \lambda_2 \geqslant \cdots \geqslant \lambda_p$，相应的特征向量为 a_j，则有如下公式：

$$A=\begin{pmatrix}a_{11} & a_{12} & \cdots & a_{1p}\\ a_{21} & a_{22} & \cdots & a_{2p}\\ \vdots & \vdots & \vdots & \vdots\\ a_{p1} & a_{p2} & \cdots & a_{pp}\end{pmatrix}=\begin{pmatrix}a_1\\ a_2\\ \vdots\\ a_p\end{pmatrix}\qquad\text{（公式 2.57）}$$

相对于 F_1 的方差为：

$$\mathrm{Var}(F_1) = a_1 XX' a_1' = a_1 R a_1' = \lambda_1 \quad （公式 2.58）$$

同样有 $\mathrm{Var}(F_i)=\lambda_i$，即主成分的方差依次递减，并且协方差为：

$$\begin{aligned}\mathrm{Cov}(a_i'X', a_jX) &= a_i'Ra_j \\ &= a_i'(\sum_{a=1}^{p}\lambda_a a_a a_a')a_j \\ &= \sum_{a=1}^{p}\lambda_a(a_i'a_a)(a_a'a_j) = 0,\ i \neq j\end{aligned} \quad （公式 2.59）$$

综上所述，根据证明有，主成分分析中的主成分协方差应该是对角矩阵，其对角线上的元素恰好是原始数据相关矩阵的特征值，而主成分系数矩阵 A 的元素则是原始数据相关矩阵特征值相应的特征向量。矩阵 A 是一个正交矩阵。

于是，变量（$x_1,x_2,\cdots,x_p$）经过变换后得到新的综合变量：

$$\begin{cases} F_1 = a_{11}x_1 + a_{12}x_2 + \cdots + a_{1p}x_p \\ F_2 = a_{21}x_1 + a_{22}x_2 + \cdots + a_{2p}x_p \\ \cdots \\ F_p = a_{p1}x_1 + a_{p2}x_2 + \cdots + a_{pp}x_p \end{cases} \quad （公式 2.60）$$

新的随机变量彼此不相关，且方差依次递减。

2.4.5 主成分分析的计算

样本观测数据矩阵为：

$$X = \begin{pmatrix} x_{11} & x_{12} & \cdots & x_{1p} \\ x_{21} & x_{22} & \cdots & x_{2p} \\ \vdots & \vdots & \vdots & \vdots \\ x_{n1} & x_{n2} & \cdots & x_{np} \end{pmatrix} \quad （公式 2.61）$$

1. 对原始数据进行标准化处理

$$x_{ij}^* = \frac{x_{ij} - \bar{x}_j}{\sqrt{\mathrm{Var}(x_j)}} \quad (i=1,2,\cdots,n; j=1,2,\cdots,p) \quad （公式 2.62）$$

其中，$\bar{x}_j = \frac{1}{n}\sum_{i=1}^{n}x_{ij}, \mathrm{Var}(x_j) = \frac{1}{n-1}\sum_{i=1}^{n}(x_{ij} - \bar{x}_j)^2 \quad (j=1,2,\cdots,p)$ （公式 2.63）

2. 计算样本的相关系数矩阵

$$R=\begin{bmatrix} r_{11} & r_{12} & \cdots & r_{1p} \\ r_{21} & r_{22} & \cdots & r_{2p} \\ \vdots & \vdots & \cdots & \vdots \\ r_{p1} & r_{p2} & \cdots & r_{pp} \end{bmatrix} \qquad \text{（公式 2.64）}$$

为方便起见，假定原始数据标准化后仍用 X 表示，则经标准化处理后的数据的相关系数为：

$$r_{ij}=\frac{1}{n-1}\sum_{t=1}^{n} x_{ti}x_{tj}\,(i,j=1,2,\cdots,p) \qquad \text{（公式 2.65）}$$

3. 求相关系数矩阵 R 的特征值和相应的特征向量

用雅克比方法求相关系数矩阵 R 的特征值（$\lambda_1,\lambda_2,\cdots,\lambda_p$）和相应的特征向量（$a_i=(a_{i1},a_{i2},\cdots,a_{ip}),i=1,2,\cdots,p$）。

4. 选择重要的主成分，并写出主成分表达式

主成分分析可以得到 p 个主成分，但是，由于各个主成分的方差是递减的，包含的信息量也是递减的，因此实际分析时，一般不是选取 p 个主成分，而是根据各个主成分累计贡献率的大小选取前 k 个主成分，这里贡献率就是指某个主成分的方差占全部方差的比重，实际也就是某个特征值占全部特征值合计的比重。即：

$$\text{贡献率}=\frac{\lambda_i}{\sum_{i=1}^{p}\lambda_i} \qquad \text{（公式 2.66）}$$

贡献率越大，说明该主成分所包含的原始变量的信息越强。主成分个数 k 的选取，主要根据主成分的累计贡献率来决定，即一般要求累计贡献率达到 85% 以上，这样才能保证综合变量能包括原始变量的绝大多数信息。

另外，在实际应用中，选择了重要的主成分后，还要注意主成分实际含义的解释。主成分分析中一个很关键的问题是如何给主成分赋予新的意义，给出合理的解释。一般而言，这个解释是根据主成分表达式的系数结合定性分析来进行的。主成分是原来变量的线性组合，在这个线性组合中，变量的系数有大有小，有正有负，有的大小相当，因而不能简单地认为这个主成分是某个原变量的属性的作用，线性组合中各变量系数的绝对值大者表明该主成分主要综合了绝对值大的变量。有几个变量系数大小相当时，应认为这一主成分是这几个变量的总和，这几个变量综合在一起应赋予怎样的实际意义，这要结合具体问题和专业领域给出恰当的解释，进而才能达到深刻分析的目的。

5. 计算主成分得分

根据标准化的原始数据，按照各个样品分别代入主成分表达式，就可以得到各主成分下的各个样品的新数据，即为主成分得分。具体形式如下：

$$\begin{pmatrix} F_{11} & F_{12} & \cdots & F_{1k} \\ F_{21} & F_{22} & \cdots & F_{2k} \\ \vdots & \vdots & \cdots & \vdots \\ F_{n1} & F_{n2} & \cdots & F_{nk} \end{pmatrix} \quad \text{（公式 2.67）}$$

6. 依据主成分得分数据进一步进行统计分析

依据主成分得分的数据可以进一步进行统计分析。其中，常见的应用有主成份回归、变量子集合的选择、综合评价等。

2.5 数据动态性及其分析模型

2.5.1 动态数据及其特点

动态数据是指观察或记录下来的一组按时间先后顺序排列起来的数据序列。

1. 数据特征

数据取值随时间变化，在每一时刻取什么值，不可能完全准确地用历史值预报，前后时刻（不一定是相邻时刻）的数值或数据点有一定的相关性，整体存在某种趋势或周期性。

（1）构成：包括①时间；②反映现象在一定时间条件下数量特征的指标值。

（2）表示：可表示为 $x(t)$。其中时间 t 为自变量，时间 t 可以是整数（离散的、等间距的），也可以是非整数（连续的，实际分析时必须进行采样处理）。时间单位：秒、分、小时、日、周、月和年。

2. 动态数据分类

（1）绝对数时间序列：时间序列是按照时间排序的一组随机变量，它通常是在相等间隔的时间段内依照给定的采样率对某种潜在过程进行观测的结果。时间序列数据本质上反映的是某个或者某些随机变量随时间不断变化的趋势，而时间序列预测方法的核心就是从数据中挖掘出这种规律，并利用其对将来的数据做出估计。其分为时期序列（时期数列）和时点序列（时点数列）。①时期序列：由时期总量指标排列而成的时间序列；②时点序列：由时点总量指标排列而成的时间序列。

（2）相对数时间序列：指由一系列同种相对数指标按时间先后顺序排列而成的时间序列。

（3）平均数时间序列：指由一系列同类平均指标按时间先后顺序排列而成的时间序列。

3. 时间序列分析法

时间序列分析法是根据客观事物发展的连续规律性，运用过去的历史数据，通过统计分析，进一步推测未来的发展趋势。它的前提是假定事物的过去延续到未来。事物的过去会延续到未来这个假设前提包含两层含义：一是不会发生突然的跳跃变化，而是以相对小的步伐前进；二是过去和当前的现象可能表明当前和将来活动的发展变化趋向。这就决定了在一般情况下，时间序列分析法对于短、近期预测比较显著，但如延伸到更远的将来，就会出现很大的局限性，导致预测值偏离实际较大而使决策失误。

时间序列分析常用的方法分为：

（1）指标分析法：通过时间序列的分析指标来揭示现象的发展变化状况和发展变化程度。

（2）构成因素分析法：通过对影响时间序列的构成因素进行分解分析，揭示现象随时间变化而演变的规律。

2.5.2 动态数据分析模型分类

动态数据分析模型分类如下：

（1）时间序列模型：研究单变量或少数几个变量的变化，可分为：①随机过程：包括周期分析和时间序列分析；②灰色系统：包括关联分析和 GM 模型。

（2）动态系统模型：研究多变量的变化，一般指系统动力学建模。

1. 时间序列模型表示

时间序列（或称动态数列）是指将同一统计指标的数值按其发生的时间先后顺序排列而成的数列。时间序列分析的主要目的是根据已有的历史数据对未来进行预测。经济数据中大多数以时间序列的形式给出。根据观察时间的不同，时间序列中的时间可以是年份、季度、月份或其他任何时间形式。时间序列模型指研究一个或多个被解释变量随时间变化规律的模型。此模型主要用于预测分析，其目的是精确预测未来变化。

（1）数据要求：序列平稳。

（2）研究角度：时间域、频率域。

（3）模型内容：包括周期分析、时间序列预测。

（4）时间序列模型的表示：

$$x_t = f(x_{t-1}, x_{t-2}, \cdots) + \varepsilon_t \quad \text{（公式 2.68）}$$

上面的公式中，ε_t 表示白噪声。

2. 动态系统模型

动态系统模型指研究具有时变特点的多个因素之间的相互作用，以及这些作用与系统整体发展之间的关系的模型。模型主要用于模拟和情景分析。其重点研究各种因素是如何相互作用影响系统总体发展的。

动态系统模型表示可以使用因果反馈逻辑图与未来系统要素变化趋势图。

2.5.3 平稳时间序列建模

平稳时间序列粗略地讲，即一个时间序列，如果均值没有系统地变化（无趋势），方差没有系统地变化，且严格消除了周期性变化，就称之为平稳的。

平稳时间序列是时间序列分析中最重要的特殊类型。到目前为止，时间序列分析基本上是以平稳时间序列为基础的。对于非平稳时间序列的统计分析，其方法和理论都很有局限性，因此本书不做讲解。

1. 平稳时间序列模型

（1）平稳随机过程

如果一个随机过程的均值和方差在时间过程上是常数，并且在任何两个时期之间的协方差值仅依赖于这两个时期间的距离和滞后，而不依赖于计算这个协方差的实际时间，那么这个随机过程称为平稳的随机过程。平稳可分为两类：

- 严平稳：一种条件比较苛刻的平稳性定义。只有当序列所有的统计性质都不会随着时间的推移而发生变化时，该序列才能被认为是平稳的。
- 宽平稳：宽平稳是使用序列的特征统计量来定义的一种平稳性。它认为序列的统计性质主要由它的低阶矩决定，所以只要保证序列低阶矩平稳（二阶），就能保证序列的主要性质近似稳定。

平稳序列的统计性质：

- 常数均值。
- 自协方差函数和自相关函数只依赖于时间的平移长度，而与时间的起止点无关。

（2）自相关函数

$$\hat{\rho}_k = \frac{\sum_{t=1}^{n-k}(x_t - \bar{x})(x_{t+k} - \bar{x})}{\sum_{t=1}^{n}(x_t - \bar{x})^2} \quad \text{（公式 2.69）}$$

除了平稳时间序列模型外，其他的动态数据模型还有线性模型、非线性趋势等，感兴趣的读者可查找相关资料学习。

2. 平稳时间序列模型分类

任何时间序列都可以看作是一个平稳的过程。所看到的数据集可以看作是该平稳过程的一个实现，主要方法有自回归（AR）、移动平均（MA）及自回归移动平均（ARMA）等。

（1）自回归模型

时间序列可以表示成它的先前值和一个冲击值的函数：

$$x_t = \phi_1 x_{t-1} + \phi_{12} x_{t-2} + \cdots + \phi_p x_{t-p} + \varepsilon_t \quad \text{（公式 2.70）}$$

（2）移动平均模型

序列值是现在和过去的误差或冲击值的线性组合：

$$x_t=\varepsilon_t-\theta_1\varepsilon_{t-1}-\theta_2\varepsilon_{t-2}-\cdots-\theta_q\varepsilon_{t-q} \quad \text{（公式 2.71）}$$

（3）自回归移动平均模型

序列值是现在和过去的误差或冲击值以及先前的序列值的线性组合：

$$x_t=\varphi_1 x_{t-1}+\varphi_2 x_{t-2}+\cdots+\varphi_p x_{t-p}+\varepsilon_t-\theta_1\varepsilon_{t-1}-\theta_2\varepsilon_{t-2}-\cdots-\theta_q\varepsilon_{t-q} \quad \text{（公式 2.72）}$$

3. 建模步骤

（1）分析数据的动态特征。

（2）进行数据序列分解。

（3）数据预处理。

（4）模型构建和模型确认。

4. 建模方法

（1）时间序列模型：包括统计学方法、随机过程理论、灰色系统方法。

（2）动态系统模型：指动态系统仿真方法。

2.6 数据可视化

数据可视化是关于数据视觉表现形式的技术。其中，这种数据的视觉表现形式被定义为：一种以某种概要形式抽提出来的信息，包括相应信息单位的各种属性和变量。这是一个处于不断演变之中的概念，其边界在不断地扩大。数据可视化是技术上较为高级的方法，而这些技术方法允许利用图形、图像处理、计算机视觉以及用户界面，通过表达、建模以及对立体、表面、属性以及动画的显示对数据加以可视化解释。与立体建模之类的特殊技术方法相比，数据可视化所涵盖的技术方法要广泛得多。为了有效地传达思想概念，美学形式与功能需要齐头并进，通过直观地传达关键的方面与特征，从而实现对于相当稀疏而又复杂的数据集的深入洞察。

数据可视化与信息图形、信息可视化、科学可视化以及统计图形密切相关。当前，在研究、教学和开发领域，数据可视化是一个极为活跃而又关键的方面。“数据可视化”这个术语实现了成熟的科学可视化领域与较年轻的信息可视化领域的统一。

1. 数据可视化的概念

数据可视化技术包含以下几个基本概念：

（1）数据空间：是由 n 维属性和 m 个元素组成的数据集所构成的多维信息空间。

（2）数据开发：是指利用一定的算法和工具对数据进行定量的推演和计算。

（3）数据分析：是指对多维数据的切片、块、旋转等动作进行剖析，从而能从多角度、多侧面观察数据。

（4）数据可视化：是指将大型数据集中的数据以图形图像的形式表示，并利用数据分析和开发工具发现其中未知信息的处理过程。

数据可视化已经提出了许多方法，这些方法根据其可视化原理的不同可以划分为基于几何的技术、面向像素的技术、基于图标的技术、基于层次的技术、基于图像的技术和分布式技术等。数据可视化的适用范围存在着不同的划分方法，一个常见的关注焦就是信息的呈现。数据可视化的两个主要的组成部分为：统计图和主题图。

2. 数据的特征

先要理解数据，再去掌握可视化的方法，这样才能实现高效的数据可视化。在设计时，读者可能会遇到以下常见的数据类型：

（1）量性：数据是可以计量的，所有的值都是数字。

（2）离散性：数字类数据可能在有限范围内取值。

（3）持续性：数据可以测量，且在有限范围内。

（4）范围性：数据可以根据编组和分类而分类。

可视化的意义是帮助人更好地分析数据，也就是说它是一种高效的手段，并不是数据分析的必要条件。如果我们采用了可视化方案，就意味着机器并不能精确地分析。当然，也要明确可视化不能直接带来结果，它需要人来介入以分析结论。

3. 数据可视化的方法及其工具

下面介绍代表性的图形化数据的可视化方法。

- 选择图表类型。
- 图表的创建。
- 使用图表。
- 散点图的显示。
- 条形图的绘制。
- 绘制直方图。
- 收集图显示。
- 多重散点图。
- 网络图显示。
- 评估节点图。
- 时间散点图的显示。

下面介绍编程语言类的数据可视化工具。

- R：R 经常被称为“统计人员为统计人员开发的一种语言”。如果需要深奥的统计模型用于计算，可以在 CRAN 上找到它，CRAN 叫综合 R 档案网络（Comprehensive R Archive Network）并非无缘无故。说到用于分析和标绘，没有什么比得过 ggplot2。而如果想利用比机器提供的功能还强大的功能，可以使用 Spark R 绑定，在 R 上运行 Spark。
- Scala：Scala 是最轻松的语言，因为用户都欣赏其类型系统。Scala 在 JVM 上运行，基本上成功地结合了函数范式和面向对象范式，目前它在金融界和需要处理海量数据的企业中取得了巨大进展，常常采用一种大规模分布式方式来处理（比如 Twitter 和 LinkedIn）。它还是驱动 Spark 和 Kafka 的一种语言。

- Python：Python 在学术界一直很流行，尤其是在自然语言处理（NLP）等领域。因此，如果有一个需要 NLP 处理的项目，就会面临数量多得让人眼花缭乱的选择，包括经典的 NTLK、使用 GenSim 的主题建模，或者超快、准确的 spaCy。同样，如果要处理神经网络问题，Python 同样游刃有余，有 Theano 和 TensorFlow，还有面向机器学习的 scikit-learn，以及面向数据分析的 NumPy 和 Pandas。
- Java：Java 很适合大数据项目。Hadoop MapReduce 用 Java 编写，HDFS 也用 Java 编写，连 Storm、Kafka 和 Spark 都可以在 JVM 上运行（使用 Clojure 和 Scala），这意味着 Java 是这些项目中的“一等公民”。另外，还有像 Google Cloud Dataflow（现在是 Apache Beam）这些新技术，直到最近它们还只支持 Java。

在大数据时代，可视化图表工具不可能“单独作战”，而我们都知道大数据的价值在于数据挖掘，一般数据可视化都是和数据分析功能相组合的，数据分析又需要数据接入整合、数据处理、ETL 等数据功能，发展成为一站式的大数据分析平台。

2.7 本章小结

数据和特征决定了机器学习的上限，而模型和算法只是逼近这个上限而已。机器学习数据分析的目的其实就是直观地展现数据，例如让花费数小时甚至更久才能归纳的数据量转化成一眼就能读懂的指标，通过加减乘除、各类公式权衡计算得到的两组数据差异，在图中颜色敏感、线条长短、图形大小即能形成对比。

本章数据的分布性、数据的相关性、数据的聚类性、数据成分、动态及数据可视化等方面介绍了机器学习的数据特征。

2.8 复习题

（1）统计数据的分布特征可以从哪几个方面进行描述？

（2）什么是众数、中位数、算术平均数？

（3）数据分布的离散程度的作用是什么？

（4）数据分布的偏态与峰度的作用是什么？

（5）什么是数据的相关性？

（6）相关关系的种类有哪些？

（7）什么是相关图？

（8）什么是动态数据？

（9）什么是数据空间？

第 3 章 用 scikit-learn 估计器分类

scikit-learn 是基于 Python 语言的机器学习工具，简称 sklearn。它是 SciPy 的扩展，建立在 NumPy 和 Matplolib 库的基础上。sklearn 包括分类、回归、降维和聚类 4 大机器学习算法，还包括特征提取、数据处理和模型评估 3 大模块。它具有如下特点：

- 简单有效的预测数据分析工具。
- 让每个人可以在各种环境中重用。
- 构建在 NumPy、SciPy 和 Matplotlib 库之上。
- 开源访问，商用 BSD 许可证。

3.1 scikit-learn 基础

scikit-learn 可简称为 sklearn，是一个 Python 库，是专门用于机器学习的模块。它的官方网站是 http://scikit-learn.org/stable/#，安装文件、帮助文档等资源都可以在官方网站找到。

sklearn 安装要求 Python（版本在 2.7 以上或 3.3 以上）、NumPy（版本在 1.8.2 以上）、SciPy（版本在 0.13.3 以上）。如果已经安装了 NumPy 和 SciPy，安装 sklearn 可以使用 pip install -U scikit-learn 命令。

3.1.1 sklearn 包含的机器学习方式

sklearn 包含的机器学习方式有分类、回归、无监督、数据降维、模型选择和数据预处理等，都是常见的机器学习方法。搭建开发环境时，建议读者使用 Anaconda 集成开发工具，可以方便地安装各种库。

如图 3.1 所示，sklearn 给出了一个备忘图，揭示如何选择正确的方法，以及如何选择正确的评估器。这个图来自官网（http://scikit-learn.org/stable/tutorial/machine_learning_map/index.html），图中对于什么样的问题采用什么样的方法给出了清晰的描述，包括数据量不同的区分。

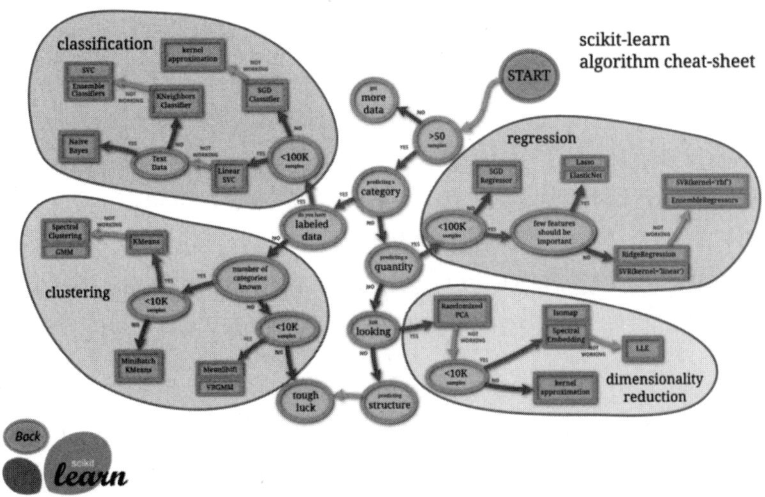

图 3.1 sklearn 给出如何选择正确的方法

3.1.2 sklearn 的强大数据库

sklearn 数据库（http://scikit-learn.org/stable/modules/classes.html#module-sklearn.datasets）中包含很多数据，可以直接拿来使用，如图 3.2 所示。

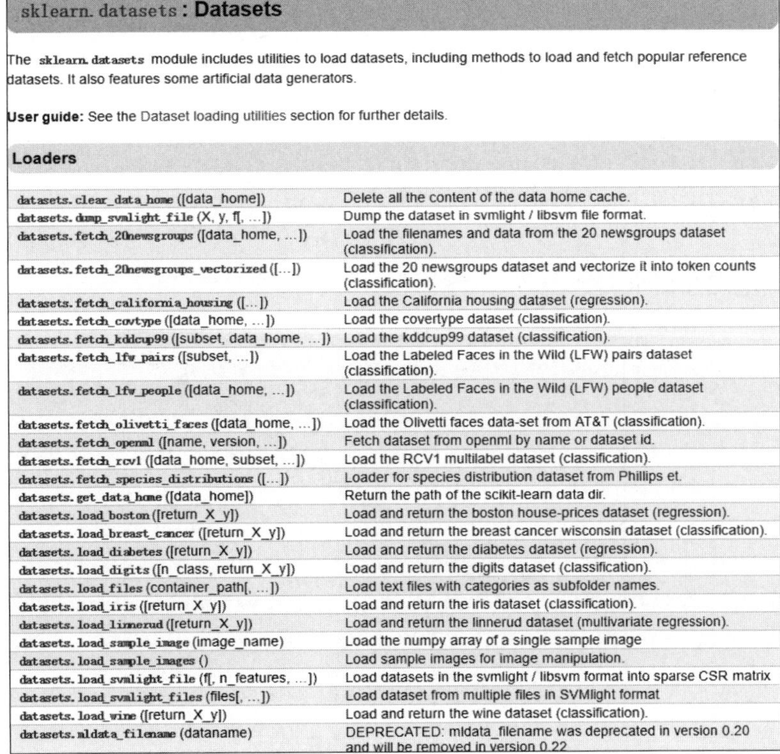

sklearn.datasets: Datasets

The sklearn.datasets module includes utilities to load datasets, including methods to load and fetch popular reference datasets. It also features some artificial data generators.

User guide: See the Dataset loading utilities section for further details.

Loaders

datasets.clear_data_home([data_home])	Delete all the content of the data home cache.
datasets.dump_svmlight_file(X, y, f[, …])	Dump the dataset in svmlight / libsvm file format.
datasets.fetch_20newsgroups([data_home, …])	Load the filenames and data from the 20 newsgroups dataset (classification).
datasets.fetch_20newsgroups_vectorized([…])	Load the 20 newsgroups dataset and vectorize it into token counts (classification).
datasets.fetch_california_housing([…])	Load the California housing dataset (regression).
datasets.fetch_covtype([data_home, …])	Load the covertype dataset (classification).
datasets.fetch_kddcup99([subset, data_home, …])	Load the kddcup99 dataset (classification).
datasets.fetch_lfw_pairs([subset, …])	Load the Labeled Faces in the Wild (LFW) pairs dataset (classification).
datasets.fetch_lfw_people([data_home, …])	Load the Labeled Faces in the Wild (LFW) people dataset (classification).
datasets.fetch_olivetti_faces([data_home, …])	Load the Olivetti faces data-set from AT&T (classification).
datasets.fetch_openml([name, version, …])	Fetch dataset from openml by name or dataset id.
datasets.fetch_rcv1([data_home, subset, …])	Load the RCV1 multilabel dataset (classification).
datasets.fetch_species_distributions([…])	Loader for species distribution dataset from Phillips et.
datasets.get_data_home([data_home])	Return the path of the scikit-learn data dir.
datasets.load_boston([return_X_y])	Load and return the boston house-prices dataset (regression).
datasets.load_breast_cancer([return_X_y])	Load and return the breast cancer wisconsin dataset (classification).
datasets.load_diabetes([return_X_y])	Load and return the diabetes dataset (regression).
datasets.load_digits([n_class, return_X_y])	Load and return the digits dataset (classification).
datasets.load_files(container_path[, …])	Load text files with categories as subfolder names.
datasets.load_iris([return_X_y])	Load and return the iris dataset (classification).
datasets.load_linnerud([return_X_y])	Load and return the linnerud dataset (multivariate regression).
datasets.load_sample_image(image_name)	Load the numpy array of a single sample image
datasets.load_sample_images()	Load sample images for image manipulation.
datasets.load_svmlight_file(f[, n_features, …])	Load datasets in the svmlight / libsvm format into sparse CSR matrix
datasets.load_svmlight_files(files[, …])	Load dataset from multiple files in SVMlight format
datasets.load_wine([return_X_y])	Load and return the wine dataset (classification).
datasets.mldata_filename(dataname)	DEPRECATED: mldata_filename was deprecated in version 0.20 and will be removed in version 0.22

图 3.2 sklearn.datasets:Datasets

3.1.3 sklearn datasets 构造数据

1. sklearn 学习模式

sklearn 中包含众多的机器学习方法，这里介绍 sklearn 的通用学习模式。首先引入需要训练的数据，sklearn 自带部分训练数据集（sklearn datasets），也可以通过相应方法进行构造。然后选择相应的机器学习方法进行训练，训练过程中可以通过一些技巧调整参数，使得学习准确率更高。模型训练完成之后便可以预测新数据，还可以通过 matplotlib 等方法来直观地展示数据。另外，还可以将已训练好的模型（Model）进行保存，方便移动到其他平台，不必重新训练。

2. sklearn datasets

sklearn 提供了一些标准数据，不必再从其他网站寻找数据进行训练。例如，用来训练的 load_iris 数据可以用 datasets.load_iris() 引入，很方便地返回数据特征变量和目标值。除了引入数据之外，还可以通过 load_sample_images() 来引入图片。除了 sklearn 提供的一些数据之外，还可以自己构造一些数据来辅助学习。

【例 3.1】sklearn 构造数据。

```
# -*- coding: utf-8 -*-
from sklearn import datasets# 引入数据集
# 构造的各种参数可以根据自己的需要调整
X,y=datasets.make_regression(n_samples=100,n_features=1,n_targets=1,
noise=1)
### 绘制构造的数据 ###
import matplotlib.pyplot as plt
plt.figure()
plt.scatter(X,y)
plt.show()
```

结果输出如图 3.3 所示。

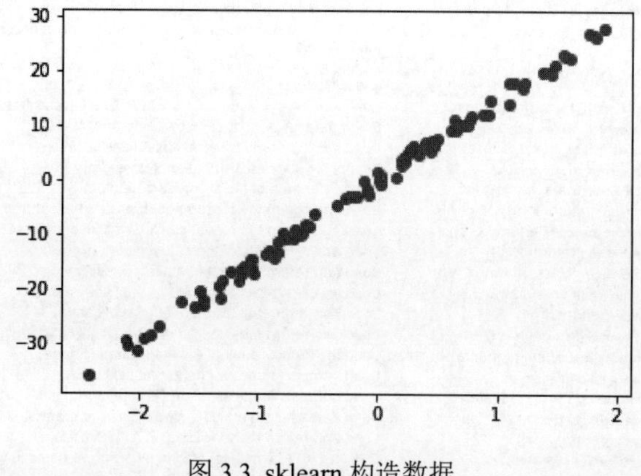

图 3.3 sklearn 构造数据

3.2 scikit-learn 估计器

在 sklearn 中，估计器（Estimator）是一个重要的角色，分类器和回归器都属于估计器，是一类实现了算法的 API。在估计器中有两个重要的方法：fit 和 transform。

- fit：用于从训练集中学习模型参数。
- transform：用学习到的参数转换数据。

3.2.1 sklearn 估计器的类别

1. 用于分类的估计器

- sklearn.neighbors：近邻算法。
- sklearn.naive_bayes：贝叶斯。
- sklearn.linear_model.LogisticRegression：逻辑回归。

2. 用于回归的估计器

- sklearn.linear_model.LinearRegression：线性回归。
- sklearn.linear_model.Ridge：岭回归。

3. 用 scikit-learn 估计值分类

- 估计器（Estimator）：用于分类、聚类和回归分析。
- 转换器（Transformer）：用于数据的预处理和数据的转换。
- 流水线（Pipeline）：组合数据挖掘流程，便于再次使用。

3.2.2 sklearn 分类器的比较

sklearn 常用分类器包括：SVM、KNN、贝叶斯、线性回归、逻辑回归、决策树、随机森林、XGBoost、GBDT、Boosting、神经网络（NN）。

```
### KNN Classifier
from sklearn.neighbors import KNeighborsClassifier
clf = KNeighborsClassifier()
clf.fit(train_x, train_y)
____________________________________________________________
### Logistic Regression Classifier
from sklearn.linear_model import LogisticRegression
clf = LogisticRegression(penalty='l2')
clf.fit(train_x, train_y)
____________________________________________________________
### Random Forest Classifier
from sklearn.ensemble import RandomForestClassifier
```

```
clf = RandomForestClassifier(n_estimators=8)
clf.fit(train_x, train_y)
____________________________________________________________
### Decision Tree Classifier
from sklearn import tree
clf = tree.DecisionTreeClassifier()
clf.fit(train_x, train_y)
____________________________________________________________
### GBDT(Gradient Boosting Decision Tree) Classifier
from sklearn.ensemble import GradientBoostingClassifier
clf = GradientBoostingClassifier(n_estimators=200)
clf.fit(train_x, train_y)
____________________________________________________________
###AdaBoost Classifier
from sklearn.ensemble import  AdaBoostClassifier
clf = AdaBoostClassifier()
clf.fit(train_x, train_y)
____________________________________________________________
### GaussianNB
from sklearn.naive_bayes import GaussianNB
clf = GaussianNB()
clf.fit(train_x, train_y)
____________________________________________________________
### Linear Discriminant Analysis
from sklearn.discriminant_analysis import LinearDiscriminantAnalysis
clf = LinearDiscriminantAnalysis()
clf.fit(train_x, train_y)
____________________________________________________________
### Quadratic Discriminant Analysis
from sklearn.discriminant_analysis import QuadraticDiscriminantAnalysis
clf = QuadraticDiscriminantAnalysis()
clf.fit(train_x, train_y)
____________________________________________________________
### SVM Classifier
from sklearn.svm import SVC
clf = SVC(kernel='rbf', probability=True)
clf.fit(train_x, train_y)
____________________________________________________________
### Multinomial Naive Bayes Classifier
from sklearn.naive_bayes import MultinomialNB
clf = MultinomialNB(alpha=0.01)
clf.fit(train_x, train_y)
```

【例 3.2】比较几种常见分类器的效果。

```
# -*- coding: utf-8 -*-
print(__doc__)
```

```
"""
Created on Wed Jul  7 10:25:49 2021
@author: liguo
"""
import numpy as np
import matplotlib.pyplot as plt
from matplotlib.colors import ListedColormap
from sklearn.model_selection import train_test_split
from sklearn.preprocessing import StandardScaler
from sklearn.datasets import make_moons, make_circles, make_classification
from sklearn.neural_network import MLPClassifier
from sklearn.neighbors import KNeighborsClassifier
from sklearn.svm import SVC
from sklearn.gaussian_process import GaussianProcessClassifier
from sklearn.gaussian_process.kernels import RBF
from sklearn.tree import DecisionTreeClassifier
from sklearn.ensemble import RandomForestClassifier, AdaBoostClassifier
from sklearn.naive_bayes import GaussianNB
from sklearn.discriminant_analysis import QuadraticDiscriminantAnalysis
h = .02  # step size in the mesh
names = ["Nearest Neighbors", "Linear SVM", "RBF SVM", "Gaussian Process",
         "Decision Tree", "Random Forest", "Neural Net", "AdaBoost",
         "Naive Bayes", "QDA"]
classifiers = [
    KNeighborsClassifier(3),
    SVC(kernel="linear", C=0.025),
    SVC(gamma=2, C=1),
    GaussianProcessClassifier(1.0 * RBF(1.0)),
    DecisionTreeClassifier(max_depth=5),
    RandomForestClassifier(max_depth=5, n_estimators=10, max_features=1),
    MLPClassifier(alpha=1, max_iter=1000),
    AdaBoostClassifier(),
    GaussianNB(),
    QuadraticDiscriminantAnalysis()]
X, y = make_classification(n_features=2, n_redundant=0, n_informative=2,
                           random_state=1, n_clusters_per_class=1)
rng = np.random.RandomState(2)
X += 2 * rng.uniform(size=X.shape)
linearly_separable = (X, y)
datasets = [make_moons(noise=0.3, random_state=0),
            make_circles(noise=0.2, factor=0.5, random_state=1),
            linearly_separable
            ]
figure = plt.figure(figsize=(27, 9))
i = 1
# iterate over datasets
```

```
    for ds_cnt, ds in enumerate(datasets):
        # preprocess dataset, split into training and test part
        X, y = ds
        X = StandardScaler().fit_transform(X)
        X_train, X_test, y_train, y_test = \
            train_test_split(X, y, test_size=.4, random_state=42)
        x_min, x_max = X[:, 0].min() - .5, X[:, 0].max() + .5
        y_min, y_max = X[:, 1].min() - .5, X[:, 1].max() + .5
        xx, yy = np.meshgrid(np.arange(x_min, x_max, h),
                             np.arange(y_min, y_max, h))
        # just plot the dataset first
        cm = plt.cm.RdBu
        cm_bright = ListedColormap(['#FF0000', '#0000FF'])
        ax = plt.subplot(len(datasets), len(classifiers) + 1, i)
        if ds_cnt == 0:
            ax.set_title("Input data")
        # Plot the training points
        ax.scatter(X_train[:, 0], X_train[:, 1], c=y_train, cmap=cm_bright,
                   edgecolors='k')
        # Plot the testing points
        ax.scatter(X_test[:, 0], X_test[:, 1], c=y_test, cmap=cm_bright,
alpha=0.6,
                   edgecolors='k')
        ax.set_xlim(xx.min(), xx.max())
        ax.set_ylim(yy.min(), yy.max())
        ax.set_xticks(())
        ax.set_yticks(())
        i += 1
        # iterate over classifiers
        for name, clf in zip(names, classifiers):
            ax = plt.subplot(len(datasets), len(classifiers) + 1, i)
            clf.fit(X_train, y_train)
            score = clf.score(X_test, y_test)
            # Plot the decision boundary. For that, we will assign a color to
each
            # point in the mesh [x_min, x_max]x[y_min, y_max].
            if hasattr(clf, "decision_function"):
                Z = clf.decision_function(np.c_[xx.ravel(), yy.ravel()])
            else:
                Z = clf.predict_proba(np.c_[xx.ravel(), yy.ravel()])[:, 1]
            # Put the result into a color plot
            Z = Z.reshape(xx.shape)
            ax.contourf(xx, yy, Z, cmap=cm, alpha=.8)
            # Plot the training points
            ax.scatter(X_train[:, 0], X_train[:, 1], c=y_train, cmap=cm_bright,
                       edgecolors='k')
```

```
        # Plot the testing points
        ax.scatter(X_test[:, 0], X_test[:, 1], c=y_test, cmap=cm_bright,
                   edgecolors='k', alpha=0.6)
        ax.set_xlim(xx.min(), xx.max())
        ax.set_ylim(yy.min(), yy.max())
        ax.set_xticks(())
        ax.set_yticks(())
        if ds_cnt == 0:
            ax.set_title(name)
        ax.text(xx.max() - .3, yy.min() + .3, ('%.2f' % score).lstrip('0'),
                size=15, horizontalalignment='right')
        i += 1
plt.tight_layout()
plt.show()
```

代码运行结果如图 3.4 所示。

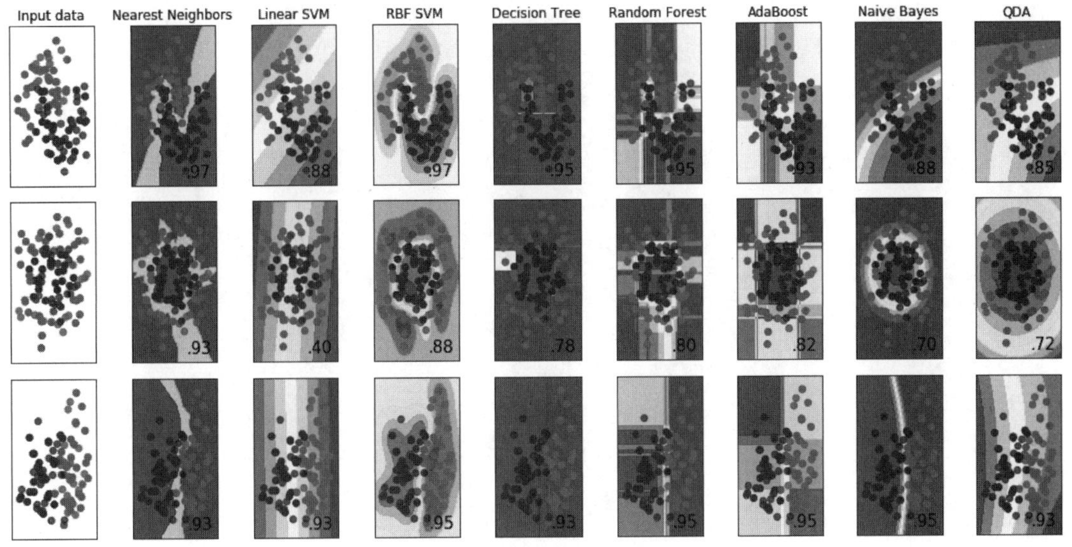

图 3.4 几种分类器的效果

这个结果重点说明了不同分类器的决策边界的性质。但是，这么说有点言之凿凿，因为这些例子所传达的信息并不一定会传递到真实的数据集。特别是在高维空间，数据更容易被线性分离和简单地分类，如朴素贝叶斯和线性支持向量机可能导致更好的泛化，比其他分类器更容易实现。这些图以纯色显示训练点，半透明显示测试点。图的右下角显示测试集的分类精度。

3.3 本章小结

分类是一种重要的数据分析形式，它提取刻画重要数据类的模型，这种模型称为分类器，用来预测分类的（离散的和无序的）类标号。本章介绍了 sklearn 包含的机器学方式、sklearn 的数据库、sklearn 的构造数据集，重点介绍了 sklearn 估计器分类的算法对比，并用代码比较了几种常见分类器的效果。

3.4 复习题

（1）sklearn 是基于 Python 语言的机器学习工具，它建立在什么基础库之上？

（2）sklearn 大体包含哪些机器学习方式？

（3）比较 sklearn 的分类器。

第4章 朴素贝叶斯分类

贝叶斯分类算法是以贝叶斯原理为基础，使用概率统计的知识对样本数据集进行分类。由于其有着坚实的数学基础，贝叶斯分类算法的误判率很低。贝叶斯分类算法的特点是结合先验概率和后验概率，既避免了只使用先验概率的主观偏见，也避免了单独使用样本信息的过拟合现象。贝叶斯分类算法在数据集较大的情况下表现出较高的准确率，同时算法本身也比较简单。

朴素贝叶斯算法是基于贝叶斯定理与特征条件独立假设的分类方法，是经典的机器学习算法之一。最为广泛的两种分类模型是决策树模型（Decision Tree Model）和朴素贝叶斯模型（Naive Bayesian Model，NBM）。和决策树模型相比，朴素贝叶斯分类器（Naive Bayes Classifier，NBC）发源于古典数学理论，有着坚实的数学基础和稳定的分类效率。同时，朴素贝叶斯模型所需估计的参数很少，对缺失数据不太敏感，算法也比较简单。理论上，朴素贝叶斯模型与其他分类方法相比具有最小的误差率。

4.1 算法原理

朴素贝叶斯算法是非常简单快速的分类算法，通常适用于维度非常高的数据集。因为运行速度快，而且可调参数少，因此非常适合为分类问题提供快速粗糙的基本方案。下面介绍朴素贝叶斯分类器的工作原理，并通过一些示例演示朴素贝叶斯分类器在经典数据集上的应用。

4.1.1 朴素贝叶斯算法原理

1. 概率基础

条件概率是指事件 A 在另一个事件 B 已经发生的条件下发生的概率。条件概率表示为：$P(A|B)$，读作“在 B 条件下 A 的概率”。若只有两个事件 A 和 B，那么：

$$P(AB)=P(A|B)P(B)=P(B|A)P(A) \quad \text{（公式 4.1）}$$

$$P(A|B)=\frac{P(AB)}{P(B)} \quad \text{（公式 4.2）}$$

$$P(A|B)=\frac{P(B|A)*p(A)}{P(B)}$$（公式 4.3）

全概率公式：表示若事件 $A_1,A_2,\cdots,A_n$ 构成一个完备事件组且都有正概率，则对任意一个事件 B 都有公式成立。

$$P(B)=P(A_1B)+P(A_2B)+\cdots+P(A_kB)=\Sigma P(A_iB)=\Sigma P(B|A_i)*P(A_i)$$（公式 4.4）

先验概率：在事件发生之前发生的概率，是根据以往经验和分析得到的概率。

后验概率：事件已经发生了，发生可能有很多原因，判断发生时由哪个原因引起的概率。

2. 贝叶斯

将全概率公式代入条件概率公式中，对于事件 A_k 和事件 B 有：

$$P(A_k|B)=\frac{P(B|A_k)*P(A_k)}{\sum P(B|A_i)*P(A_i)}$$（公式 4.5）

对于 $P(A_k|B)$ 来说，分母$\sum P(B|A_i)*P(A_i)$ 为一个固定值，因为只需要比较 $P(A_k|B)$ 的大小，所以可以将分母固定值去掉，并不会影响结果。因此，可以得到下面的公式：

$$P(A_k|B)=P(A_k)*P(B|A_k)$$（公式 4.6）

$P(A_k|B)$ 是后验概率，$P(B|A_k)$ 是似然函数，后验概率 = 先验概率 * 似然函数。

3. 朴素贝叶斯

特征条件独立假设在分类问题中，常常需要把一个事物分到某个类别中，一个事物又有许多属性，即 $x=(x_1,x_2,\cdots,x_n)$，常常类别也是多个，即 $y=(y_1,y_2,\cdots,y_k)$。$P(y_1|x),P(y_2|x),\cdots,P(y_k|x)$ 表示 x 属于某个分类的概率，那么需要找出其中最大的概率 $P(y_k|x)$，根据上一步的公式可得：

$$P(y_k|x)=P(y_k)*P(x|y_k)$$（公式 4.7）

样本 x 有 n 个属性：$x=(x_1,x_2,\cdots,x_n)$，所以 $P(y_k|X)=P(y_k)*P(x_1,x_2,\cdots,x_n|y_k)$，条件独立假设，就是各条件之间互不影响。

所以样本的联合概率就是连乘：$P(x_1,x_2,\cdots,x_n\mid y_k)=\prod P(x_i\mid y_k)$，最终公式为：

$$P(y_k|x)=P(y_k)*\prod P(x_i|y_k)$$（公式 4.8）

根据公式 4.8 就可以解决分类问题。

4.1.2 朴素贝叶斯分类法

朴素贝叶斯的基本方法是：在统计数据的基础上，依据条件概率公式计算当前特征的样本属于某个分类的概率，选择最大的概率分类。对于给出的待分类项，求解在此项出现的条件下各个类别出现的概率，哪个最大，就认为此待分类项属于哪个类别。

1. 计算流程

（1）$x=\{a_1,a_2,\cdots,a_m\}$ 为待分类项，每个 a 为 x 的一个特征属性。

（2）有类别集合 $C=\{y_1,y_2,\cdots,y_n\}$。

（3）计算 $P(y_1|x),P(y_2|x),\cdots,P(y_n|x)$。

（4）如果 $P(y_k|x)=\max\{P(y_1|x),P(y_2|x),\cdots,P(y_n|x)\}$，则 $x\in y_k$。

（5）找到一个已知分类的待分类项集合，这个集合叫作训练样本集。

（6）统计得到在各类别下的各个特征属性的条件概率估计，即 $P(a_1|y_1),P(a_2|y_2),\cdots,P(a_m|y_1)$; $P(a_1|y_2),P(a_2|y_2),\cdots,P(a_m|y_2);P(a_1|y_n),P(a_2|y_n),\cdots,P(a_m|y_n)$。

（7）如果各个特征属性是条件独立的，则根据贝叶斯定理有如下推导：

$$P(y_j\mid x)=\frac{P(x\mid y_i)P(y_i)}{P(x)} \quad \text{（公式 4.9）}$$

因为分母对于所有类别为常数，所以只要将分子最大化即可。又因为各特征属性是条件独立的，所以有：

$$P(y_k|x)=P(y_k)*\prod P(x_i|y_k) \quad \text{（公式 4.10）}$$

$$P(x|y_i)P(y_i)=P(a_i|y_i)P(a_2|y_i)\cdots P(a_m|y_i)P(y_i)=P(y_i)\prod_{j=1}^{m}P(a_j\mid y_i) \quad \text{（公式 4.11）}$$

2. 三个阶段

（1）准备阶段。根据具体情况确定特征属性，对每个特征属性进行适当的划分，然后由人工对一部分待分类项进行分类，形成训练样本集合。这一阶段的输入是所有待分类数据，输出是特征属性和训练样本。这一阶段是整个朴素贝叶斯分类中唯一需要人工完成的阶段，分类器的质量很大程度上由特征属性、特征属性划分及训练样本质量决定。

（2）分类器训练阶段。这个阶段的任务就是生成分类器，主要工作是计算每个类别在训练样本中出现的频率，以及每个特征属性划分对每个类别的条件概率估计，并将结果记录下来。这一阶段的输入是特征属性和训练样本，输出是分类器。

（3）应用阶段。这个阶段的任务是使用分类器对待分类项进行分类。这一阶段的输入是分类器和待分类项，输出是待分类项与类别的映射关系。

3. 朴素贝叶斯的优缺点

（1）优点

- 对小规模的数据表现很好，适合多分类任务，适合增量式训练，尤其是数据量超出内存时，可以一批批地进行增量式训练。
- 对缺失数据不太敏感，算法也比较简单，常用于文本分类。
- 发源于古典数学理论，有着坚实的数学基础和稳定的分类效率，当数据呈现不同的特点时，分类性能不会有太大的差异，健壮性好。
- 当数据集属性之间的关系相对比较独立时，朴素贝叶斯分类算法会有较好的效果。

（2）缺点

- 对输入数据的表达形式很敏感（离散、连续，以及值极大、极小之类的）。

- 需要知道先验概率，且先验概率很多时候取决于假设，假设的模型可以有很多种，因此在某些时候会由于假设的先验模型的原因导致预测效果不佳。
- 由于是通过先验和数据来决定后验的概率从而决定分类，因此分类决策存在一定的错误率。
- 理论上，朴素贝叶斯模型与其他分类方法相比具有最小的误差率。但是实际上并非总是如此，这是因为朴素贝叶斯模型给定输出类别的情况下，假设属性之间相互独立，这个假设在实际应用中往往是不成立的，在属性个数比较多或者属性之间相关性较大时，分类效果不好。而在属性相关性较小时，朴素贝叶斯性能最为良好。对于这一点，有半朴素贝叶斯之类的算法通过考虑部分关联性进行适度改进。

4.1.3 拉普拉斯校准

为了解决零概率的问题，法国数学家拉普拉斯（Laplace）最早提出用加 1 的方法估计没有出现过的现象的概率，所以加法平滑也叫作拉普拉斯校准。假定训练样本很大，每个分量 x 的计数加 1 造成的估计概率变化可以忽略不计，就可以方便有效地避免零概率问题。

$P(y_k|x)=P(y_k)*\prod P(x_i|y_k)$ 是一个多项乘法公式，其中有一项数值为 0，则整个公式就为 0。这显然不合理，避免每一项为零的做法就是在分子、分母上各加一个数值。

$$P(y)=\frac{|D_y|+1}{D+N} \quad （公式 4.12）$$

$|D_y|$ 表示分类 y 的样本数，$|D|$ 是样本总数，N 是样本总数加上分类总数。

$$P(x_i|D_y)=\frac{|D_y x_i|+1}{|D_y|+N_i} \quad （公式 4.13）$$

$|D_y,x_i|$ 表示分类 y 属性 i 的样本数，$|D_y|$ 表示分类 y 的样本数，N_i 表示 i 属性可能的取值数。

【例 4.1】假设在文本分类中有 3 个类 C_1、C_2、C_3，在指定的训练样本中有一个词语 K_1，在各个类中观测计数分别为 0、990、10，K_1 的概率为 0、0.99、0.01，对这三个量使用拉普拉斯校准的计算方法为：1/1003=0.001，991/1003=0.988，11/1003=0.011。在实际的使用中也经常使用加 $\lambda(1 \geqslant \lambda \geqslant 0)$ 来代替简单加 1。如果对 N 个计数都加上 λ，这时分母也要记得加上 $N*\lambda$。

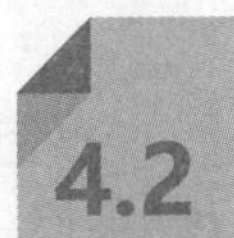

4.2 朴素贝叶斯分类

朴素贝叶斯分类常用于文本分类，尤其是对于英文等语言来说，分类效果很好。它常用于垃圾文本过滤、情感预测、推荐系统等。

在 sklearn 中提供了若干种朴素贝叶斯的实现算法，不同的朴素贝叶斯算法主要是对 $P(x_i|y)$ 的分布假设不同，进而采用不同的参数估计方式。朴素贝叶斯算法主要是计算 $P(x_i|y)$，

一旦 $P(x_i|y)$ 确定，最终自然就确定了属于每个类别的概率。

常用的三种朴素贝叶斯如下：

- 高斯朴素贝叶斯。
- 伯努利朴素贝叶斯。
- 多项式朴素贝叶斯。

4.2.1 高斯朴素贝叶斯

1. 高斯分布

如果 x 是连续变量，要估计似然度 $P(x_i|y)$，可以假设在 y_i 下，x 服从高斯分布（正态分布）。根据正态分布的概率密度函数即可计算出 $P(x_i|y)$，公式如下：

$$P(x)=\frac{1}{\sigma\sqrt{2\pi}}\mathrm{e}^{\frac{(x-\mu)^2}{2\sigma^2}} \qquad \text{（公式 4.14）}$$

2. 高斯朴素贝叶斯

适用于连续变量，其假定各个特征 x_i 在各个类别 y 下服从正态分布，算法内部使用正态分布的概率密度函数来计算概率，公式如下：

$$P(x_i\mid y)=\frac{1}{\sqrt{2\pi\sigma_y^2}}\exp(-\frac{(x_i-\mu_y)^2}{2\sigma_y^2}) \qquad \text{（公式 4.15）}$$

- μ_y：在类别为 y 的样本中，特征 x_i 的均值。
- σ_y：在类别为 y 的样本中，特征 x_i 的标准差。

【例 4.2】高斯朴素贝叶斯实验例题。

```
    import numpy as np
    import pandas as pd
    from sklearn.naive_bayes import GaussianNB
    np.random.seed(0)
    x = np.random.randint(0,10,size=(6,2))
    y = np.array([0,0,0,1,1,1])
    data = pd.DataFrame(np.concatenate([x, y.reshape(-1,1)], axis=1),
columns=['x1','x2','y'])
    display(data)
    gnb = GaussianNB()
    gnb.fit(x,y)
    # 每个类别的先验概率
    print('概率：', gnb.class_prior_)
    # 每个类别样本的数量
    print('样本数量：', gnb.class_count_)
    # 每个类别的标签
```

```
print('标签:', gnb.classes_)
#每个特征在每个类别下的均值
print('均值:',gnb.theta_)
#每个特征在每个类别下的方差
print('方差:',gnb.sigma_)

#测试集
x_test = np.array([[6,3]])
print('预测结果:', gnb.predict(x_test))
print('预测结果概率:', gnb.predict_proba(x_test))
```

输出结果如下：

```
   x1  x2  y
0   5   0  0
1   3   3  0
2   7   9  0
3   3   5  1
4   2   4  1
5   7   6  1
概率: [0.5 0.5]
样本数量: [3. 3.]
标签: [0 1]
均值: [[5. 4.]
[4. 5.]]
方差:  [[ 2.66666667 14.00000001]
[ 4.66666667  0.66666667]]
预测结果: [0]
预测结果概率: [[0.87684687 0.12315313]]
```

4.2.2 伯努利朴素贝叶斯

伯努利朴素贝叶斯假设特征的先验概率为二元伯努利分布，设试验 E 只有两个可能的结果：A 与 A¯，则称为 E 为伯努利试验。伯努利朴素贝叶斯适用于离散变量，其假设各个特征 x_i 在各个类别 y 下是服从 n 重伯努利分布（二项分布）的，因为伯努利试验仅有两个结果，因此算法会先对特征值进行二值化处理（假设二值化的结果为 1 与 0），即：

$$p(x_i \mid y) = P(x_i = 1 \mid y)x_i + (1 - P(x_i = 1 \mid y))(1 - x_i) \quad \text{（公式 4.16）}$$

在训练集中，会进行如下估计：

$$P(x_i = 1 \mid y) = \frac{N_{yi} + a}{N_y + 2 * a} \quad \text{（公式 4.17）}$$

$$P(x_i = 0 \mid y) = 1 - P(x_i = 1 \mid y) \quad \text{（公式 4.18）}$$

- N_{yi}：第 i 个特征中，属于类别 y，数值为 1 的样本个数。
- N_y：属于类别 y 的所有样本个数。
- α：平滑系数。

【例 4.3】伯努利朴素贝叶斯实验例题。

```
# -*- coding: utf-8 -*-
import numpy as np
import pandas as pd
from sklearn.naive_bayes import BernoulliNB
np.random.seed(0)
x = np.random.randint(-5,5,size=(6,2))
y = np.array([0,0,0,1,1,1])
data = pd.DataFrame(np.concatenate([x,y.reshape(-1,1)], axis=1),
columns=['x1','x2','y'])
display(data)
bnb = BernoulliNB()
bnb.fit(x,y)
# 每个特征在每个类别下发生（出现）的次数。因为伯努利分布只有两个值
# 我们只需要计算出现的概率 P(x=1|y)，不出现的概率 P(x=0|y) 使用 1 减去 P(x=1|y) 即可
print('数值 1 出现次数：', bnb.feature_count_)
# 每个类别样本所占的比重，即 P(y)。注意该值为概率取对数之后的结果
# 如果需要查看原有的概率，需要使用指数还原
print('类别占比 p(y)：',np.exp(bnb.class_log_prior_))
# 每个类别下，每个特征（值为 1）所占的比例（概率），即 p (x|y)
# 该值为概率取对数之后的结果，如果需要查看原有的概率，需要使用指数还原
print('特征概率：',np.exp(bnb.feature_log_prob_))
```

结果输出如下：

```
   x1  x2  y
0   0  -5  0
1  -2  -2  0
2   2   4  0
3  -2   0  1
4  -3  -1  1
5   2   1  1
数值 1 出现次数：[[1. 1.]
 [1. 1.]]
类别占比 p(y)：[0.5 0.5]
特征概率：[[0.4 0.4]
 [0.4 0.4]]
```

4.2.3 多项式朴素贝叶斯

假设特征的先验概率为多项式分布，多项式朴素贝叶斯适用于离散变量，其假设各个特征 x_i 在各个类别 y 下服从多项式分布，故每个特征值不能是负数，即：

$$P(x_i|y)=\frac{N_{yi}+a}{N_y+a_n}$$ （公式 4.19）

- N_{yi}：特征 i 在类别 y 的样本中发生（出现）的次数。
- N_y：在类别 y 的样本中，所有特征发生（出现）的次数。
- n：特征数量。
- α：平滑系数。

【例 4.4】多项式朴素贝叶斯实验例题。

```
# -*- coding: utf-8 -*-
import numpy as np
import pandas as pd
from sklearn.naive_bayes import MultinomialNB
np.random.seed(0)
x = np.random.randint(0,4,size=(6,2))
y = np.array([0,0,0,1,1,1])
data = pd.DataFrame(np.concatenate([x,y.reshape(-1,1)], axis=1),
columns=['x1','x2','y'])
display(data)
mnb = MultinomialNB()
mnb.fit(x,y)
# 每个类别的样本数量
print(mnb.class_count_)
# 每个特征在每个类别下发生（出现）的次数
print(mnb.feature_count_)
# 每个类别下，每个特征所占的比例（概率），即 P(x|y)
# 该值为概率取对数之后的结果，如果需要查看原有的概率，需要使用指数还原
print(np.exp(mnb.feature_log_prob_))
```

结果输出如下：

```
   x1  x2  y
0   0   3  0
1   1   0  0
2   3   3  0
3   3   3  1
4   1   3  1
5   1   2  1
[3. 3.]
[[4. 6.]
 [5. 8.]]
[[0.41666667 0.58333333]
 [0.4        0.6       ]]
```

4.3 朴素贝叶斯分类实例

朴素贝叶斯法是基于贝叶斯定理与特征条件独立假设的分类方法。对于给定的训练数据集，首先基于特征条件独立假设学习输入 / 输出的联合概率分布；然后基于此模型，对于给定的输入 x，利用贝叶斯定理求出后验概率最大的输出 y。

【例 4.5】垃圾邮件识别。

```
# -*- coding: utf-8 -*-
'''
垃圾邮件识别
'''
from sklearn.feature_extraction.text import CountVectorizer
from sklearn.model_selection import train_test_split
import matplotlib.pyplot as plt
import pandas as pd
import numpy as np
# 【1】 读取数据
spam_file = r"D:\scikt-learn 源代码 \ 第 4 章代码 \spam.csv"
to_drop=['Unnamed: 2','Unnamed: 3','Unnamed: 4']
df = pd.read_csv(spam_file, engine='python')
df.drop(columns=to_drop,inplace=True)
df['encoded_label']=df.v1.map({'spam':0,'ham':1})
print(df.head())
# 【2】 数据处理
# split into train and test
train_data, test_data, train_label, test_label = train_test_split(
    df.v2,
    df.encoded_label,
    test_size=0.7,
    random_state=0)  # df.v2 是邮件内容，df.v1 是邮件标签（ham 和 spam）
# 使用 CountVectorizer 将句子转化为向量
c_v = CountVectorizer(decode_error='ignore')
train_data = c_v.fit_transform(train_data)
test_data = c_v.transform(test_data)
# plt.matshow(train_data.toarray())
# plt.show()
# 朴素贝叶斯算法训练预测
from sklearn import naive_bayes as nb
from sklearn.metrics import accuracy_score,classification_report,confusion_
matrix
clf=nb.MultinomialNB()
model=clf.fit(train_data, train_label)
predicted_label=model.predict(test_data)
```

```
    print("train score:", clf.score(train_data, train_label))
    print("test score:", clf.score(test_data, test_label))
    print("Classifier Accuracy:",accuracy_score(test_label, predicted_label))
    print("Classifier Report:\n",classification_report(test_label, predicted_
label))
    print("Confusion Matrix:\n",confusion_matrix(test_label, predicted_label))
```

结果输出如下：

```
       v1                                                        v2  encoded_label
    0   ham  Go until jurong point, crazy.. Available only ...    1
    1   ham                      Ok lar... Joking wif u oni...    1
    2   spam  Free entry in 2 a wkly comp to win FA Cup fina...   0
    3   ham  U dun say so early hor... U c already then say...    1
    4   ham  Nah I don't think he goes to usf, he lives aro...    1
    train score: 0.9934171154997008
    test score: 0.9792360933094079
    Classifier Accuracy: 0.9792360933094079
    Classifier Report:
                  precision    recall  f1-score   support

             0       0.97      0.87      0.92       532
             1       0.98      1.00      0.99      3369

      accuracy                           0.98      3901
     macro avg       0.98      0.93      0.95      3901
    weighted avg       0.98      0.98      0.98      3901
    Confusion Matrix:
     [[ 463   69]
     [  12 3357]]
```

数据集 spam.csv 在程序源码文件夹。

【例 4.6】情感分析酒店评论。

```
    # -*- coding: utf-8 -*-
    '''
    读取文本数据集情感分析酒店评论，将其转化为词向量
    '''
    from sklearn.feature_extraction.text import CountVectorizer
    from sklearn.model_selection import train_test_split
    from sklearn.utils import shuffle
    import matplotlib.pyplot as plt
    import pandas as pd
    import numpy as np
    import os
    import pathlib
    # 【1】读取数据
    data_dir = r"D:\scikt-learn 源代码 \ 第 4 章代码 \ 情感分析酒店评论 "
```

```
def read_files_from_dir(dir):
    '''
    从文件夹中读取情感分析酒店评论数据，返回文件路径和标签
    '''
    file_names = []
    labels = []
    for roots, dirs, files in os.walk(dir):
        for directory in dirs: # 子目录
            new_dir = os.path.join(dir,directory)
            for _,_, files in os.walk(new_dir):
                for file in files:
                    file_names.append(os.path.join(new_dir,file))
                    labels.append(directory)
    return [file_names, labels]
files_path,labels = read_files_from_dir(data_dir)
print(files_path[0])
# 将文本标签转换为数值标签
from sklearn.preprocessing import LabelEncoder
# 构建编码器
le = LabelEncoder()
# 编码
labels = le.fit_transform(labels)
def read_data(files_path):
    '''
    从含文本路径的列表数据中读取文本内容
    '''
    data = []
    for file in files_path:
        p = pathlib.Path(file)
        data.append(p.read_text(encoding='utf-8'))
    return data
data = read_data(files_path)
# 判断数据和标签数量是否一致
assert(len(labels)==len(data))
# 【2】 数据处理
# 打乱数据
data, labels = shuffle(data,labels)
# split into train and test
train_data, test_data, train_label, test_label = train_test_split(
    data,
    labels,
    test_size=0.2,
    random_state=0)
# 【3】 使用 CountVectorizer 将句子转化为向量
c_v = CountVectorizer(decode_error='ignore')
train_data = c_v.fit_transform(train_data)
```

```
    test_data = c_v.transform(test_data)
    # plt.matshow(train_data.toarray())
    # plt.show()
    # 【4】 朴素贝叶斯算法训练预测
    from sklearn import naive_bayes as nb
    from sklearn.metrics import accuracy_score,classification_report,confusion_
matrix

    clf=nb.MultinomialNB()
    model=clf.fit(train_data, train_label)
    predicted_label=model.predict(test_data)
    print("train score:", clf.score(train_data, train_label))
    print("test score:", clf.score(test_data, test_label))
    print("Classifier Accuracy:",accuracy_score(test_label, predicted_label))
    print("Classifier Report:\n",classification_report(test_label, predicted_
label))
    print("Confusion Matrix:\n",confusion_matrix(test_label, predicted_label))
```

结果输出如下：

```
    D:\scikt-learn源代码\第 4 章代码\情感分析酒店评论\正面\pos.0.txt
    train score: 0.9971875
    test score: 0.84
    Classifier Accuracy: 0.84
    Classifier Report:
                  precision    recall  f1-score   support

            0       0.88      0.79      0.83       402
            1       0.81      0.89      0.85       398

     accuracy                           0.84       800
    macro avg       0.84      0.84      0.84       800
 weighted avg       0.84      0.84      0.84       800

    Confusion Matrix:
     [[319  83]
     [ 45 353]]
```

分类器获得了 80% 左右的准确率。

4.4 朴素贝叶斯连续值的处理

当属性是离散值时，类的先验概率可以通过训练集的各类样本出现的次数来估计，例如，A 类先验概率 =A 类样本的数量 / 样本总数。类条件概率 $P(X_i=x_i|Y=y_j)$ 可以根据类 y_j 中属性值等于 x_i 的训练实例的比例来估计。

当属性是连续型时，有两种方法来估计属性的类条件概率。第一种方法是把每一个连续的属性离散化，然后用相应的离散区间替换连续属性值，但这种方法不好控制离散区间划分的粒度，如果粒度太细，就会因为每一个区间中的训练记录太少，而不能对 $P(X|Y)$ 做出可靠的估计；如果粒度太粗，那么有些区间就会含有来自不同类的记录，因此失去了正确的决策边界。第二种方法是假设连续变量服从某种概率分布，然后使用训练数据估计分布的参与数，高斯分布通常被用来表示连续属性的类条件概率分布。

【例 4.7】朴素贝叶斯分类器（连续值）的样本如表 4.1 所示。

表 4.1 某样本

编 号	身高（CM）	体重（斤）	鞋 码	性 别
1	183	164	45	男
2	182	170	43	男
3	178	160	34	男
4	175	140	40	男
5	160	88	35	女
6	165	100	37	女
7	163	110	39	女
8	168	120	38	女

问题：身高 170，体重 130，鞋码 42，请问是男的还是女的？

当特征为连续值时，直接求条件概率就比较困难。假设特征均为正态分布，即身高、体重、鞋码均为正态分布，正态分布的均值、标准差由样本算出，根据正态分布算出某一个特征的具体值。

代码如下：

```
# -*- coding: utf-8 -*-
#step1:设 P(A1) 身高为 170，P(A2) 体重为 130，P(A3) 鞋码为 42，P(B1) 为男，P(B2) 为女生。导入数据
from pandas import DataFrame
from scipy import stats
#step1  导入数据
data = DataFrame({'身高':[183,182,178,175,160,165,163,168],
                  '体重':[164,170,160,140,88,100,110,120],
                  '鞋码':[45,44,43,40,35,37,38,39],
                  '性别':['男','男','男','男','女','女','女','女']
                  })
#print(data)
#求不同 label 下特征的均值和标准差
male_height_mean = data[data['性别'] == '男']['身高'].mean()
male_height_std = data[data['性别'] == '男']['身高'].std()
famale_height_mean = data[data['性别'] == '女']['身高'].mean()
famale_height_std = data[data['性别'] == '女']['身高'].std()
male_weight_mean = data[data['性别'] == '男']['体重'].mean()
male_weight_std = data[data['性别'] == '男']['体重'].std()
```

```
    famale_weight_mean = data[data['性别'] == '男']['体重'].mean()
    famale_weight_std = data[data['性别'] == '男']['体重'].std()
    male_shoesize_mean = data[data['性别'] == '男']['鞋码'].mean()
    male_shoesize_std = data[data['性别'] == '男']['鞋码'].std()
    famale_shoesize_mean = data[data['性别'] == '女']['鞋码'].mean()
    famale_shoesize_std = data[data['性别'] == '女']['鞋码'].std()

    #step2：计算已知分类结果下，各个特征的概率
    #stats.norm.pdf()求概率，loc为均值，scale 为标准差
    p_b1 = 1/2
    p_b2 = 1/2
    p_a1_b1 = stats.norm.pdf(x = 170,loc = male_height_mean,scale = male_
height_std )
    p_a2_b1 = stats.norm.pdf(x = 130,loc = male_weight_mean,scale = male_
weight_std )
    p_a3_b1 = stats.norm.pdf(x = 42,loc = male_shoesize_mean,scale = male_
shoesize_std )
    p_a1_b2 = stats.norm.pdf(x = 170,loc = famale_height_mean,scale = famale_
height_std )
    p_a2_b2 = stats.norm.pdf(x = 130,loc = famale_weight_mean,scale = famale_
weight_std )
    p_a3_b2 = stats.norm.pdf(x = 42,loc = famale_shoesize_mean,scale = famale_
shoesize_std )
    #print(p_a1_b1,p_a2_b1,p_a3_b1,p_a1_b2,p_a2_b2,p_a3_b2)

    #step3.计算后验概率大小
    p1 = p_a1_b1 * p_a2_b1 * p_a3_b1 * p_b1
    p2 = p_a1_b2 * p_a2_b2 * p_a3_b2 * p_b2
    if p1 > p2:
        print('当身高为高，体重为中，鞋码为中时，性别为{}'.format('男'),p1)
    elif p1 == p2:
        print('当身高为高，体重为中，鞋码为中时，男生女生概率一样大',p1)
    else:
        print('当身高为高，体重为中，鞋码为中时，性别为{}'.format('女'),p2)
```

结果输出如下：

```
当身高为高，体重为中，鞋码为中时，性别为男 9.14678516552199e-07
```

4.5 本章小结

本章从朴素贝叶斯的原理出发，详细介绍了贝叶斯的数学原理、朴素贝叶斯的分类、常用的朴素贝叶斯算法和朴素贝叶斯校准，举例描述了朴素贝叶斯的分类实现，最后介绍了连续值和离散值的朴素贝叶斯的处理方法与案例。

4.6 复习题

（1）和决策树模型相比，朴素贝叶斯分类器的优点是什么？

（2）全概率公式、先验概率、后验概率分别指什么？

（3）朴素贝叶斯分类法的三个阶段分别是什么？

（4）常用的三种朴素贝叶斯分别是什么？

（5）什么是高斯朴素贝叶斯？

（6）什么是伯努利朴素贝叶斯？

（7）什么是多项式朴素贝叶斯？

第5章 线性回归

线性回归（Linear Regression）指采用线性方程作为预测函数，对特定的数据集进行回归拟合，从而得到一个线性模型。比如最简单的线性回归模型：一元线性方程 $y=wx+b$，它的因变量 y 随着自变量 x 的变化而变化，故回归拟合的目的是找到最优参数 w、b，使得此线性函数能最好地拟合已知的数据集（此处假设数据集中只有两列数据，即只有一个属性 x 和它对应的真实值 y）。而由于一元线性方程 $y=wx+b$ 代表的是一条直线，故当样本数目达到一定数量时，它不可能完美地拟合整个数据集。那么，如何才能选出最优的参数 w、b，使得该简单的线性模型能最好地拟合已知的数据集呢？这里就需要找到模型的损失函数，然后用梯度下降算法来不断学习并得到最优参数。本章将详细介绍简单线性回归模型训练的基本步骤，内容分为以下几个部分：

- 简单的线性回归模型的预测函数。
- 损失函数的定义和构建。
- 更新参数时最常用的梯度下降算法。
- 数据集的分割方法。
- 用 sklearn 实现简单线性回归模型并预测。

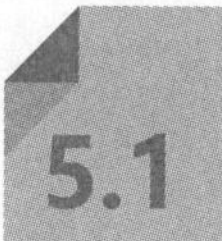

5.1 简单线性回归模型

5.1.1 一元线性回归模型

已知数据集 X，对应的结果集为 Y，我们假设预测函数式为：

$$h_\theta(x)=\theta_0+\theta_1 x \quad \text{（公式 5.1）}$$

其中，θ_0、θ_1 为待确定的参数。

公式 5.1 是一元线性模型的预测函数。我们要做的是使用数据集 X 和对应的结果集 Y，通过不断调整参数 θ_0、θ_1，使得输入数据集 X 后，预测函数计算得到对应的值 $h(x)$ 与真实的结果集 Y 的整体误差最小，此时找到的参数 θ_0、θ_1 为最佳参数，它们确定了预测函数 $h_\theta(x)$ 的表达式，从而使输入未知数据点 x^* 时，模型能够更加自信地计算出它对应的 $h(x)^*$。下面用一个例子更形象地进行说明。

假如存在如下数据集：

```
输入值 x    结果 y
1           3
2           5
3           8
4           9
5           9
```

我们假设 $h(x)=1+2x$，那么当输入 $x=1$ 时，计算出 $h(1)=3$，与已知结果 y 相符。同理，可以计算出，当输入 $x=2$ 或 4 时，计算出的预测值 $h(x)$ 同样与已知结果 y 相符。而当输入 $x=3$ 或 5 时，计算出的 $h(x)$ 与结果 y 不相符。线性回归就是通过已知数据集来确定预测函数的参数，它的目标是使得预测值与已知的结果集的整体误差最小，从而对于新的数据，能够更加精确地预测出它对应的 y 值应该为多少。

怎样判断预测函数已经最好地拟合了数据集呢？通过回顾之前学习到的知识，其实不难猜出，当预测值 $h(x^*)$ 与真实值 y 之间差距最小时，即找到了最好的拟合参数。因此，最直接地定义它们之间差距的方式就是计算它们的差值的平方。

5.1.2 损失函数

损失函数（Loss Function）的公式是：

$$L_\theta(x)=\frac{1}{2m}\sum_{i=1}^{m}(h_\theta(x)-y)^2 \qquad \text{（公式 5.2）}$$

已知一元线性模型的预测函数为公式 5.1，则它对应的损失函数为：

$$L_\theta(x)=\frac{1}{2m}\sum_{i=1}^{m}(\theta_0+\theta_1 x-y)^2 \qquad \text{（公式 5.3）}$$

在公式 5.2 和公式 5.3 中，m 是数据集的样本量。可以看出，损失函数其实就是计算所有样本点的预测值与它的真实值之间“距离”的平方后求平均。所以，为了更好地拟合已知数据集，需要损失函数 $L_\theta(x)$ 的值越小越好。因此，我们的目标就是找到一组 θ_0、θ_1，它所对应的预测函数 $h_\theta(x)$ 计算出每个数据点的预测值与对应的真实值之间的差距的平方的均值最小，即 $L_\theta(x)$ 最小，此时的 θ_0、θ_1 为我们要找到的参数。为了实现这个目标，需要通过梯度下降算法不断地更新参数 θ_0、θ_1 的值，使得损失函数 $L_\theta(x)$ 的值越来越小，直到迭代次数达到一定数量或者损失函数 $L_\theta(x)$ 的值接近甚至等于 0 为止，此时的参数 θ_0、θ_1 为所找的参数值。有了损失函数，就能精确地测量模型对训练样本拟合的好坏程度。

5.1.3 梯度下降算法

梯度下降（Gradient Descent）算法是一个最优化算法，在机器学习中常被用来递归地逼近最小偏差模型。梯度下降算法属于迭代法中的一种，它常常被用于求解线性或非线性的最小二乘问题。求解机器学习算法的模型参数属于无约束优化问题，而梯度下降是其最常采用的方法之一，还有另一种常用的方法是最小二乘法。在求解损失函数的最小值时，可以通过梯度下降法来一步步地迭代求解，最后得到最小化的损失函数和模型参数值。反过来，如果我们需要求解损失函数的最大值，这时就需要用梯度上升法来迭代了。

因此，对于上面提到的简单线性回归模型，为了找出使得损失函数值最小时的参数 θ_0、θ_1，需要使用梯度下降算法。

梯度下降算法的原理是：取一个点 (a,b) 为起始点，即为 θ_0、θ_1 赋初值为 a、b，从这个点出发，往某个方向踏一步，而这一步需要能最快到达 $L_\theta(x)$ 为最小值的位置。为了便于理解，我们可以假设在一个三维空间里，以 θ_0 作为 x 轴，以 θ_1 作为 y 轴，以损失函数 $L_\theta(x)$ 作为 z 轴，那么我们的目标就是找到 $L_\theta(x)$ 取得最小值的点所对应的 x 轴上的值和 y 轴上的值，即找到 z 轴方向上的最低点。由于损失函数 $L_\theta(x)$ 是凸函数，它存在最低点，因此我们把三维空间的图转化为等高线图，可以画出类似图 5.1 所示的图形。

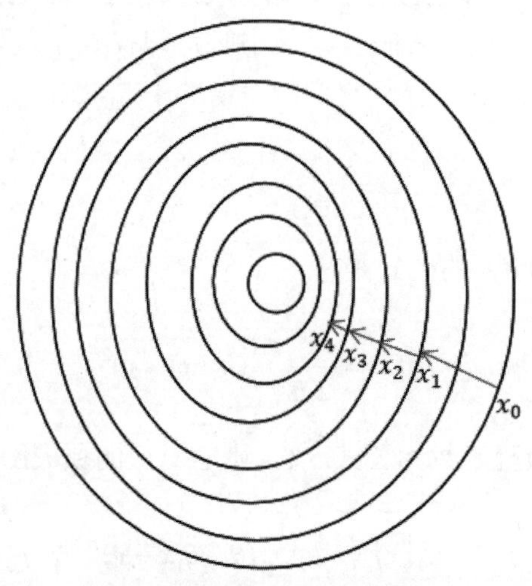

图 5.1 梯度下降等高线图

梯度下降算法的思想是：首先随机初始化 θ_0、θ_1 的值分别为 a、b，然后可以想象当一个人站在初始 (a,b) 的位置上，向四周看一圈，找到最陡的下坡方向，然后向此方向前进一步，在新的位置上再环顾四周，然后向着最陡的下坡方向迈进一步，一直循环此操作，直到到达 z 轴方向的最低点，也就是损失函数取得最小值为止。每次找的最陡的下坡方向就是该位置的切线方向，可以通过在该点求偏微分得到，而迈出的步伐大小可以通过调节参数 η 来确定，η 也叫学习率，一般取值较小。

对于一元线性模型，我们的目标就是找到一组 θ_0、θ_1，它所对应的预测函数 $L_\theta(x)$ 计算出每个数据点的预测值与对应的真实值之间的差值平方的均值最小，即损失函数 $h_\theta(x)$ 最小，此时的 θ_0、θ_1 为我们要找到的参数。为了实现这个目标，需要通过梯度下降算法不断地更新参数 θ_0、θ_1 的值，使得损失函数 $L_\theta(x)$ 的值越来越小。因为梯度下降算法需要用到偏微分，由公式 5.1 和公式 5.3 结合一阶导数的求导公式可知：

$$\frac{\partial h_\theta(x)}{\partial \theta_0}=1, \frac{\partial h_\theta(x)}{\partial \theta_1}=x \quad \text{（公式 5.4）}$$

$$\frac{\partial L_\theta(x)}{\partial \theta_0}=2\times\frac{1}{2m}\sum_{i=1}^{m}(h_\theta(x)-y)\times\frac{\partial h_\theta(x)}{\partial \theta_0} \quad \text{（公式 5.5）}$$

$$\frac{\partial L_\theta(x)}{\partial \theta_1}=2\times\frac{1}{2m}\sum_{i=1}^{m}(h_\theta(x)-y)\times\frac{\partial h_\theta(x)}{\partial \theta_1} \quad \text{（公式 5.6）}$$

结合公式 5.4、公式 5.5 和公式 5.6，化简后可得：

$$\frac{\partial L_\theta(x)}{\partial \theta_0}=\frac{1}{m}\sum_{i=1}^{m}(h_\theta(x)-y) \quad \text{（公式 5.7）}$$

$$\frac{\partial L_\theta(x)}{\partial \theta_1}=\frac{1}{m}\sum_{i=1}^{m}((h_\theta(x)-y)x) \quad \text{（公式 5.8）}$$

使用梯度下降算法，首先需要给 θ_0 和 θ_1 赋初值，然后每一轮同时更新 θ_0 和 θ_1 的值。一般来说，将 θ_0 和 θ_1 赋初值为 0，然后通过梯度下降算法不断地更新它们的值，使得损失函数值越来越小，其中更新参数 θ_0、θ_1 的公式为：

$$\theta_0=\theta_0-\eta\frac{\partial L_\theta(x)}{\partial \theta_0} \quad \text{（公式 5.9）}$$

$$\theta_1=\theta_1-\eta\frac{\partial L_\theta(x)}{\partial \theta_1} \quad \text{（公式 5.10）}$$

将公式 5.7 和公式 5.8 分别代入公式 5.9 和公式 5.10 中，可得到一元线性模型中，更新参数 θ_0、θ_1 的公式为：

$$\theta_0=\theta_0-\frac{\eta}{m}\sum_{i=1}^{m}(h_\theta(x)-y) \quad \text{（公式 5.11）}$$

$$\theta_1=\theta_1-\frac{\eta}{m}\sum_{i=1}^{m}((h_\theta(x)-y)x) \quad \text{（公式 5.12）}$$

其中，η 为学习率，每轮需要给 θ_0 和 θ_1 同时更新值，直到迭代次数达到一定数量或者损失函数 $L_\theta(x)$ 的值足够小甚至等于 0 为止。

5.1.4 二元线性回归模型

前面的章节介绍了最简单的线性回归模型，它只有一个因变量 x 与对应的结果 y。如果数据集中有两个特征 x_1、x_2，那么此时需要用到二元线性回归模型，它的预测函数为：

$$h_\theta(x)=\theta_0+\theta_1x_1+\theta_2x_2 \quad \text{（公式 5.13）}$$

对应的损失函数为：

$$L_\theta(x)=\frac{1}{2m}\sum_{i=1}^{m}(\theta_0+\theta_1x_1+\theta_2x_2-y)^2 \quad \text{（公式 5.14）}$$

故，用公式 5.14 对三个参数求导可得：

$$\frac{\partial L_\theta(x)}{\partial\theta_0}=\frac{1}{m}\sum_{i=1}^{m}(h_\theta(x)-y) \quad \text{（公式 5.15）}$$

$$\frac{\partial L_\theta(x)}{\partial\theta_1}=\frac{1}{m}\sum_{i=1}^{m}((h_\theta(x)-y)x_1) \quad \text{（公式 5.16）}$$

$$\frac{\partial L_\theta(x)}{\partial\theta_2}=\frac{1}{m}\sum_{i=1}^{m}((h_\theta(x)-y)x_2) \quad \text{（公式 5.17）}$$

同样地，二元线性回归模型也是使用梯度下降算法，通过多次迭代更新参数 θ_0、θ_1、θ_2 的值，从而使得它的损失函数值越来越小。因此，首先需要给 θ_0、θ_1、θ_2 赋初值，一般都赋值为 0，然后每一轮都同时更新 θ_0、θ_1、θ_2 的值。通过多次迭代更新后，使得损失函数 $L_\theta(x)$ 的值越来越接近 0。其中更新参数 θ_0、θ_1、θ_2 的公式分别为：

$$\theta_0=\theta_0-\eta\frac{\partial L_\theta(x)}{\partial\theta_0}=\theta_0-\frac{\eta}{m}\sum_{i=1}^{m}(h_\theta(x)-y) \quad \text{（公式 5.18）}$$

$$\theta_1=\theta_1-\eta\frac{\partial L_\theta(x)}{\partial\theta_1}=\theta_1-\frac{\eta}{m}\sum_{i=1}^{m}((h_\theta(x)-y)x_1) \quad \text{（公式 5.19）}$$

$$\theta_2=\theta_2-\eta\frac{\partial L_\theta(x)}{\partial\theta_2}=\theta_2-\frac{\eta}{m}\sum_{i=1}^{m}((h_\theta(x)-y)x_2) \quad \text{（公式 5.20）}$$

其中，η 为学习率，每轮需要给 θ_0、θ_1、θ_2 同时更新值，直到迭代次数达到一定数量或者损失函数 $L_\theta(x)$ 的值足够小甚至等于 0 为止。

5.1.5 多元线性回归模型

同样的道理，当每笔数据有两个以上的特征时，可以使用多元线性回归模型来拟合数据集。多元线性模型的预测函数为：

$$h_\theta(x)=\theta_0+\theta_1x_1+\theta_2x_2+\cdots+\theta_nx_n \quad \text{（公式 5.21）}$$

在现实案例中，每笔数据一般都有很多特征，故常用多元线性模型来进行回归拟合。在进行多元线性回归拟合之前，还需要对数据进行预处理等。关于多元线性回归模型会在第 7 章进行详细讲解。

5.2 分割数据集

一般来说，机器学习的简单流程如下：

（1）收集大量与任务相关的数据集，然后根据数据集和具体问题选择适合的模型。

（2）用这些收集到的数据训练模型。

（3）模型通过多次迭代后不断收敛，直到得到对数据集拟合合理的模型。

（4）将训练好的模型应用到真实场景中，对新数据进行预测。

我们最终的目的是希望将训练好的模型部署到真实场景中，并且能够在真实数据的预测上得到较高的准确率，即希望对新数据的预测结果的误差越小越好。我们把模型在真实场景中预测的误差叫作泛化误差，最终的目的是希望泛化误差越小越好。

所以，我们需要找到某个可以预先测得大概的泛化误差的方式，这样能够指导模型训练得到具有更强泛化能力的模型。

5.2.1 训练集和测试集

由于在部署环境和训练模型之间往复的代价很高，因此我们不能直接了解模型的泛化能力。同时，由于我们获得的数据往往是有限的，因此也不能直接使用模型对训练数据集的拟合程度作为模型泛化能力的评判标准。因此，有没有一个更好、更方便的方式呢？答案是肯定的。最简单的方式就是将数据集拆分为训练集和测试集两部分。

先用训练集训练模型，然后用测试集对训练好的模型进行测试，计算该模型在测试集上的误差作为最终模型在应对现实场景中的泛化误差。由于测试集的数据是模型在训练过程中没接触到的，故想要验证模型的最终效果，只需将训练好的模型在测试集上计算误差，即可认为其是泛化误差的近似。为了使得模型具有较强的泛化能力，我们只需让训练好的模型在测试集上的误差最小即可。

下面还有几点需要注意：

（1）通常将数据集中的 80% 作为训练集，剩下的 20% 作为测试集；或者将其 70% 作为训练集，30% 作为测试集。

（2）对数据集的拆分多采用随机的分配方式，在构建模型之前就对数据集进行划分，然后用训练集的数据对模型进行训练，使用梯度下降算法，经过多次迭代优化后得到模型的参数，从而确定模型的各个公式，最后用测试集的数据对模型进行测试，模型在测试集上的表现可以看作模型好坏的评判标准之一。

（3）在拆分数据集的方法中，有一个最常用的方式是十折交叉验证（10-Fold Cross-Validation）法，它将数据集的数据平均分为 10 份，然后轮流将其中的 1 份作为测试数据，剩下的 9 份作为训练数据来训练模型。由于每次试验都能得到相应的正确率，故最后能得到 10 次试验的正确率，然后对这 10 个正确率求均值，作为算法精度的估计。经过大量的实验证明，十折交叉验证法能取得较好的误差估计。

（4）通常我们在训练模型之前需要对数据集进行预处理，包括数据的清洗、数据的特征缩放（标准化或归一化）等。我们只需要在训练集上进行这些操作，然后将其在训练集上得到的参数应用到测试集中即可。也就是说，我们不能使用在测试集上计算得到的任何结果。举个例子，我们首先把数据集分成了训练集和测试集，假设训练集中有属性存在缺失值，通常的做法是通过计算属性值的中位数来填充缺失值，注意此时计算属性值的中位数时只在训练集上进行计算。当我们要对测试集中的属性缺失值进行填充时，只需要对从训练集计算得到的对应属性值中位数进行填充即可，不能对从测试集上计算得到的中位数进行填充。

由于测试集作为最后检验模型泛化能力的数据集，因此训练好模型后，用测试集近似估计模型的泛化能力。如果训练了多个模型，需要对比这几个模型的好坏，可以用测试集验证一下，对比它们的泛化误差，选择泛化能力强的模型。

那么具体要如何划分数据集为训练集和测试集呢？代码很简单，可以自己编写程序，也可以使用 sklearn 提供的函数来实现数据集的分割。

【例 5.1】使用 Python 实现数据集的分割。

```
import numpy as np
def my_split_train_test(data,test_ratio):
    # 设置随机数种子
    np.random.seed(40)
    # 生成 0-len(data) 的随机序列
    shuffled_sequence = np.random.permutation(len(data))
    # 计算测试集所占的百分比，拆分数据集为测试集和训练集
    testSet_size = int(len(data) * test_ratio)
    test_sequence = shuffled_sequence[:testSet_size]
    train_sequence = shuffled_sequence[testSet_size:]
    #iloc 选择参数序列中所对应的行
    return data.iloc[train_sequence],data.iloc[test_sequence]
# 下面用一个数据集测试上面的代码
import pandas as pd
data = pd.DataFrame([
            ['green', 'M', 10.1, 'class1'],
            ['red', 'L', 13.5, 'class2'],
            ['blue', 'XL', 15.3, 'class1'],
            ['green', 'L', 11.2, 'class1'],
            ['red', 'S', 7.5, 'class2'],
            ['blue', 'XXL', 18.3, 'class1'],
            ['green', 'S', 8.9, 'class1'],
            ['red', 'M', 10.2, 'class2'],
            ['blue', 'L', 13.7, 'class1'],
            ['blue', 'S', 9.3, 'class1']])
train_data,test_data = my_split_train_test(data,0.3)
print(len(train_data), "trainData +", len(test_data), "testData")
print(train_data)
print(test_data)
```

运行上面的代码，可以得到输出为：

```
7 trainData + 3 testData
       0    1     2       3
1    red    L  13.5  class2
```

```
  2   blue    XL  15.3  class1
  9   blue     S   9.3  class1
  0  green     M  10.1  class1
  5   blue   XXL  18.3  class1
  7    red     M  10.2  class2
  6  green     S   8.9  class1
       0  1     2      3
  4    red  S   7.5  class2
  3  green  L  11.2  class1
  8   blue  L  13.7  class1
```

可以看到训练集和测试集的样本数量是按照我们设置的比例分配的，而且顺序是打乱的（第一列为序号）。由于我们前面设置了随机数种子，因此每次运行都能得到同样的结果。如果将设置随机数种子的这行代码 np.random.seed(40) 注释掉，那么每次运行得到的结果就不同了。感兴趣的读者可以试一下。

【例 5.2】另一种实现数据集分割的方式是使用 sklearn 提供的函数来实现。

```
from sklearn.model_selection import train_test_split
#data:需要进行拆分的数据集
#random_state:设置随机数种子，保证每次运行生成相同的随机数
#test_size:测试集的比例
# 下面用一个数据集测试 train_test_split 函数
import pandas as pd
data = pd.DataFrame([
            ['green', 'M', 10.1, 'class1'],
            ['red', 'L', 13.5, 'class2'],
            ['blue', 'XL', 15.3, 'class1'],
            ['green', 'L', 11.2, 'class1'],
            ['red', 'S', 7.5, 'class2'],
            ['blue', 'XXL', 18.3, 'class1'],
            ['green', 'S', 8.9, 'class1'],
            ['red', 'M', 10.2, 'class2'],
            ['blue', 'L', 13.7, 'class1'],
            ['blue', 'S', 9.3, 'class1']])
train_data, test_data = train_test_split(data, test_size=0.3, random_
state=40)
print(len(train_data), "trainData +", len(test_data), "testData")
print(train_data)
print(test_data)
```

输出上面的代码拆分的数据集，也能得到与【例 5.1】一样的结果。

前面介绍的都是用随机的采样方式对数据集进行拆分，这种方式只适用于大量数据集以及目标值分布均匀的情况。在分类任务中，很可能存在各个类别的样本量差别很大的情况。比如肿瘤良性和恶性的二分类问题，正样本（良性）的样本量可能占 90%，而负样本（恶性）的样本量可能只占 10%，如果我们还是按照随机采样的方式对数据集进行拆分，极端的情况

可能是训练集中只包含正样本，而负样本都在测试集中，这样训练出来的模型效果一定不会太好。所以我们需要采用分层采样的方式对数据集进行划分，即保证训练集中既包含一定比例的正样本，又包含一定比例的负样本。

【例 5.3】sklearn 中也提供了分层抽样的类（官网提供的例子）。

```
import numpy as np
# 导入分层抽样的类
from sklearn.model_selection import StratifiedShuffleSplit
X = np.array([[1, 2], [3, 4], [1, 2], [3, 4], [1, 2], [3, 4]])
y = np.array([0, 0, 0, 1, 1, 1])
sss = StratifiedShuffleSplit(n_splits=5, test_size=0.5, random_state=0)
sss.get_n_splits(X, y)
print(sss)
for train_index, test_index in sss.split(X, y):
    print("TRAIN:", train_index, "TEST:", test_index)
    X_train, X_test = X[train_index], X[test_index]
    y_train, y_test = y[train_index], y[test_index]
```

通过官方给出的例子，我们了解到如何使用 StratifiedShuffleSplit 类实现用分层采样的方式分割数据集，这个函数包含的参数如下：

- n_splits：分割迭代的次数，如果我们要划分训练集和测试集的话，将其设置为 1 即可。
- test_size：分割测试集的比例。
- random_state：设置随机种子。

综上所述，当数据集的样本量很大且目标值分布均匀时，可以采用随机采样的方式，直接用 sklearn 中的 train_test_split 函数实现数据集的分割。若数据集中各个类别的样本量差别较大，则可采用分层采样的方式分割数据集，直接使用 sklearn 中的 StratifiedShuffleSplit 类即可。

5.2.2 验证集

上一节讨论了将数据集划分为训练集和测试集的原因及其划分方法，包括用 Python 代码简单和 sklearn 提供的函数和类实现对数据集的分割。训练集用于对模型的训练，而测试集用于近似模型的泛化。如果现在有两个模型，我们可以用训练集分别训练这两个模型，然后用测试集分别测试这些模型的得分，从而选择分数高（即泛化能力强）的模型。

然而，我们不仅需要对不同的模型进行对比，而且也需要对模型本身进行选择。比如对比线性模型和神经网络模型，我们都知道神经网络模型的泛化能力更强一些，但是它有很多参数需要人工选择，这些参数叫作超参数，它包括神经网络的框架、每层神经元的个数以及正则化的参数等。这些超参数对模型的最终效果非常重要，需要多次调节以期达到最好的效果。

由于需要调节这些超参数来使得模型泛化能力达到最强，前面也说了我们通常使用测试集作为模型泛化误差的估计，故直接拿测试集的数据来调节这些超参数是否就行了呢？答案是否定的。因为我们的确可以用测试集的数据来不断调整超参数的值，以达到误差值最小甚至等于 0，但是这样的模型部署到真实场景中使用时，可以发现模型的预测效果非常差。

这一现象称为信息泄露。因为我们使用测试集作为检验模型泛化能力的数据，所以不到最后时刻都不能将测试集的信息泄露出去。打个比方，在考试之前我们做的练习题相当于训练集，而测试集相当于最终的试卷，我们通过最终的考试来检验学生真正的水平。如果考试之前试卷的信息泄露了，学生提前知道了考试题目，那么最终考出来的成绩并不能代表该学生的真正水平，即使考的分数再高，也不能表示该学生能力很强。而由于调整模型超参数的目的是为了使得模型在测试集上的误差最小，如果用测试集来调节模型的超参数，就相当于不仅泄露了考试题目，学生还都学会了如何做这些题，后面再拿这些题目考试的话，人人都可能考满分，这样并不能检验学生的真实水平。原先我们是用测试集来近似评估模型的泛化能力，但由于信息泄露，此时无法再通过测试集来近似泛化误差，故需要找一种解决办法，即使用验证集。比如在学习过程中，老师会准备一些小测试帮助学生查缺补漏，这些小测试就相当于验证集。用验证集作为调整模型的依据，这样就不会将测试集中的信息泄露出来，从而可以使用测试集来近似评估模型的泛化能力。

因此，我们需要将数据集分割为训练集、验证集和测试集三部分。用训练集来训练模型，然后用验证集调整模型的超参数，找到最佳的模型和参数后，最后用测试集做测试，测试集上的误差作为模型泛化误差的近似。关于如何将数据集划分为训练集、验证集和测试集，可以参考上一节的代码。一般来说，当数据量不是很大（万级别以下）时，可以考虑将数据集分割为：60% 作为训练集，20% 作为验证集，20% 作为测试集；当数据量很大时，可以将训练集、验证集、测试集比例调整为98:1:1；当可用的数据很少时，也可以使用一些高级的方法，比如 K 折交叉验证等。

5.3 用简单线性回归模型预测考试成绩

本示例是一个非常简单的例子。数据集由一个特征：学习时长（time），与其对应的 y 值：考试成绩（score）组成。通过一个简单线性回归模型，使用已知数据集对模型进行训练，训练后得出线性回归模型的参数，从而得到学习时长与考试成绩之间的关系。通过训练好的模型，输入学习时长，就能预测出对应的考试成绩。

5.3.1 创建数据集并提取特征和标签

首先需要导入相关的模块，然后创建数据集，这里使用 Pandas 数据分析包。具体代码如下：

【例 5.4】简单线性回归模型预测考试成绩。

```
# 导入相关的模块
from collections import OrderedDict
import pandas as pd
# 创建数据集
data = {'学习时长':[0.5, 0.65, 1, 1.25, 1.4,1.75, 1.75, 2, 2.25, 2.45, 2.65,
3, 3.25,3.5, 4, 4.25, 4.5, 4.75, 5, 5.5, 6],
'成绩':[12,23,18,43,20,22,23,35,50,63,48,55,76,62,73,82,76,64,82,91,93]}
```

```
dataOrderDict = OrderedDict(data)
dataDf = pd.DataFrame(dataOrderDict)
#提取特征和标签，分别存放到data_X、data_Y中
data_X = dataDf.loc[:,'学习时长']
data_Y = dataDf.loc[:,'成绩']
```

将数据集的散点图画出来，可以看一下数据的分布，代码如下：

```
#导入画图的库函数
import matplotlib.pyplot as plt
#画出数据集的散点图
plt.scatter(data_X,data_Y,color='red',label='score')
#设置散点图的标题、坐标轴的标签
plt.title("Data distribution image")
plt.xlabel('the learning time')
plt.ylabel('score')
#将图显示出来
plt.show()
```

结果输出如图 5.2 所示。

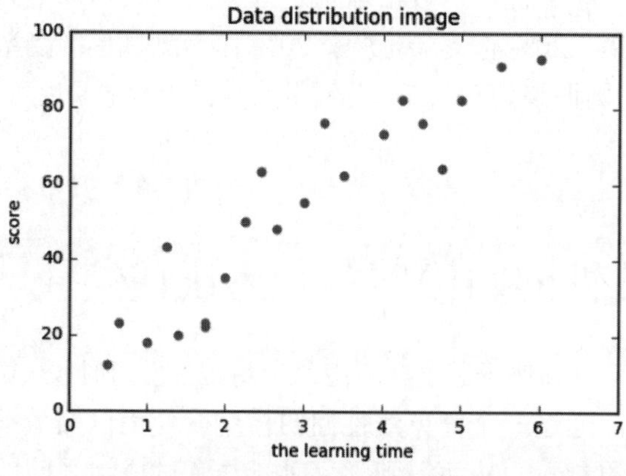

图 5.2 案例数据分布图

下一步需要将数据集拆分为训练集和测试集，训练集用于训练模型，然后用测试集计算模型的得分。这里使用 sklearn 中的 train_test_split 函数实现对数据集的拆分。然后输出拆分后的训练集和测试集的大小。

```
from sklearn.model_selection import train_test_split
from sklearn.linear_model import LinearRegression
X_train,X_test,y_train,y_test = train_test_split(data_X,data_Y,test_
size=0.2)
print('data_X.shape:',data_X.shape)
print('X_train.shape:',X_train.shape)
print('X_test.shape:',X_test.shape)
print('data_Y.shape:',data_Y.shape)
print('y_train.shape:',y_train.shape)
```

```
print('y_test.shape:',y_test.shape)
```

输出结果如下：

```
data_X.shape: (21,)
X_train.shape: (16,)
X_test.shape: (5,)
data_Y.shape: (21,)
y_train.shape: (16,)
y_test.shape: (5,)
```

接着画出训练数据和测试数据的图像，代码如下：

```
plt.scatter(X_train,y_train,color='blue',label='training data')
plt.scatter(X_test,y_test,color='red',label='testing data')
plt.legend(loc=2)
plt.xlabel('the learning time')
plt.ylabel('score')
plt.show()
```

输出如图 5.3 所示。

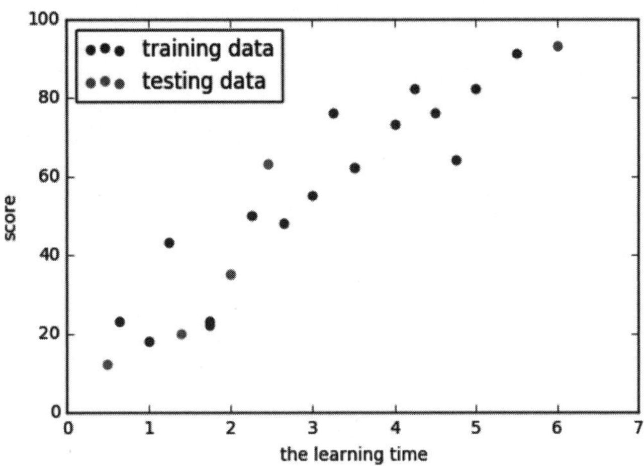

图 5.3 训练集和测试集的数据点分布图

5.3.2 模型训练

在 sklearn 中，LinearRegression 类实现了线性回归算法。前面已经将数据集拆分为训练集和测试集，这里将训练集中的数据输入模型中进行训练，具体代码如下：

```
# 导入 LinearRegression 类
from sklearn.linear_model import LinearRegression
# 将 X_train、y_train 转化成 1 列数据
X_train = X_train.reshape(-1,1)
y_train = y_train.reshape(-1,1)
# 生成线性回归模型，然后将训练集数据输入模型中进行训练
```

```
model = LinearRegression()
model.fit(X_train,y_train)
```

这样线性回归模型就训练好了，由于数据集只含一个特征值，故该案例的预测函数为 $h_\theta(x)=\theta_0+\theta_1 x$，训练后即可得到最佳拟合线，它的参数 θ_0、θ_1 的值可以通过 model.intercept_ 和 model.coef_ 得到，具体代码如下：

```
# 截距
a = model.intercept_
# 回归系数
b = model.coef_
print('最佳拟合线：截距 a=',a,'回归系数 b=',b)
```

其中 θ_0、θ_1 分别对应截距 a 和回归系数 b。运行代码，输出结果如下：

```
最佳拟合线：截距 a= [ 9.09387798] 回归系数 b= [[ 15.07109838]]
```

下面绘制最佳拟合曲线图像，代码如下：

```
plt.scatter(X_train,y_train,color='blue',label='training data')
y_train_predData = model.predict(X_train)
plt.plot(X_train,y_train_predData,color='green',linewidth=3,label='best fit line')
plt.legend(loc=2)
plt.xlabel('the learning time')
plt.ylabel('score')
plt.show()
```

输出的拟合曲线如图 5.4 所示。

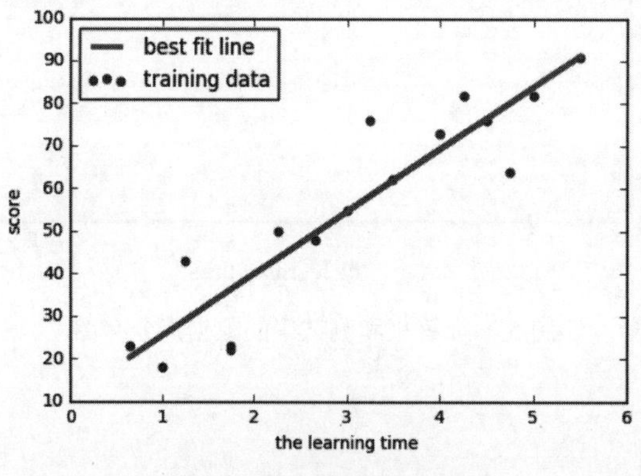

图 5.4 最佳拟合曲线图

下面将测试集数据点也画出来，看看最佳拟合曲线是否能在测试集上也表现不错，代码如下：

```
plt.scatter(X_train,y_train,color='blue',label='training data')
y_train_predData = model.predict(X_train)
plt.plot(X_train,y_train_predData,color='green',linewidth=3,label='best fit
line')
plt.scatter(X_test,y_test,color='red',label='testing data')
```

```
plt.legend(loc=2)
plt.xlabel('the learning time')
plt.ylabel('score')
plt.show()
```

输出如图 5.5 所示。

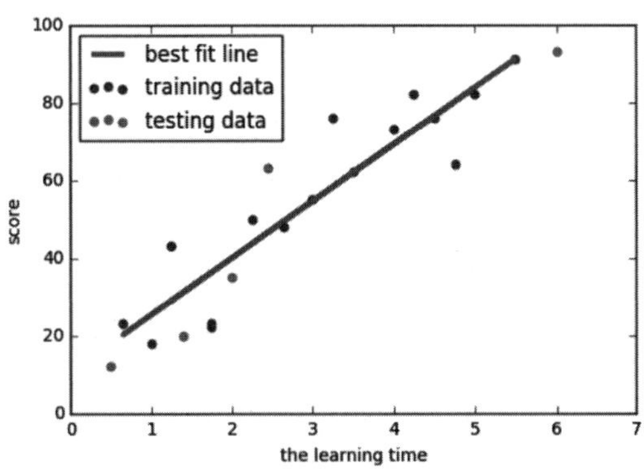

图 5.5 通过数据评估模型

可以看到，测试数据点也是围绕在最佳拟合曲线附近，证明拟合曲线还是不错的。这个训练好的线性回归模型在训练集和测试集上的得分是多少呢？可以通过 model.score() 函数来计算，这个函数可以在官网 API 中查到详细信息，它是通过公式$1-\frac{u}{v}$计算得到的。其中：

$$u=\sum_{i=1}^{m}(y\_true-y\_pred)^2 \qquad v=\sum_{i=1}^{m}(y\_true-y\_true.mean())^2$$

u 和 v 都是非负数，故得分最高为 1。具体代码如下：

```
X_test = X_test.reshape(-1,1)
y_test = y_test.reshape(-1,1)
trainData_score = model.score(X_train,y_train)
testData_score = model.score(X_test,y_test)
print('trainData_score:',trainData_score)
print('testData_score:',testData_score)
```

输出结果如下：

```
trainData_score: 0.845515661166
testData_score: 0.890717012244
```

我们也可以用这个训练好的模型预测成绩，输入一个学习时长，比如 3.7，然后调用 model.predict() 函数即可，代码如下：

```
y_pred = model.predict(3.7)
print('y_realValue:',y_pred)
```

输出结果如下：

```
y_realValue: [[ 64.78608188]]
```

读者自己运行一下代码，可能会得到不一样的结果，这是因为训练集和测试集是打乱顺序的，因此最终训练后的参数可能有些不同。

这个例子用的数据集比较少，而且是只有一个特征的简单模型。现实中的模型数据量比这个数据集大很多，特征也复杂多样，关于多元复杂的数据集如何进行线性回归拟合的问题，会在第 7 章中详细讲解。

5.4 本章小结

线性回归是一种最基础、最常用的机器学习算法。本章介绍了简单线性回归模型的预测函数、损失函数，以及用于在训练模型的过程中更新参数的梯度下降算法。另外，也介绍了数据集的处理方法，包括用简单的代码以及 sklearn 实现数据集的拆分等。本章最后通过一个例子介绍了训练简单的线性回归模型的详细步骤。

5.5 复习题

（1）线性回归模型有什么特点？它的预测函数和损失函数的公式是什么？

（2）构建一个线性回归模型的具体步骤有哪些？

（3）如何训练一个线性回归模型，一般采用什么算法？

（4）训练模型之前需要拆分数据集，一般有几种拆分方式？每个数据子集的用途是什么？哪个数据集占总数据集的比例最大？

第6章 用 k 近邻算法分类和回归

k 近邻算法属于有监督学习算法，它是一种基本的分类和回归方法。本章首先介绍用 *k* 近邻算法处理分类问题，算法的原理是：对一个未分类的数据，通过与它相邻且距离最近的 *k* 个已分类的实例来投票，从而确定其分属的类别，即与它距离最近的 *k* 个实例多数归属的类别就是此未分类实例的类别。*k* 近邻算法除了能处理分类问题外，还可用于处理回归问题。因此，本章将详细介绍 *k* 近邻算法的原理及其在处理分类问题、回归问题方面的应用，还将通过使用 sklearn 工具包举例说明如何将 *k* 近邻模型应用于机器学习问题中。

本章内容分为以下几个部分：

- 介绍分类问题的 *k* 近邻算法模型。
- 介绍度量距离的三种方法。
- 讨论 *k* 近邻算法的优缺点和算法的变种。
- 介绍 *k* 近邻算法在回归问题中的应用。
- 用 sklearn 实现用 *k* 近邻模型处理分类问题和回归问题。

6.1 *k* 近邻算法模型

6.1.1 *k* 近邻算法的原理

k 近邻算法是处理分类问题最基本、最常用的算法之一。*k* 近邻算法对一个未分类的数据所属的类别进行预测，通过与它相邻且距离最近的 *k* 个已分类的实例来投票，从而确定其分属的类别。也就是说，把与它距离最近的 *k* 个实例多数属于的类别作为此待分类实例的类别。举个例子来进一步说明 *k* 近邻算法的思想，比如我们已知数据分布图如图 6.1 所示。

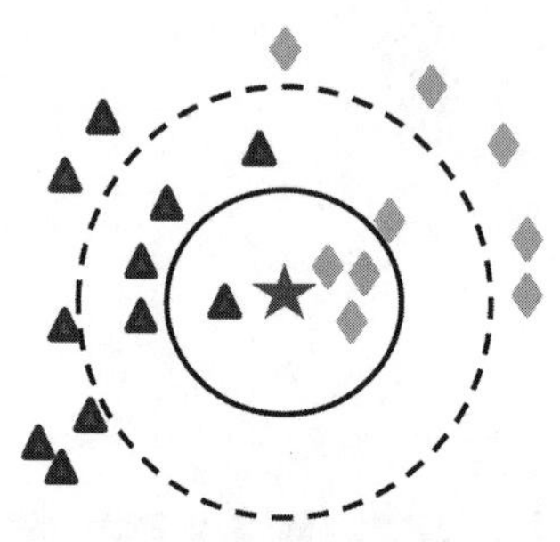

图 6.1 数据分布图

图 6.1 中有两类已知所属类别的样本数据，分别使用蓝色的三角形和绿色的菱形表示，同时图的正中间那个红色的五角星数据是待分类的数据。如果我们采用 *k* 近邻算法来进行分类预测的话，不同的 *k* 取值会使得得到的结果不同：

（1）当 *k*=4 时，由于距离红色五角星点最近的 4 个点分别是 3 个绿色菱形和 1 个蓝色的三角形，故通过少数服从多数的投票后，判定红色这个待分类的点属于绿色菱形这一类。所以在这个例子中，用 *k*=4 的 *k* 近邻算法预测得到红色未分类的五角星点应该归类到绿色菱形同一类中。

（2）当 *k*=9 时，由于距离红色五角星点最近的 9 个点分别是 4 个绿色菱形和 5 个蓝色的三角形，故通过少数服从多数的投票后，判定红色这个待分类的点属于蓝色三角形这一类。所以用 *k*=9 的 *k* 近邻算法预测得到红色未分类的五角星点应该归类到蓝色三角形同一类中。

从上面的例子可以看出 *k* 近邻算法的思想很简单，但是 k 值的选择不同，会导致结果不一样。所以，选择合适的 *k* 值对 *k* 近邻算法非常重要。一般来说，当 *k* 值太小时，就意味着模型太复杂，容易导致过拟合；当 *k* 值太大时，就意味着模型太简单，容易导致欠拟合。因此，确定一个合适的 *k* 值非常重要。

为什么 *k* 值太大或者太小会导致过拟合、欠拟合呢？

举一个极端的例子，假设我们把 *k* 设置为全部已知样本集，那么预测一个未知的数据，我们只需要计算出已知的所有样本中最多样本的类别，需要预测的任何未知数据都会被归属到这个原有数据中样本数最多的类别，这就相当于模型根本没有训练，只是统计好已知样本点的类别，找到最多样本点的类别，并且每次给出的预测结果都是这个类别，这就会导致欠拟合的现象。下面用图 6.2 来进一步说明。

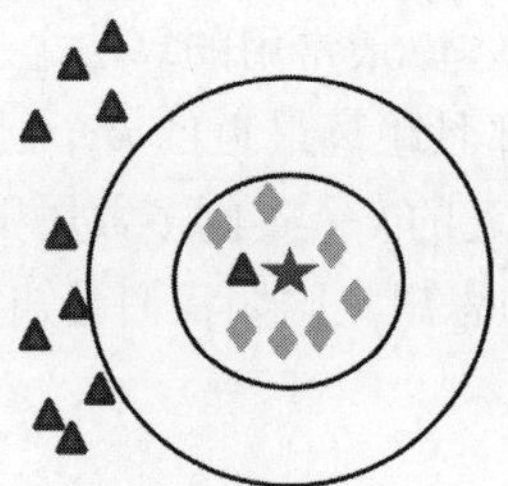

图 6.2 数据点分布图

图中共有两种已知类别的样本点，一种是蓝色三角形，有 11 个；另一种是绿色菱形，有 7 个。

另外，图中红色五角星是未分类的数据点，我们希望利用已知类别的样本点，通过 k 近邻算法预测红色五角星数据点所属的类别。当把 k 设置为所有已经分类的样本点数量（即 k=18）时，待分类的红色五角星点就会被归类为蓝色三角形一类，因为它数量最多，而这样显然是错误的，从图 6.2 的数据点分布中可以看出，红色五角星点应该属于绿色菱形一类。所以 k 设置太大会导致模型过于简单，属于欠拟合问题。

另一种极端的情况是，如果我们设置 k=1，那么每次 k 的分类就是与它距离最近的点所属的类别，这样就会导致模型特别复杂（因为未分类的数据点位置稍微偏差，就能导致它们所属的类别不同），也就会造成过拟合现象。同时，k 太小会导致模型容易受到噪声的影响，就像图 6.2 中，在一堆绿色菱形中有一个蓝色三角形，这个点就是噪声。如果此时 k=1，那么在它附近有新的待分类的点就很有可能被归类到蓝色三角形这个类别，这样就会受到噪声的影响导致分类错误。

综上所述，当 k 太小时，k 近邻模型容易受到噪声的影响，也容易出现过拟合问题；而当 k 太大时，此时与待分类的实例距离较远的样本点也会对分类起作用，使得预测发生错误，模型容易出现欠拟合问题。因此，选择一个合适的 k 值对于 k 近邻算法来说显得尤为重要。

6.1.2 距离的度量

k 近邻算法每次都需要计算未分类数据与所有已知分类的样本数据的距离，然后排序取出距离最近的 k 个数据来投票得到最终分类的结果。因此，如何计算距离也属于非常重要的一环。计算距离的方法一般有三种，分别是：

欧氏距离：

$$L_2(x_i,x_j)=\left(\sum_{l=1}^{n}(x_i^{(l)}-x_j^{(l)})^2\right)^{\frac{1}{2}} \quad \text{（公式 6.1）}$$

曼哈顿距离：

$$L_1(x_i,x_j)=\sum_{l=1}^{n}\left|x_i^{(l)}-x_j^{(l)}\right| \quad \text{（公式 6.2）}$$

各个坐标距离的最大值：

$$L_\infty(x_i,x_j)=\max_{l}\left|x_i^{(l)}-x_j^{(l)}\right| \quad \text{（公式 6.3）}$$

在上述公式中，我们记 x_i 和 x_j 都为 n 维的向量。其中最常用的计算距离的方法是欧氏距离，一般都用它来计算高维空间中两点的距离。而在实际应用中，距离函数的选择应该根据数据的特征和具体分析来定。

6.1.3 算法的优缺点及算法的变种

从前面章节的介绍可知，k 近邻算法的优点是：可以通过不断地实验来找到合适的 k 值，从而使得算法准确性高，对异常值和噪声有较高的容忍度。

k 近邻算法的缺点也很明显，从算法原理可以看到，每次对一个未标记的样本进行分类时，都需要对其与全部已标记的样本的距离进行计算和排序，并且在现实场景中，每个样本也有很多的特征值，故而计算量较大，对内存的需求也较大。

由于 *k* 近邻算法存在上述缺点，故可以考虑对现有算法做一些改变，可以从以下几个方面考虑 *k* 近邻算法的变种：

（1）*k* 近邻算法有一种变种的方法是对不同距离的邻居设置不同的权重（Weight），然后进行投票来预测待分类数据所属的类别。这样做的好处是可以将距离越近的已标记的样本的权重设置得更大，使得最终投票的结果更加准确。而未改进之前的 *k* 近邻算法是设置 *k* 个样本的权重一致，这样 *k* 个样本中距离远近的重要程度就不能区分出来了。

（2）*k* 近邻算法还有另一种变种的方法，思想是：以待标记的数据为中心，按照它半径内的点来投票确定它所属的分类，而不是固定 *k* 值的方式。在 sklearn 中，RadiusNeighborsClassifier 类实现了这个算法的变种，当已标记的数据集分布不均匀时，这种方式可以取得更好的性能。

上面也说了 *k* 近邻算法的缺点主要是计算量大，内存需求较大，主要也是因为每次都需要全部计算一遍距离，然后排序找出距离最近的 *k* 个点。因此，有一种叫 K-D Tree 的数据结构可以很好地解决这个问题。为了避免每次都重新计算一遍距离，K-D Tree 会把距离信息都保存在一棵树中，这样可以在计算之前先查找树得到距离信息，尽量避免重复计算。这种方法的基本思想是：假如从 *A* 到 *B* 的距离很远，而且从 *B* 到 *C* 的距离很近，那么 *A* 和 *C* 之间的距离也很远。用这种方法就可以在适当的时候排除掉一些距离远的点，从而减少运算量。

假设有 *M* 个样本、*N* 个特征的数据集，那么 *k* 近邻算法的时间复杂度为 $O(NM)^2$。使用 K-D Tree 方法后，算法的复杂度可降为 $O(NM \log M)$。想要深入了解的读者可以查阅文献：*Communications of the ACM*（Bentley,J.L.）。在后续的研究中，还有学者提出了改进 K-D Tree 的新算法，感兴趣的读者也可一并查阅。

总之，通过对算法的改进可以提高 *k* 近邻算法的效率，从而使得它被更加广泛地应用在各个领域中。

6.2 用 *k* 近邻算法处理分类问题

前面章节已经详细介绍了 scikit-learn 工具包，在 scikit-learn 中提供了实现 *k* 近邻模型的 KNeighborsClassifier 类。同时，scikit-learn 中也提供了 make_blobs 函数，可用于生成随机的数据点，通过指定中心点后，采用高斯函数的方式随机生成采样点。因此，我们可以利用 make_blobs 函数生成符合特定分布规律的随机数据样本点。举一个例子，我们想要有 4 类数据，每类数据都集中在它的中心点附近，而且这 4 类数据分别属于 4 个不同类别。为了更好地在二维空间中显示这 4 类数据集，设置 make_blobs 函数中的 n_features=2，表明生成的数据实例都有两个属性值，这样就可以将其映射到二维空间中。

【例 6.1】用 make_blobs 函数生成 4 类数据样本点，然后用 KNeighborsClassifier 类实现 *k* 近邻模型，实现对新数据点的分类进行预测，最后画出数据点分布图。

```
# -*- coding: utf-8 -*-
# 导入需要使用的模块
from sklearn.datasets import make_blobs
from sklearn.neighbors import KNeighborsClassifier
import matplotlib.pyplot as plt
import numpy as np
# 设置采样点数量、4 类数据集的中心点
n_samples = 1000
n_centers = [[-2 , 0], [2 , 0], [0, 4],[4, 4]]
# 生成样本数据
X, y_true = make_blobs(n_samples=n_samples,
                       n_features=2,
                       centers=n_centers,
                       cluster_std=0.60,
                       random_state=0)
# 画出样本数据分布图
plt.figure(figsize=(10,7),dpi=100)
c = np.array(n_centers)
# 画出散点图
plt.scatter(X[:,0],X[:,1],c=y_true,s=80,cmap='cool');
plt.scatter(c[:,0],c[:,1],s=80,marker='^',c='yellow');
plt.show()
```

运行上面的代码，输出生成的样本分布的散点图如图 6.3 所示。这些数据点就是用 make_blobs 函数采样后得到的点，采样总数为 1000 个样本点，特征为二维，中心为我们设定的中心点，中心点存放在 n_centers 数组中。从图中可以看到，生成的采样点是围绕中心点（图中黄色的三角形）而散布开来的。

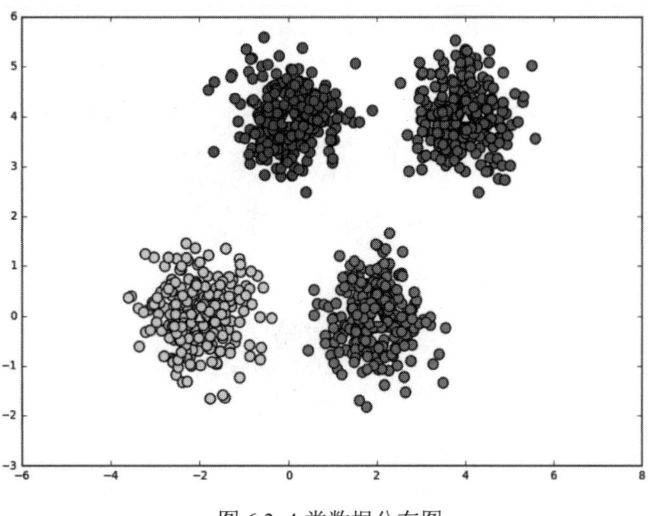

图 6.3 4 类数据分布图

然后，用生成的样本点对模型进行训练，使用 scikit-learn 提供的 KNeighborsClassifier 类，我们将 k 值设置为 5，具体代码如下：

```
    model = KNeighborsClassifier(n_neighbors=5, weights='uniform',
algorithm='auto', leaf_size=30, p=2)
    model.fit(X,y_true)
```

假设一个新的数据点 (0, 1.5) 为待分类的数据，需要用 k 近邻算法预测它所属的类别，由于 k=5，故需要通过相邻的 5 个点对该新样本点的分类进行投票确定，最后画出新样本点的具体位置和最相邻的 5 个点的分布，具体代码如下：

```
    # 新的数据点坐标
    new_point = [[0,1.5]]
    # 使用上面训练好的 k 近邻模型进行预测
    result = model.predict(new_point)
    # 计算该新数据点距离最近的 k 个邻居
    neighbors = model.kneighbors(new_point, return_distance=False)
    # 将其位置分布画出来
    plt.figure(figsize=(10,7),dpi=100)
    c = np.array(n_centers)
    plt.scatter(X[:,0],X[:,1],c=y_true,s=80,cmap='cool');
    plt.scatter(c[:,0],c[:,1],s=80,marker='^',c='yellow');
    plt.scatter(new_point[0][0], new_point[0][1], marker="*", c='black', s=200,
cmap='cool')
    for i in neighbors[0]:
        plt.plot([X[i][0], new_point[0][0]], [X[i][1], new_point[0][1]],
                'k--', linewidth=0.8)              # 预测点与距离最近的 5 个样本的连线
    plt.show()
```

输出结果如图 6.4 所示，可以看到新的样本点（星星位置）的分类预测结果为左下角（湖蓝色，请自行运行结果验证）那类，因为最相邻的 5 个点中有 3 个点属于此类别。因此，在此例子中，由于 k=5 并且已知分类的样本点的分布如图 6.4 所示，故通过 k 近邻算法的预测得出，待分类的数据点 (0, 1.5) 应该属于湖蓝色这个类别。

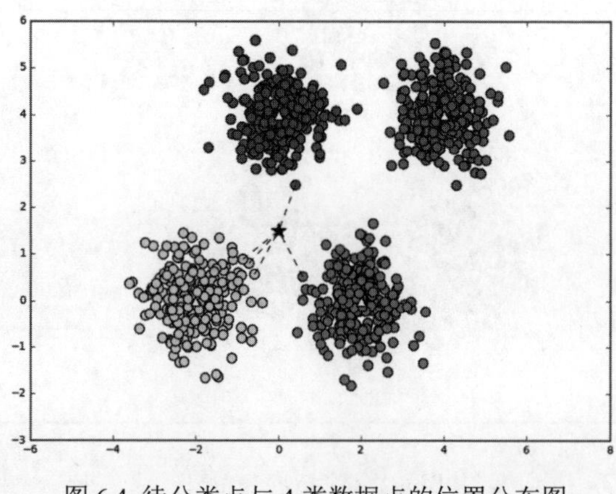

图 6.4 待分类点与 4 类数据点的位置分布图

6.3 用 k 近邻算法对鸢尾花进行分类

【例 6.2】使用 scikit-learn 工具包中的模块，实现用 k 近邻模型处理不同品种的花的分类问题。

本例子使用 scikit-learn 中 datasets 提供的鸢尾花数据集 Iris，sklearn.datasets.load_iris 中提供了 3 类不同花种的数据，每个类别有 50 笔数据，3 类数据共 150 笔，每笔数据有 4 个属性，即有 4 个特征，可以使用 feature_names 查看，这 4 个特征分别是：

- sepal length (cm)：花的萼片长度，单位是厘米。
- sepal width (cm)：花的萼片宽度，单位是厘米。
- petal length (cm)：花瓣长度，单位是厘米。
- petal width (cm)：花瓣宽度，单位是厘米。

除了查看特征外，也可以通过 target_names 查看类别，这 150 笔数据共分为 3 个类别的花种，分别是 setosa、versicolor 和 virginica。由此可知，每笔数据都提供了这种花的特征，不同的特征值分别构成了这 3 种花的特点。下面用代码实现用 k 近邻模型处理分类问题。

6.3.1 导入数据集

首先导入需要用的函数，比如提供数据集的 load_iris 函数和 k 近邻模型 KNeighborsClassifier 类。

```
# -*- coding: utf-8 -*-
# 导入需要使用的类和函数
from sklearn.datasets import load_iris
from sklearn.neighbors import KNeighborsClassifier
from sklearn.model_selection import train_test_split
# 导入数据集
load_data = load_iris()
X = load_data.data
y = load_data.target
```

然后查看数据集的大小、包含的属性等。

```
print('X.shape:',X.shape)
print('Y.shape:',y.shape)
print('feature_names:',load_data.feature_names)
print('target_names:',load_data.target_names)
```

输出结果如下，可以看出总共有 150 笔数据，每笔数据有 4 个特征值，共有 3 个类别的花名，每笔数据属于其中的一个类别，输出结果包含 4 个特征的名称和 3 个类别的花名。

```
X.shape: (150, 4)
Y.shape: (150,)
```

```
    feature_names: ['sepal length (cm)', 'sepal width (cm)', 'petal length
(cm)', 'petal width (cm)']
    target_names: ['setosa' 'versicolor' 'virginica']
```

可以查看前 4 笔数据的特征值，只需下面一行代码输出即可：

```
print(X[:4,:])
```

输出结果如下：

```
[[ 5.1  3.5  1.4  0.2]
 [ 4.9  3.   1.4  0.2]
 [ 4.7  3.2  1.3  0.2]
 [ 4.6  3.1  1.5  0.2]]
```

6.3.2 模型训练

下一步是拆分数据集，使用 scikit-learn 中提供的 train_test_split 函数，将所有数据集分为 70% 训练集和 30% 测试集。然后使用训练集中的数据对 *k* 近邻模型进行训练，使用测试集中的数据来评估模型的好坏。

```
    # 分割数据集
    X_train, X_test, y_train, y_test = train_test_split(X,y,test_size=0.3,
random_state=20,shuffle=True)
    # 输出分割后的训练集、测试集的大小
    print('X_train.shape:',X_train.shape)
    print('X_test.shape:',X_test.shape)
```

运行上面的代码，输出结果如下：

```
X_train.shape: (105, 4)
X_test.shape: (45, 4)
```

接下来，我们使用 KNeighborsClassifier 类来生成 *k* 近邻模型，设置模型的参数 k=5，表示 *k* 近邻模型的参数 *k* 为 5；同时设置参数 p=2，表示距离计算公式使用欧氏距离 L_2。然后通过代码 model.fit(X_train,y_train) 将训练集输入模型中进行训练，这行代码运行结束表明模型已经训练完成，可以对新数据进行预测了。最后通过 model.score 函数可以计算模型的得分（准确率的计算方法是：正确分类的数目 / 共有多少笔数据）。

```
    # 生成 k 近邻模型
    model = KNeighborsClassifier(n_neighbors=5, weights='uniform',
algorithm='auto', leaf_size=30, p=2)
    # 训练模型
    model.fit(X_train,y_train)
    # 看看模型在训练集、测试集上的预测准确率
    knn_train_score = model.score(X_train,y_train)
    knn_test_score = model.score(X_test,y_test)
    print('knn_train_score:',knn_train_score)
    print('knn_test_score:',knn_test_score)
```

运行上面的代码，输出结果如下：

```
knn_train_score: 0.980952380952
knn_test_score: 0.955555555556
```

从结果可以看到，此模型在训练集上的准确率高于 98%，在测试集上的准确率高于 95%。

下一步可以使用 model.predict 函数来预测新数据的 y 值。下面我们对测试集中的数据的类别进行预测，然后输出预测结果，同时也输出测试数据的真实类别，可以对比看看预测结果与真实类别是否一致，有哪些预测错误。具体代码如下：

```
print(model.predict(X_test))
print(y_test)
```

上面两行代码的输出结果如下：

```
[0 1 1 2 1 1 2 0 2 0 2 1 2 0 0 2 0 1 2 1 1 2 2 0 2 1 1 0 2 2 1 1 0 0 0 1 1
 0 1 2 1 2 0 1 1]
[0 1 1 2 1 1 2 0 2 0 2 1 2 0 0 2 0 1 2 1 1 2 2 0 1 1 1 0 2 2 1 1 0 0 0 2 1
 0 1 2 1 2 0 1 1]
```

可以看到预测值和真实值大部分都一样，但是其中有两笔数据分类错误了，其他都是正确的。因此通过计算正确分类的数目 / 共有多少笔数据，可得到模型的分类准确率是 95.56%。

此外，我们可以考虑修改 knn 模型的参数，重新训练模型，可以进一步优化模型的准确率。通过修改不同的 k 值训练后得到结果，可以选出最适合的 k 值大小。另外，距离度量一般选择欧氏距离，也就是 p=2 不用变动，weights 参数用于设置距离最近的 k 个点的权重大小，上面我们设置 weights='uniform'，表示 k 个点的权重都一样，现在我们换一下，使距离越近权重越大，距离与权重呈反比来进行分类投票，只需使 weights='distance' 即可。代码如下：

```
model2 = KNeighborsClassifier(n_neighbors=7, weights='distance',
algorithm='auto', leaf_size=30, p=2)
model2.fit(X_train,y_train)
print('knn_train_score2:',model2.score(X_train,y_train))
print('knn_test_score2:',model2.score(X_test,y_test))
```

更改参数，重新训练 knn 模型并计算得分，结果如下：

```
knn_train_score2: 1.0
knn_test_score2: 0.977777777778
```

可以看到，k=7，并且要求邻居的距离加权，要求距离与权重呈反比来进行分类投票。在这个例子中，这样改进 k 近邻算法能得到更高的准确率。至于这个是否为最佳参数组合，可以进行更多的尝试，然后选出最佳的参数。由于这个例子中的数据集还不够大，若数据集样本量很大，则可能更改参数以后会有较大的变化。

6.4 用 *k* 近邻算法进行回归拟合

k 近邻算法除了能处理分类问题外，还能处理回归问题。同样的原理，对一个待预测 *y* 值的样本点，先找到与它最近邻的 *k* 个点，求这 *k* 个点对应的 *y* 值的平均值就是新样本点的预测值 *y**。下面用 scikit-learn 来演示一下具体效果。

【例 6.3】用 *k* 近邻算法在余弦曲线的基础上进行回归拟合。

首先导入相关的包，生成训练集的样本点，这里我们使用 cos() 函数来模拟效果，因此先在 0~7 范围内随机采样 60 个点，然后求它们对应的 cos 值。另外，为了训练效果更好一些，对 *y* 值加上一些噪声（随机值），具体代码如下：

```
import matplotlib.pyplot as plt
import numpy as np
# 生成训练集样本点
n_dots = 60
X = 7 * np.random.rand(n_dots, 1)
y = np.cos(X).ravel()
print(X.shape,y.shape)
# 对 y 添加一些噪声，使得训练结果更好一些
y += 0.15 * np.random.rand(n_dots) -0.01
```

下一步，设置 *k* 值为 5，使用 scikit-learn 中的 KNeighborsRegressor 实现 *k* 近邻算法的回归模型。

```
from sklearn.neighbors import KNeighborsRegressor
k = 5
# 生成 k 近邻模型
model = KNeighborsRegressor(k)
# 训练模型
model.fit(X, y)
```

然后生成测试样本，因为上一步已经把模型训练好了，为了查看模型预测的效果，我们使用 NumPy 中的 linspace() 函数生成测试样本点，为了方便，我们同样在 0~7 的范围内随机采样 600 个点，通过训练好的模型计算出预测值并保存在 y_predict 中。计算的方式同样是获取样本点 *x* 所在位置附近的 *k* 个点的值的平均值。具体代码如下：

```
# 生成测试样本
X_test = np.linspace(0, 7, 600)[:, np.newaxis]
y_predict = model.predict(X_test)
model.score(X, y)
```

由于模型已经训练好了，我们可用已知的训练集 *X*、*y* 的值来测试一下模型的得分，通过 model.score() 函数计算得出模型的得分为：

```
0.99272999703201259
```

下一步画出曲线，可以通过 matplotlib.pyplot 中的函数实现，其中 scatter() 函数画出散点图，plot() 函数画出曲线图，具体代码如下：

```
plt.figure(figsize=(16,10))
plt.scatter(X, y, c='r', label='train_data', s=120)
plt.plot(X_test, y_predict, c='k', label='test_data', lw=4)
plt.axis('tight')
plt.title("KNeighborsRegressor (k=%i)" % k)
plt.show()
```

在 Matplotlib 官网中，可以查到 scatter() 函数的详细描述：

```
matplotlib.pyplot.scatter(x, y, s=None, c=None, marker=None, cmap=None, no
rm=None, vmin=None, vmax=None, alpha=None, linewidths=None, *, edgecolors=None,
 plotnonfinite=False, data=None, **kwargs)
```

在上面演示的代码中，scatter() 函数前两个参数值代表了数据点的坐标值，这里 *X*、*y* 都是一维数组，故它们可以构成二维平面上的点，参数 c='r'（'c' 表示 'color'，'r' 表示 'red'）表示使用红色作为散点的颜色，参数 s=120（'s' 表示 'size'）代表红点的粗细。函数 plot() 也是同样的道理，前两个参数代表点的坐标，参数 lw=4（'lw' 表示 'linewidth'）代表线的粗细程度。如果不知道各个值具体的含义，可以查看官网的 API 文档中该函数的说明，也可以通过改变该变量的值测试看看效果。运行上面的代码，输出结果如图 6.5 所示。

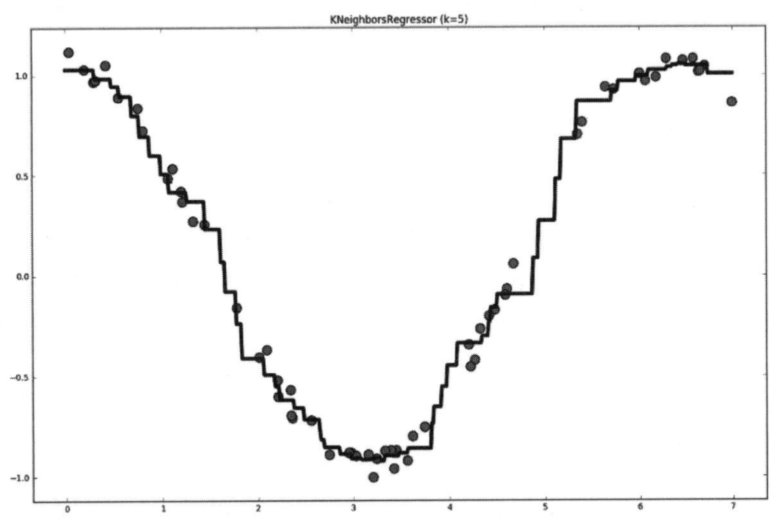

图 6.5 *k* 近邻模型（*k*=5）的回归拟合结果图

此外，如果改变模型的 *k* 值（令 *k*=9），会有怎么样的变化呢？

下面测试一下，只需要改变模型参数，然后重新训练模型，对测试集进行回归拟合，最后画出效果图。具体代码如下：

```
from sklearn.neighbors import KNeighborsRegressor
k2 = 9
model = KNeighborsRegressor(k2)
```

```
model.fit(X, y)
y_predict2 = model.predict(X_test)
#画出曲线
plt.figure(figsize=(16,10))
plt.scatter(X, y, c='r', label='train_data', s=120)
plt.plot(X_test, y_predict2, c='k', label='test_data', lw=4)
plt.axis('tight')
plt.title("KNeighborsRegressor (k=%i)" % k2)
plt.show()
```

当将 k 设置为 9 时，输出结果如图 6.6 所示。

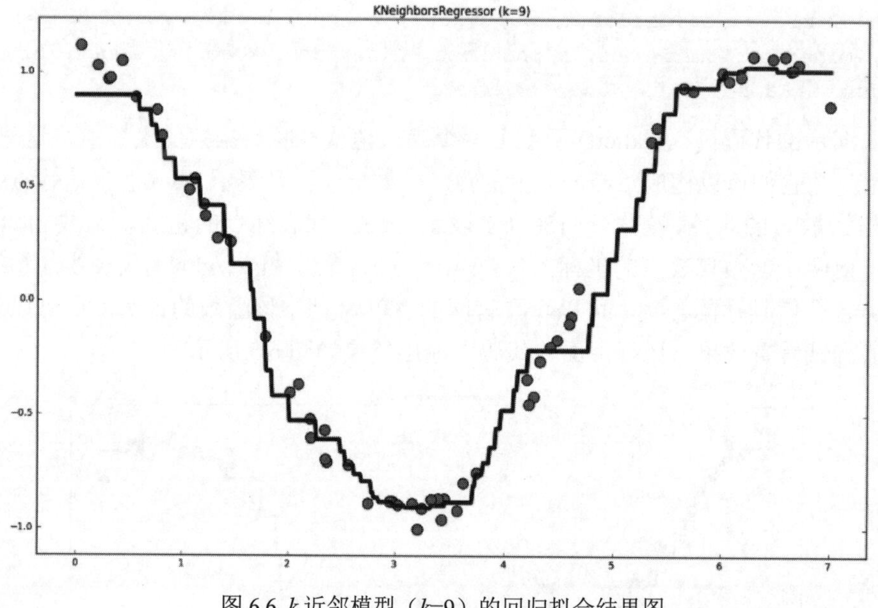

图 6.6 k 近邻模型（k=9）的回归拟合结果图

对比图 6.5 和图 6.6，可以看到拟合曲线稍微有些变化，但是大致的走向和曲线的变化趋势相同。这也表明 k 近邻算法能够用于处理回归拟合类的问题，并且也能取得较好的预测效果。

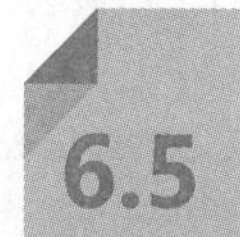

6.5 本章小结

k 近邻算法是机器学习中基础的算法之一，它的原理很简单，也能取得较好的准确率。本章通过 k 近邻算法处理分类和回归问题，介绍了 k 近邻算法的原理、分类问题的 k 近邻算法模型、距离度量的几种方法，以及在处理回归问题中的应用等。同时，也讨论了 k 近邻算法的优缺点和算法的变种。在章节的后面部分使用 scikit-learn 工具包中的数据集和 KNeighborsClassifier、KNeighborsRegressor 类，通过具体的案例演示了 k 近邻算法如何处理分类预测和回归拟合的问题。在代码演示过程中出现了很多函数和参数的设置，具体可以到 scikit-learn 官网中查看 API，详细地了解各个函数的应用，也可以在运行代码的过程中，通过改变各个参数的值测试一下效果，以加深对模型的理解。

6.6 复习题

（1）k 近邻算法的原理是什么？它有什么特点？

（2）构建一个 k 近邻模型的具体步骤有哪些？

（3）k 近邻算法中距离度量的方法有哪些？请列出其计算公式。

（4）k 近邻算法的优缺点分别是什么？

（5）可以从哪些方面改进 k 近邻算法？算法的变种有哪几类？

（6）k 近邻算法如何处理分类问题？

（7）k 近邻算法如何处理回归问题？与处理分类问题时有区别吗？如果有，区别在哪里？

第7章 从简单线性回归到多元线性回归

在第 5 章已经介绍了简单线性回归模型，本章将进一步介绍多元线性回归模型。由于现实世界的数据集往往包含多个属性值，因此需要多变量的线性回归函数才能更好地拟合数据集。多元线性回归模型试图获得一个通过多个参数的线性组合来进行预测的函数。与简单线性回归模型一样，多元线性回归模型也是期望通过训练集学习得到最优的模型参数，从而使得模型能够在测试集上有更好的表现。本章不仅会介绍多元线性回归模型，而且还会阐述模型优化方面的内容，包括数据归一化处理、欠拟合和过拟合及其解决办法、正则化、线性回归与多项式等。最后通过预测波士顿房价的案例完整展现如何在 scikit-learn 中实现多元线性回归模型并对模型进行优化等内容。

本章内容分为以下几个部分：

- 介绍多元线性回归模型。
- 用向量形式表示预测函数和损失函数。
- 介绍数据归一化的优点、适用场景及计算方法。
- 讨论欠拟合和过拟合问题及其解决方法。
- 介绍正则化的概念和用途。
- 介绍在 scikit-learn 中如何用管道将线性回归与多项式结合。
- 介绍查准率、召回率的概念和计算方法。
- 用 scikit-learn 实现多元线性回归模型并预测波士顿房价。

7.1 多变量的线性模型

7.1.1 简单线性回归模型

第 5 章我们讨论了简单线性回归模型，它的预测函数如下：

$$h_\theta(x) = \theta_0 + \theta_1 x \qquad \text{（公式 7.1）}$$

其中，θ_0、θ_1 为待确定的参数，此预测函数的特性规定了无论参数 θ_0、θ_1 值为多少，最后模型都是一条直线，而且要求数据集只能包含一个特征，故此简单模型的拟合能力是非常有限的。

在现实案例中，数据集一般都包含很多特征值，此时需要使用多元线性回归模型来进行拟合。

7.1.2 多元线性回归模型的预测函数

由于现实案例中的数据常常具有多个特征，为了方便起见，数据一般采用矩阵形式表示。比如数据集 X.shape()=(5000,20)，表示有 5 000 条数据，每条数据有 20 个特征值。

多变量线性回归模型的预测函数为：

$$h_\theta(x)=\theta_0+\theta_1x_1+\theta_2x_2+\cdots+\theta_nx_n \quad （公式 7.2）$$

我们设 x_0 为 1，则预测函数可以表示为：

$$h_\theta(x)=\sum_{i=0}^{n}\theta_jx_j \quad （公式 7.3）$$

其中，$\theta_0,\theta_1,\theta_2,\cdots,\theta_n$ 统称为 θ，是预测函数的参数。我们的目标就是找到最优的参数组合 θ，使得预测函数 $h_\theta(x)$ 能最好地拟合给定的数据集 X 和结果集 Y。

7.1.3 向量形式的预测函数

可以用向量的形式表示预测函数：

$$h_\theta(x)=[\theta_0\quad\theta_1\quad\cdots\quad\theta_n]\begin{bmatrix}x_0\\x_1\\\vdots\\x_n\end{bmatrix}=\theta^{\mathrm{T}}x \quad （公式 7.4）$$

上述式子中 x_0=1，它也被称为偏置项（Bias）。在机器进行计算时，一般都采用矩阵的形式进行运算，这样能提高计算效率。比如普遍用于机器学习的 NumPy 库，就是采用矩阵的形式进行计算的。

此外，输入的数据集也常用矩阵来表示，比如输入 m 个样本数据，记为：$x^1,x^2,x^3,\cdots,x^m$，每个样本 x^i 有 n 个属性值，记为：$x^i_1,x^i_2,x^i_3,\cdots,x^n_1$，也代表每条数据有 n 个特征。由于用向量和矩阵的形式来表示和运算最为方便，因此，当数据集中有 m 笔数据且每笔数据有 n 个属性时，用矩阵的形式表示数据集 X、参数集 θ 为：

$$X=\begin{bmatrix}x_0^{(1)} & x_1^{(1)} & x_2^{(1)} & \cdots & x_n^{(1)}\\x_0^{(2)} & x_1^{(2)} & x_2^{(2)} & \cdots & x_n^{(2)}\\\vdots & \vdots & \vdots & \ddots & \vdots\\x_0^{(m)} & x_1^{(m)} & x_2^{(m)} & \cdots & x_n^{(m)}\end{bmatrix},\theta=\begin{bmatrix}\theta_0\\\theta_1\\\theta_2\\\vdots\\\theta_n\end{bmatrix} \quad （公式 7.5）$$

为方便表示，其中 x^i_0=1。所以数据集 X 为 m*(n+1) 维的矩阵，参数 θ 为 (n+1)*1 维的矩阵。故预测函数可以简写为：

$$h_\theta(x)=X\theta \qquad \text{（公式 7.6）}$$

从这个简洁的形式中可以看出矩阵表示的优势。在 scikit-learn 中就是使用矩阵的形式来表示数据集 X，故可以用矩阵的方式运算，从而提高计算效率。

7.1.4 向量形式的损失函数

多元线性回归模型的损失函数为：

$$L_\theta(x)=\frac{1}{2m}\sum_{i=1}^{m}(h_\theta(x^{(i)})-y^{(i)})^2 \qquad \text{（公式 7.7）}$$

公式 7.7 与简单线性回归模型的损失函数类似，其中 θ 为 $(n+1)*1$ 维的矩阵，可以将公式 7.6 代入公式 7.7 中，得到：

$$L_\theta(x)=\frac{1}{2m}\left(X\theta-\vec{y}\right)^{\mathrm{T}}\left(X\theta-\vec{y}\right) \qquad \text{（公式 7.8）}$$

其中，X 表示 $m*(n+1)$ 维的矩阵，上标 T 表示转置矩阵，$\vec{y}$ 为结果集向量。利用矩阵运算的规则，可以高效率地计算出在参数 θ 下的模型的拟合成本。

7.1.5 梯度下降算法

根据第 5 章关于梯度下降算法的描述，可知对多元线性回归模型应用梯度下降更新参数 θ 的公式为：

$$\theta_j=\theta_j-\eta\frac{\partial L_\theta(x)}{\partial\theta_j} \qquad \text{（公式 7.9）}$$

将公式 7.7 代入公式 7.9 并化简后可得：

$$\theta_j=\theta_j-\frac{\eta}{m}\sum_{i=1}^{m}\left(\left(h_\theta\left(x^{(i)}\right)-y^{(i)}\right)x_j^{(i)}\right) \qquad \text{（公式 7.10）}$$

读者可以对比一下，其实单变量线性回归算法的参数迭代公式和多变量线性回归算法的参数迭代公式是一模一样的，唯一的区别是 $x_0^{(i)}$ 为常数 1，在单变量线性回归公式中省略了。

7.2 模型的优化

7.2.1 数据归一化

数据归一化操作一般在数据预处理阶段进行。通常不同的评价指标具有不同的量纲和量纲单位，比如房子的价格，数据范围为 100 000~1 000 000，而房子的房间数，数据范围为

1~100，可以看到房子的这两个属性的数量级有很大差异，这样容易影响数据分析的结果。因此，需要对数据进行归一化处理。

数据归一化处理的方法有两种：min-max 标准化和 Z-score 标准化。

min-max 标准化也称为离差标准化。此方法先对原始数据进行线性变换，再将其转化到 [0-1]。转换函数为：

$$x^* = \frac{x - \min}{\max - \min} \quad \text{（公式 7.11）}$$

其中，min 表示该属性样本数据中的最小值，max 表示该属性样本数据中的最大值。此方法的缺点是：当有一批新的数据加进来，使得它的最大值和最小值改变时，需要重新定义。

Z-score 标准化通过先计算该属性样本数据的均值和标准差，然后对数据进行标准化处理，使得经过处理后的数据符合标准正态分布（均值为 0，标准差为 1）。转化函数为：

$$x^* = \frac{x - \mu}{\sigma} \quad \text{（公式 7.12）}$$

其中，μ，σ 分别为该属性样本数据的均值和标准差。

通过对原始数据进行归一化或标准化后，使得不同属性的取值范围相差不大，从而可以提高模型训练的速度。假如我们不先对数据做归一化操作，而直接用梯度下降算法更新参数，可能要花费更多时间模型才能收敛。下面用图 7.1 和图 7.2 来更加形象地对比说明，图 7.1 是未做归一化处理直接训练模型的收敛路径，图 7.2 是做了数据归一化后再训练模型的收敛路径。从这两幅图中可以看出，图 7.1 是比较扁的等高线，模型训练时参数更新的方向比较曲折，这是由于不同特征 θ_1、θ_2 的量纲差异较大；而图 7.2 对 θ_1、θ_2 先做了归一化处理，所以它的量纲相差不大，等高线都接近正圆，故无论从哪个初始位置开始，到达模型最优解的位置需要迭代的次数较少，模型收敛速度更快。

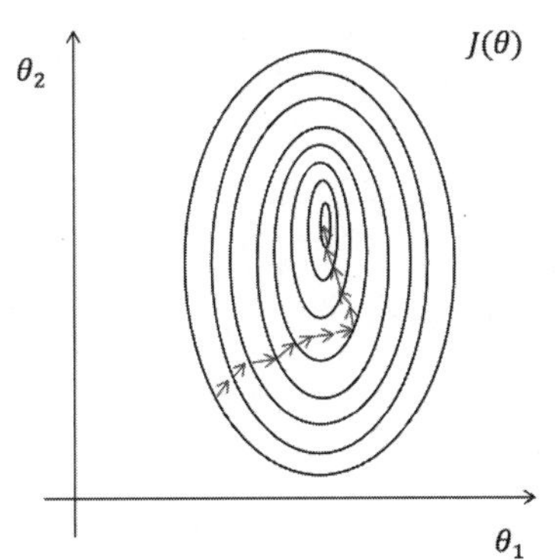

图 7.1 未进行数据归一化处理

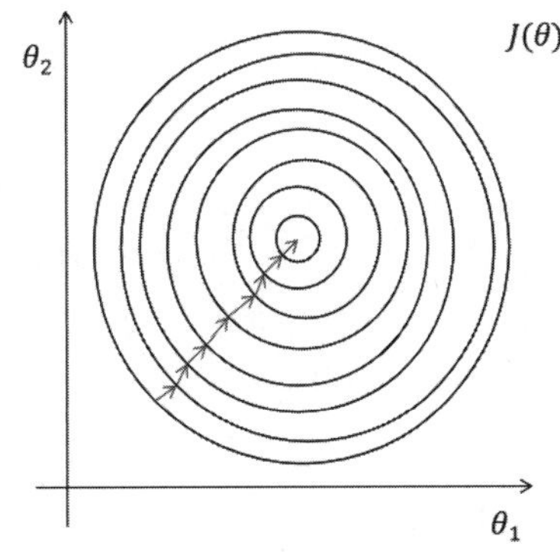

图 7.2 已进行数据归一化处理

对数据进行归一化处理的优点除了提升模型收敛的速度以外，还有一个优点是提升模型的精确度。

如果不进行归一化操作，那么不同特征的量纲和数量级可能存在较大差异。当各个特征间的取值范围相差较大时，如果直接用原始值进行分析，就会突出数值较高的特征在综合分析中的作用，相对削弱数值水平较低的特征的作用。因此，当不同属性的量纲和数量级存在较大差异且不进行数据归一化操作时，会使得某些属性特别容易影响模型收敛的方向。

综上所述，在数据集包含多个特征且其量纲和数量级差别较大的情况下，对数据进行归一化操作很有必要。这样做不仅能提升模型的收敛速度，还能让各个特征对结果做出的贡献相同，从而提升模型的精确度。

7.2.2 欠拟合和过拟合

当我们训练一个模型时，无论迭代的次数和训练时长如何增加，模型最终的效果都不理想，这很可能是出现了欠拟合或过拟合问题，也叫高偏差或高方差问题。欠拟合和过拟合现象在现实中是较为常见的问题。那么，什么是欠拟合，什么是过拟合呢？下面用一个例子来形象地进行说明，如图 7.3~ 图 7.5 所示。

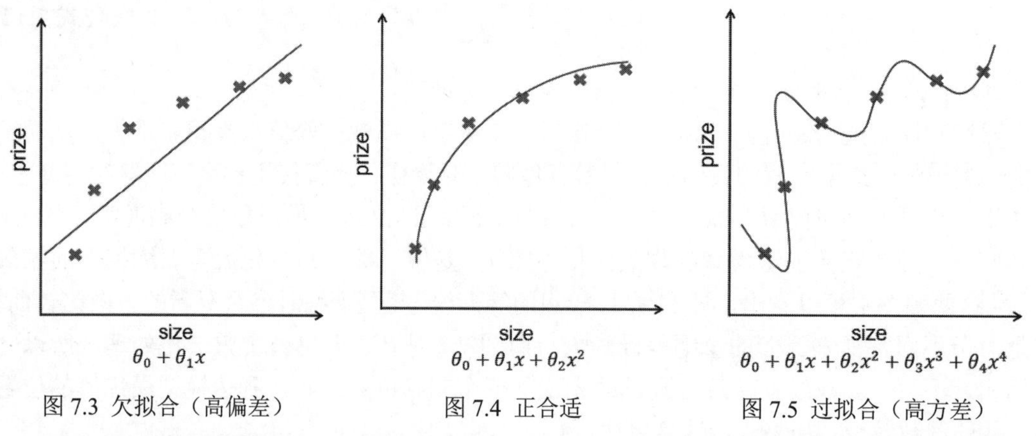

图 7.3 欠拟合（高偏差）　　图 7.4 正合适　　图 7.5 过拟合（高方差）

从上面三幅图可以看到，对同样的数据集进行回归拟合，不同模型拟合的最终结果会存在较大差异。一开始我们确定了拟合函数的表达式，它会对模型最终训练出来的结果有一种约束作用。比如，图 7.3 一开始假设拟合函数是线性的，那么不管样本数据的规律看起来是：随着房子尺寸的增加，价格上升的趋势逐渐平缓，而直接认为房子尺寸和价格是线性的关系，因此通过对样本数据的训练后得到一条上升的直线。

图 7.3 的例子中，由于模型相对简单，导致出现欠拟合的现象。当模型出现欠拟合问题时，无论增加训练数据或增加训练时长、迭代次数，都无法提高模型预测的准确率，训练后模型依然是一条直线，无法很好地描述数据集的规律，这就是欠拟合，也叫高偏差。解决欠拟合问题的方法有：①增加多项式，提高模型的复杂度；②构建新特征，加入新的特征也能提高模型的复杂度，从而改进欠拟合问题。

图 7.4 是正合适的模型。由于从样本数据的分布可以看出，拟合函数应该属于二次函数，故图 7.4 中拟合函数 $h(x)=\theta_0+\theta_1x+\theta_2x^2$ 就刚刚好符合这个模型数据的分布规律。

在图 7.5 中可以看到，当模型的拟合函数太过复杂时，就会出现过拟合的现象。如图 7.5 所示，这个模型虽然很好地拟合了训练集的数据，使得曲线经过每一个样本点，但是它为了精准地拟合所有的点，故最终得到了一个非常扭曲且复杂的曲线。这样的模型往往没有很强的泛化能力，也就是在测试集上的表现非常差，预测的准确率较低。过拟合的模型通常表现为：在训练集上能得到非常好的准确率，但在测试集上准确率非常低。过拟合问题也叫高方差问题，造成模型过拟合的原因一般是：数据集有较多特征但样本量不够大，导致没有足够的数据可供此复杂模型来训练。故解决过拟合问题的方法是人工挑选一些重要的特征留下，某些不太重要的特征就舍弃了，这样做会减少模型的复杂度，此时不需要太多数据就足够训练模型。

在模型训练过程中，欠拟合或过拟合问题很容易发生，如何正确识别出模型是否出现欠拟合或过拟合现象非常重要。只有正确地识别出问题出在哪里，才能采取恰当的措施改进，从而训练出一个好模型。

通过前面章节的介绍，我们知道在训练模型之前，一般先对数据集进行分割，可以将数据集分为训练集和测试集两类，也可以将其分为训练集、交叉验证集和测试集三类，一般数据集较大时，分为三类最合适。对数据集分割后，将训练集用于训练模型，交叉验证集用于测试模型并对其进行调优等操作后，最后用测试集测试模型的泛化能力。通常验证集和测试集的准确率是近似的，在验证集上模型表现不好，那么在测试集上也会获得较低的准确率。下面我们用 $J_{train}(\theta)$、$J_{cv}(\theta)$、$J_{test}(\theta)$ 分别表示：在训练集上模型的代价函数值、在交叉验证集上的代价函数值以及在测试集上的代价函数值，记模型的预测函数中多项式的阶数为 d（比如，图 7.4 中 d=2，图 7.5 中 d=4）。

那么，随着多项式阶数 d 的增加，模型与欠拟合、过拟合有怎样的关系变化呢？可以看一下图 7.6 所示的曲线。

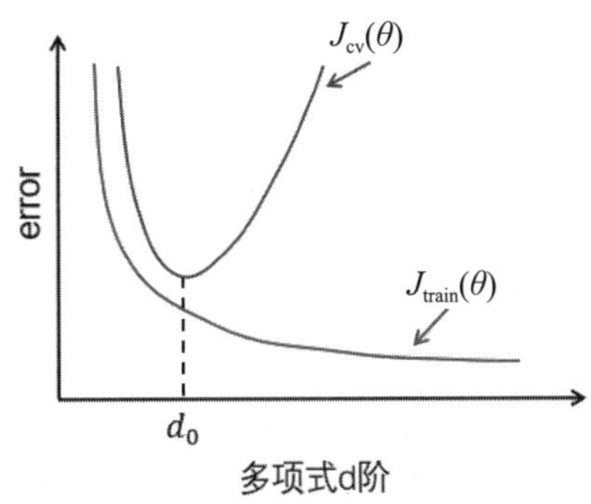

图 7.6 多项式阶数与 $J_{train}(\theta)$ 和 $J_{cv}(\theta)$ 的关系

从图 7.6 中可以看到，在多项式阶数 d 较小（小于 d_0）的情况下，$J_{train}(\theta)$ 和 $J_{cv}(\theta)$ 都比较高，此时就是因为模型太过简单而导致的欠拟合现象；随着多项式阶数 d 的增加（即模型复杂度的增加），$J_{train}(\theta)$ 和 $J_{cv}(\theta)$ 逐渐减小；在多项式阶数 d 较大（大于 d_0）时，$J_{train}(\theta)$ 继续下降，而 $J_{cv}(\theta)$ 呈上升趋势。当模型的复杂度过高时，可以看到 $J_{train}(\theta)$ 的下降速度趋于平稳，而 $J_{cv}(\theta)$ 呈快速增长趋势，此时 $J_{cv}(\theta)$ 远大于 $J_{train}(\theta)$，这就是模型过拟合。因此，可以看到，若多项式阶数为 d_0，此时模型的复杂度正好，训练后模型在验证集和测试集上都能取得较好的表现。

从前面的介绍中，我们知道模型太过简单容易导致欠拟合（高偏差）问题，那么通过收集更多数据，并增加训练集样本量是否能解决欠拟合问题呢？答案是否定的。具体如图 7.7 所示，当训练集样本量很少时，模型很容易就能非常好地拟合训练集的数据，故此时 $J_{train}(\theta)$ 非常小，而用这么小的训练集训练的简单模型的泛化能力是很差的，故 $J_{cv}(\theta)$ 很大；但随着训练集样本量的增加，$J_{train}(\theta)$ 会逐渐上升且 $J_{cv}(\theta)$ 会逐渐下降，直到两者逐渐接近且趋于平稳，后面训练集样本量再增加时，$J_{train}(\theta)$ 和 $J_{cv}(\theta)$ 都基本不变，但 $J_{train}(\theta)$ 和 $J_{cv}(\theta)$ 和的值都较高，此时就是模型还处于欠拟合（高偏差）状态。因此，我们可以看到，当模型欠拟合时，通过收集更多的数据是不能解决问题的，应该通过增加多项式或构建新特征等方式来增加模型的复杂度，才能解决欠拟合问题。因此，正确识别出欠拟合现象能有效节省时间，不会浪费太多时间在收集更多的数据上，从而采取其他有效的方法。

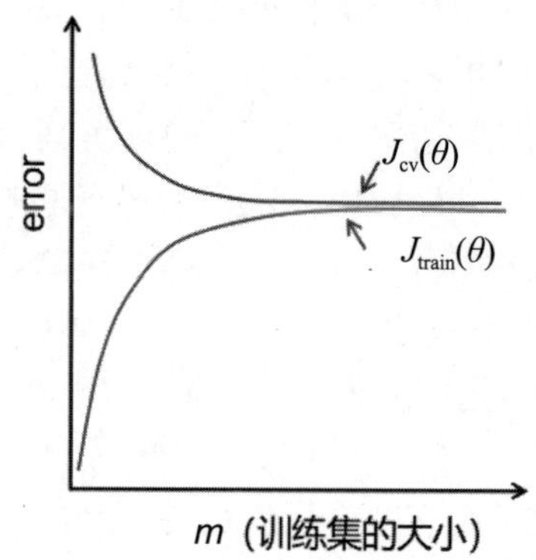

图 7.7 欠拟合模型的 $J_{train}(\theta)$ 和 $J_{cv}(\theta)$ 与训练集样本量大小的关系

当模型太过复杂、出现过拟合（高方差）现象时，通过收集更多数据，增加训练集样本量是否能解决过拟合问题呢？答案是肯定的。具体如图 7.8 所示，当训练集样本量较少时，由于模型过于复杂，故它能通过多次迭代后完美地拟合训练集，因此 $J_{train}(\theta)$ 很小，而此时由于模型曲线太过扭曲和复杂（可参考图 7.5），导致它的泛化能力很差，故此时 $J_{cv}(\theta)$ 很大；随着训练集样本量的增加，$J_{train}(\theta)$ 呈缓慢的上升趋势，但是模型依然能够通过多次迭代后很好地拟合训练集，故 $J_{train}(\theta)$ 相对来说还是较小。而在一开始训练样本量较少时，$J_{cv}(\theta)$ 非常大，并随着训练数据样本量的增加而有所降低，但是模型依然过拟合，模型的泛化能力还是比较差，故 $J_{cv}(\theta)$ 相对来说还是较大。此时 $J_{train}(\theta)$ 和 $J_{cv}(\theta)$ 之间存在一个间隔（gap），$J_{cv}(\theta)$ 大于 $J_{train}(\theta)$，模型处于过拟合状态。

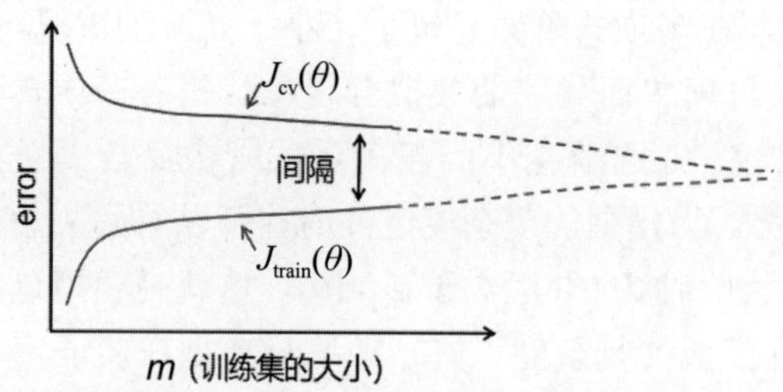

图 7.8 过拟合模型的 $J_{train}(\theta)$ 和 $J_{cv}(\theta)$ 与训练集样本量大小的关系

因此，过拟合模型的特点包括：①模型能很好甚至完美地拟合训练集的数据，使得它在训练集上的预测值与真实值非常接近，即 $J_{train}(\theta)$ 较小；②由于此时模型泛化能力很差，故用验证集测试时会发现，$J_{cv}(\theta)$ 远大于 $J_{train}(\theta)$，$J_{train}(\theta)$ 和 $J_{cv}(\theta)$ 之间存在明显的间隔。

从图 7.8 中不难发现，当不断增加数据集样本量时，$J_{train}(\theta)$ 和 $J_{cv}(\theta)$ 之间存在的间隔逐渐缩小并消失，此时 $J_{cv}(\theta)$ 接近 $J_{train}(\theta)$ 且都趋于平稳，同时 $J_{train}(\theta)$ 和 $J_{cv}(\theta)$ 的值都较小，此时模型不过拟合，也不欠拟合，处于刚刚好的状态，模型具有最好的泛化能力。

因此，增加训练集数据量是解决过拟合问题的有效方法。通过增加训练数据，$J_{train}(\theta)$ 会继续上升，而 $J_{cv}(\theta)$ 会继续下降，它们之间的间隔会逐步缩小，从而解决过拟合问题。综上所述，如果出现过拟合，通过收集更多的数据能有效解决问题。但对于欠拟合问题，收集再多的数据也没用，模型预测的准确率依然很低。因此，正确识别出模型是出现欠拟合还是过拟合问题非常重要，只有正确识别出问题所在，才能快速找到合适的办法解决它。

当判断出模型出现欠拟合或过拟合问题时，下一步是采取正确的方法解决它。下面介绍解决欠拟合或过拟合问题的常见措施。

当模型出现欠拟合问题时，可以采取的有效解决办法是：

（1）尝试找更多特征。比如房子价格预测问题，在已知数据的多个特征（尺寸面积、位置、房间数）的，尝试再找出新的特征（如房子层高），或者通过已知的两三个特征创建出新特征（如房子的体积就是通过层高和面积构建的新特征）。

（2）加入多项式，使模型更加复杂，如 x_1^2、x_2^2、x_1x_2 等。

（3）减小正则多项式的参数的值。关于正则化会在下一节详细介绍。

当模型出现过拟合问题时，可以采取的措施有：

（1）收集更多的数据，这一点在前面的介绍中已经详细讲过。

（2）减少特征数量，从已知的特征中挑选重要的特征保留下来，把不重要的特征剔除，从而使得模型变得简单一些。

（3）加大正则多项式的参数 λ 的值，用正则项约束模型的参数集 θ。

7.2.3 正则化

从上一节的介绍可知，过拟合是很常见的现象。当模型过于复杂且训练集样本数量不够时，很容易导致过拟合。一般来说，收集的数据量越大，数据的属性越多，对训练出好的模型越有帮助。但由于我们能获得的数据是有限的，若每笔数据的特征很多，而数据总体样本量较少，则用这些数据集训练模型很容易导致过拟合。这是因为特征越多模型就越复杂，需要的训练集就越大，而当这些数据量不够训练一个复杂的模型时，就会出现过拟合问题，正则化就是解决过拟合问题最常用的方法之一。早期有学者通过大量实验发现，正则化技术确实能够解决过拟合问题。

那么，什么是正则化呢？从浅显直观的角度来理解，正则化就是通过在损失函数后面加上正则项，让正则项对参数 $\theta_1,\theta_2,\cdots,\theta_n$ 起到约束的作用，它要求这些参数的值尽可能接近 0。通过这样约束的模型训练后，能使一些不太重要的特征对应的参数 θ 非常小，即不太重要的特征权重占比较小，而重要特征的权重占比较大。这样不仅能保留下重要的特征，而且也不用完全舍弃掉那些不太重要的特征。因为任何特征都有它的用处，特征越多，对模型预测的准确率就越有帮助。通过正则化方式处理过拟合问题，能避免人工选择保留某些特征、舍弃某些特征，而让所有特征都发挥作用。由于正则项的约束弱化了一些不重要特征的权重且没有完全舍弃这些特征，故它不仅能解决过拟合的问题，而且使得模型具有较强的泛化能力。

在多元线性回归模型的损失函数后加上正则项的公式如下：

$$L_\theta(x)=\frac{1}{2m}\left[\sum_{i=1}^{m}(h_\theta(x^{(i)})-y^{(i)})^2+\lambda\sum_{j=1}^{n}\theta_j^2\right] \quad \text{（公式 7.13）}$$

其中，正则项为：

$$\lambda\sum_{j=1}^{n}\theta_j^2 \quad \text{（公式 7.14）}$$

从公式 7.13 可看出，若损失函数 $L_\theta(x)$ 要取得最小值，那么参数集 θ 需要同时满足取值很小并且 $(h_\theta(x^{(i)})-y^{(i)})^2$ 的值很小。如果存在很大的值 θ^*，它能使得预测值与真实值距离很小，即 $(h_{\theta^*}(x^{(i)})-y^{(i)})^2$ 的值很小，但由于正则项约束了 θ 需要尽可能小甚至接近 0，故 θ^* 不满足条件。因此模型训练下来，会找到同时满足 θ 取值相对小且能使预测值与真实值接近的 θ 作为模型的最终参数。由于正则项的约束，模型通过多次迭代收敛后，会学习到将不太重要的特征对应的参数设置为非常小的值，而重要的特征对应的参数设置为较大的值，这样既能保留所有特征都或多或少地发挥作用，同时也能减少模型的复杂度，从而避免过拟合的情况。

另外，由于正则项的参数 λ 是超参数，可以用交叉验证集来调参，从而选择最合适的 λ，使正则化发挥最大的作用。在训练模型时，可以将 λ 设置为多个不同的取值并分别训练后，将训练好的模型在验证集上测试，看看哪个 λ 的取值最为合适。然而，当模型过拟合时，只有选择合适的 λ 才能解决过拟合问题，不合适的 λ 有可能使正则项发挥不出作用，甚至可能从过拟合变为欠拟合。

过拟合、欠拟合与参数的关系如图 7.9 所示。

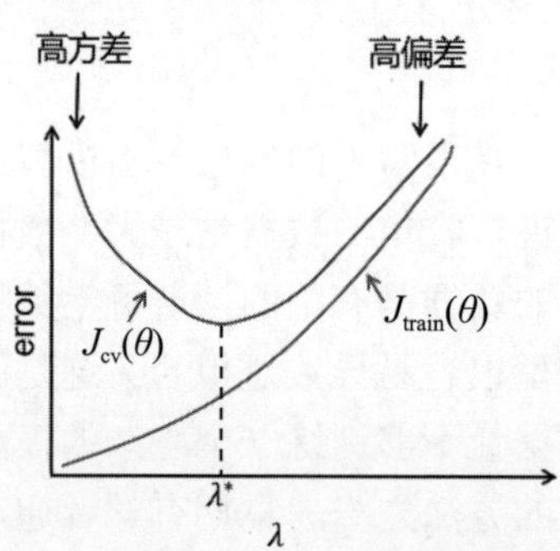

图 7.9 正则化参数 λ 的大小与过拟合模型的关系图

从图 7.9 可知，当 λ 较小（接近 0）时，相当于正则化失效，模型依然很复杂，它能完美地拟合训练集数据，故 $J_{train}(\theta)$ 很小，而 $J_{cv}(\theta)$ 很大，此时模型依然过拟合。随着 λ 的增大，$J_{train}(\theta)$ 逐渐增大，$J_{cv}(\theta)$ 逐渐减小，当超过某个点（λ^*）后，$J_{cv}(\theta)$ 又重新回升。当 λ 很大时，表示正则项对于参数 θ 有非常大约束，正则化发挥很大作用，此时可能导致欠拟合，$J_{\text{train}}(\theta)$ 和 $J_{\text{cv}}(\theta)$ 都很大。故使用正则化方法解决模型过拟合问题的关键是选用合适的 λ。因此，我们需要通过设置不同的 λ 值画出学习曲线，然后才能更好地确定 λ 的值。通常 λ 可以尝试取值为 0、0.01、0.02、0.04、0.08……，逐渐递增到 10 等，可以尝试多个值训练，看看 λ 取值为多少最合适。

如果 λ 的值越大，那么对于 θ 的要求就越严苛，要求 θ 取值越小越好。假如 λ 为无穷大，那么需要 θ 的取值无限接近于 0。反之，如果 λ 取值越小，那么对于 θ 的约束就越宽松。假如 λ 取值为 0，正则项就相当于失效了，就变成没有正则化之前的模型。当然，正常来说 λ 不可能取无穷大，也不会等于 0。

将公式 7.13 结合梯度下降算法，可以得出每次迭代时参数 θ 的更新公式为：

$$\theta_j = \theta_j - \frac{\eta}{m}\left[\sum_{i=1}^{m}\left(\left(h_\theta\left(x^{(i)}\right) - y^{(i)}\right)x_j^{(i)}\right) + \lambda\theta_j\right] \qquad \text{（公式 7.15）}$$

将公式 7.15 化简后可得：

$$\theta_j = \theta_j\left(1 - \eta\frac{\lambda}{m}\right) - \frac{\eta}{m}\sum_{i=1}^{m}\left(\left(h_\theta\left(x^{(i)}\right) - y^{(i)}\right)x_j^{(i)}\right) \qquad \text{（公式 7.16）}$$

从公式 7.16 中可知，θ_j 每次迭代都会比原来的值变小一点点，这是因为学习率 η 和正则化参数 λ 都为正数，且 m 是训练集的样本数量，故：

$$0 < 1 - \eta\frac{\lambda}{m} < 1$$

这就是为什么 θ_j 会逐渐缩小的原因。

综上所述，对于模型过拟合问题，有效的处理方式是降低模型的复杂性，故需要减少函数的特征，而最简单的方式就是让特征对应的权重参数为 0，使该特征失去作用。但由于一开始我们也很难确定哪些特征重要，哪些不重要，因此通过正则化方式在损失函数中加入正则项，要求每个 θ_j 尽量小，然后让模型自己学习。在经过多次迭代后，模型会将不重要的特征值所对应的参数设置为非常小甚至无限接近 0，以此达到降低模型复杂度，从而解决模型过拟合的问题。然而当 λ 值设置太大时，却有可能过分约束 θ 而导致欠拟合，所以选择合适的 λ 也很重要。

7.2.4 线性回归与多项式

从前面的章节的介绍我们知道，当模型太简单时容易出现欠拟合。对于欠拟合，我们可以通过增加多项式的方式解决它。比如可以将多个特征结合，从而构造出一个新特征，如有特征 x_1 和特征 x_2，可以增加两个特征的乘积作为新特征 x_3（$x_3=x_1*x_2$），还可以将 x_1^2 作为另一个新特征 x_4，将 x_2^2 作为新特征 x_5。

在 scikit-learn 中，线性回归是由类 LinearRegression 实现的，而多项式是由类 sklearn.preprocession.PolynomialFeatures 实现的。那么，我们应该如何添加多项式特征呢？此时就需要用一个管道把这两个类串联起来，即用 sklearn.pipeline.Pipeline 把两个模型串联起来。

【例 7.1】编写函数，实现创建多项式的线性回归拟合模型。

```
def polynomial_LinearRegression_model(degree=1):
    poly = PolynomialFeatures(degree=degree, include_bias=False)
    model = LinearRegression()
    # 用一个管道将线性回归模型和多项式串起来
    pipeline_model = Pipeline([("polynomial_features", poly)
,("linear_regression", model)])
    return pipeline_model
```

一个 Pipeline 可以包含多个处理节点，除了最后一个节点外，其他节点都是 transformer，即它们必须实现 fit() 和 transform() 方法，或实现 fit_transform() 方法，最后一个节点是 estimator，即此节点只需要实现 fit() 方法，可以没有 transform() 方法。将训练集数据输入 Pipeline 中进行处理时，它会逐个调用节点的 fit() 和 transform() 方法，直到最后一个节点的 fit() 方法为止，以此来拟合数据。管道的工作示意图如图 7.10 所示。

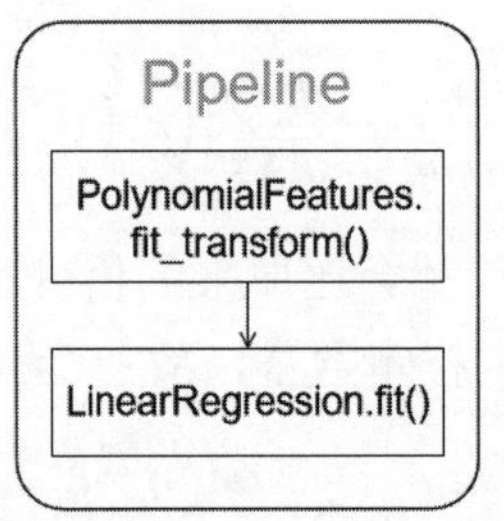

图 7.10 Pipeline 工作示意图

7.2.5 查准率和召回率

前面的章节中，我们评判模型的好坏都是用准确率和错误率作为判断标准。但当正样本和负样本数量有很大差异（即偏斜类问题）时，如果仅仅用准确率和错误率来判定模型的好坏是不准确的。举个例子，用逻辑回归模型预测肿瘤为良性或恶性的二分类问题。已知训练集中 0.5% 为正样本（恶性肿瘤）、99.5% 为负样本（良性肿瘤），假设我们用逻辑回归训练得到一个模型，它的准确率为 99%，错误率为 1%。但是如果我们用一个非学习得到的模型（即不管数据怎么样，都判断为良性肿瘤），那么此模型的准确率能达到 99.5%，错误率为 0.5%。单从数值来看，非学习得到的简单模型（全都判定为良性肿瘤）反而得到了更高的准确率，所以这种判定方法显然是不合适的。对于偏斜类问题，更加适合判定模型好坏程度的方法是使用查准率（Precision）和召回率（Recall）。

下面继续以前面提到的预测肿瘤为良性或恶性的二分类问题为例进行分析，可知模型预测后得到的结果有如表 7.1 所示的 4 种情况。

表 7.1 二分类预测值与真实值

预测值	真实值		
		1	0
	1	true positive	false positive
	0	false negative	true negative

从表 7.1 中可知，当真实值为 1（正样本）且预测值为 1 时，分类正确（true positive）；当真实值为 0（负样本）且预测值为 1 时，分类错误（false positive）；当真实值为 1 且预测值为 0 时，分类错误（false negative）；当真实值为 0 且预测值为 0 时，分类正确（true negative）。

在这个例子中，查准率指的是在模型预测那些肿瘤为恶性（y=1）的患者中，有多大比例的患者的肿瘤确实为恶性。从它的定义也可以看出，查准率越高越好。

查准率的计算公式为：

$$\frac{\text{真实值为 1 且预测值为 1 的样本数量}}{\text{预测值为 1 的样本数量}}=\frac{\text{true positive}}{\text{true positive+false positive}} \qquad \text{（公式 7.17）}$$

至于召回率，它指的是在所有实际上肿瘤为恶性（y=1）的患者中，模型成功预测有恶性肿瘤病人的百分比。从它的定义可以看出，召回率也是越高越好。

召回率的计算公式为：

$$\frac{\text{真实值为 1 且预测值为 1 的样本数量}}{\text{真实值为 1 的样本数量}}=\frac{\text{true positive}}{\text{true positive+false negative}} \qquad \text{（公式 7.18）}$$

综上所述，当一个模型拥有高查准率和高召回率时，我们可以判断它是一个好模型。即使对于偏斜类样本，查准率和召回率也能很好地评估模型的好坏，而不会简单地被全都判定为良性肿瘤的模型所欺骗。

7.3 用多元线性回归模型预测波士顿房价

【例 7.2】本例用多元线性回归模型预测波士顿房价，使用 scikit-learn 中提供的数据集对模型进行训练和测试。

对于房价问题，影响它的因素有哪些呢？很多人可能一下就能想到很多，比如房子的位置、大小、朝向、交通等因素。而在 scikit-learn 提供的波士顿房价数据集中，它包含 13 个特征，具体如下：

- CRIM：城镇人均犯罪率。
- ZN：占地面积超过 25 000 平方英尺的住宅用地比例。
- INDUS：城镇非零售用地的占地比例。
- CHAS：查理斯河虚拟变量，如果边界是河道，则为 1，否则为 0。
- NOX：一氧化氮浓度。
- RM：每间住宅的平均房间数。

- AGE：在 1940 年之前建造且房主自住的房屋比例。
- DIS：到波士顿 5 个中心区域的加权距离。
- RAD：径向高速公路的可达性指数。
- TAX：每 10 000 美元的全额财产税率。
- PTRATIO：城镇的学生和教师的比例。
- B：城镇中黑人的比例。
- LSTAT：弱势群体人口所占的比例。

这些数据是在 1993 年之前收集的，从这 13 个特征可以看到，存在很多方面的因素会影响波士顿的房价，从中也可以看出中美在考虑房子价格方面的差异。下面我们要用这个数据集来训练一个多元线性回归模型。

7.3.1 导入波士顿房价数据

由于需要使用 scikit-learn 中 datasets 提供的数据集，因此首先导入需要的模块，比如提供数据集的 load_boston 函数和线性模型 LinearRegression 类。

```
# -*- coding: utf-8 -*-
# 导入需要的函数和类
from sklearn.datasets import load_boston
from sklearn.linear_model import LinearRegression
from sklearn import model_selection
# 导入数据集
load_data = load_boston()
X = load_data.data
y = load_data.target
```

可以查看一下数据集的维度以及数据集包含哪些特征。

```
# 输出数据集的维度
print(X.shape)
print(y.shape)
# 输出数据集包含的特征
print(load_data.feature_names)
# 输出第一笔数据
print(X[0,:])
```

上面的代码输出结果如下：

```
(506, 13)
(506,)
['CRIM' 'ZN' 'INDUS' 'CHAS' 'NOX' 'RM' 'AGE' 'DIS' 'RAD' 'TAX' 'PTRATIO'
 'B' 'LSTAT']
[   6.32000000e-03    1.80000000e+01    2.31000000e+00    0.00000000e+00
    5.38000000e-01    6.57500000e+00    6.52000000e+01    4.09000000e+00
    1.00000000e+00    2.96000000e+02    1.53000000e+01    3.96900000e+02
```

```
    4.98000000e+00]
```

可以看到总共有 506 笔数据，每笔数据有 13 个特征值，这 13 个特征代表的含义在前面已经介绍过了，它们是影响波士顿房价的因素。最后将第一笔数据输出，可以看到部分特征的量纲与其他特征相比有些差别，如果模型训练非常缓慢，可以考虑对数据做归一化处理，从而提高模型训练速度。在这里我们直接使用原始数据集对模型进行训练，看一下效果如何。

7.3.2 模型训练

在对模型进行训练时，首先使用 train_test_split 函数分割数据集，这里取其中 70% 作为训练集，剩下 30% 为测试集。然后使用训练集中的数据训练多元线性回归模型，使用测试集的数据来测试一下模型预测的得分。

```
# 分割数据集
X_train,X_test,y_train,y_test = model_selection.train_test_split(X,y
,test_size=0.3,random_state=20,shuffle=True)
# 输出分割后训练集、测试集的维度
print('X_train.shape:',X_train.shape)
print('X_test.shape:',X_test.shape)
print('y_train.shape:',y_train.shape)
print('y_test.shape:',y_test.shape)
```

输出结果如下：

```
X_train.shape: (354, 13)
X_test.shape: (152, 13)
y_train.shape: (354,)
y_test.shape: (152,)
```

下面我们用训练集的数据训练模型，运行代码 model.fit(X_train,y_train) 后，表明模型已经训练完成。模型训练完成后，可以对新数据进行预测，只需使用 model.predict() 函数即可，还可以通过 model.score() 函数计算模型的得分，具体代码如下：

```
# 生成线性回归模型
model = LinearRegression()
# 用训练集的数据训练模型
model.fit(X_train,y_train)
# 用训练好的模型预测测试集中前两笔数据的房价，与它们的真实值做对比输出
y_predict = model.predict(X_test[:2,])
print('y_realValue:',y_predict)
print('y_realValue:',y_test[:2,])
# 计算模型在训练集上的得分
trainData_score = model.score(X_train,y_train)
# 计算模型在测试集上的得分
testData_score = model.score(X_test,y_test)
# 将得分输出
print('trainData_score:',trainData_score)
```

```
print('testData_score:',testData_score)
```

输出结果如下：

```
y_realValue: [ 21.16311473  26.98465508]
y_realValue: [ 21.2  20.6]
trainData_score: 0.74764552138
testData_score: 0.702255464573
```

从上面的输出结果可以看到，模型对两笔数据进行预测，第一笔数据预测值与真实值非常接近，但第二笔数据预测值与真实值还有些距离。模型在训练集上的得分为 74.8%，在测试集上的得分为 70.2%。

此外，也可以将训练后的模型参数输出（包括 weight 和 bias）：

```
# 输出训练后的多元线性回归模型的参数的值
print(model.coef_)
print(model.intercept_)
```

输出结果如下：

```
[ -6.02657316e-02   2.80663680e-02   3.70104279e-02   2.10630404e+00
  -2.03541712e+01   4.59481492e+00   9.55299272e-03  -1.25530421e+00
   2.26872925e-01  -1.02420875e-02  -8.56099792e-01   9.44201291e-03
  -4.56515060e-01]
28.7014108552
```

读者自己运行一下代码，可能会得到不一样的结果，因为训练集和测试集是打乱顺序的，所以训练模型所用的训练集数据可能有所不同，故训练后的最终参数可能会不同，但模型的得分应该是差不多的。我们知道模型在测试集上得分为 70.2%，这并不是很好的结果，表明模型还存在优化空间。同时，由于在训练集上模型的得分也不高，这表明模型可能会欠拟合，可以从增加模型的复杂性方面考虑优化的可能性。

7.3.3 模型优化

由上面的分析可知，模型很可能出现欠拟合问题，下一步需要对模型进行优化，通过加入多项式的方式增加模型的复杂度，从而改善欠拟合问题。在 scikit-learn 中，线性回归是由类 LinearRegression 实现的，而多项式是由类 PolynomialFeatures 实现的。此时我们需要通过管道 sklearn.pipeline.Pipeline 把它们串起来使用。具体代码如下：

```
# 导入相关类和函数
from sklearn.preprocessing import PolynomialFeatures
from sklearn.pipeline import Pipeline
import time
# 编写函数，将线性回归模型与多项式结合
def polynomial_LinearRegression_model(degree=1):
    poly = PolynomialFeatures(degree=degree, include_bias=False)
    model = LinearRegression(normalize=True)
```

```
    # 用一个管道将线性回归模型和多项式串起来
    pipeline_model = Pipeline([("polynomial_features", poly),("linear_
regression", model)])
    return pipeline_model
```

下一步，使用二阶多项式来拟合数据。只需要将函数 polynomial_LinearRegression_model() 的参数 degree 设置为 2 即可。代码如下：

```
# 生成包含二阶多项式的线性回归模型
model = polynomial_LinearRegression_model(degree=2)
# 代码运行的开始时间
start_time = time.clock()
# 训练模型
model.fit(X_train,y_train)
# 计算模型在训练集、测试集上的得分
trainData_score = model.score(X_train,y_train)
testData_score = model.score(X_test,y_test)
# 输出模型运行时长
print('running time:',time.clock()-start_time)
# 输出得分
print('trainData_score:',trainData_score)
print('testData_score:',testData_score)
```

输出结果如下：

```
running time: 0.00878019999981916
trainData_score: 0.943689136018
testData_score: 0.799234673409
```

从输出结果可知，加入二阶多项式后，模型在训练集和测试集上的得分都提高了，表明模型确实得到了优化。特别是模型在训练集上的得分有大幅度上升，表明已经解决了欠拟合问题。但是在测试集上的得分只有小幅度提升，这也说明模型仍然有优化空间。

那么，如果将阶数设置为 3，模型能否进一步优化？下面来测试一下，具体代码为：

```
# 生成包含三阶多项式的线性回归模型
model = polynomial_LinearRegression_model(degree=3)
start_time = time.clock()
model.fit(X_train,y_train)
trainData_score = model.score(X_train,y_train)
testData_score = model.score(X_test,y_test)
print('running time:',time.clock()-start_time)
print('trainData_score:',trainData_score)
print('testData_score:',testData_score)
```

输出结果如下：

```
running time: 0.03587850000076287
trainData_score: 1.0
testData_score: -57.2782547113
```

从结果可知，加入三阶多项式后模型过拟合了，训练集上模型的得分到了最高 100%，表明模型完美地拟合了训练集数据。但对于测试集，模型得分是负数，表明模型泛化能力非常差，出现了过拟合现象。因此，模型加入二阶多项式就足够了，既不欠拟合又不过拟合。

7.3.4 学习曲线

为了更好地了解模型的状态和优化的方向，最好的方式就是画出学习曲线。因此，首先编写函数实现画出学习曲线图的功能，具体代码如下：

```
from sklearn.model_selection import learning_curve
from sklearn.model_selection import ShuffleSplit
import numpy as np
import matplotlib.pyplot as plt
# 编写函数，画出学习曲线图
def plot_learning_curve(estimator,title,X,y,ylim=None,cv=None,n_jobs=1
,train_sizes=np.linspace(0.1,1.0,5)):
        # 图像标题
    plt.title(title)
    if ylim is not None:
        plt.ylim(*ylim)
    #x 轴、y 轴标题
    plt.xlabel("Training examples")
    plt.ylabel("Score")
    # 获取训练集大小，训练得分集合，测试得分集合
    train_sizes,train_scores,test_scores=learning_curve(estimator
,X,y,cv=cv,n_jobs=n_jobs,train_sizes=train_sizes)
        # 计算均值和标准差
    train_scores_mean=np.mean(train_scores,axis=1)
    train_scores_std=np.std(train_scores,axis=1)
    test_scores_mean=np.mean(test_scores,axis=1)
    test_scores_std=np.std(test_scores,axis=1)
    # 背景设置为网格线
    plt.grid()
    # 把模型得分均值的上下标准差范围的空间用颜色填充
    plt.fill_between(train_sizes,train_scores_mean-train_scores_std
,train_scores_mean+train_scores_std,alpha=0.1,color='r')
    plt.fill_between(train_sizes,test_scores_mean-test_scores_std
,test_scores_mean+test_scores_std,alpha=0.1,color='g')
        # 画出模型得分的均值
    plt.plot(train_sizes,train_scores_mean,'o-',color='r'
,label='Training score')
    plt.plot(train_sizes,test_scores_mean,'o-',color='g'
,label='Cross_validation score')
        # 显示图例
    plt.legend(loc='best')
```

```
    return plt
```

然后就可以使用函数 plot_learning_curve 画出学习曲线图了。这里，我们画出一阶多项式模型、二阶多项式模型和三阶多项式模型的学习曲线图，对比看一下它们之间的区别在哪里，具体代码如下：

```
cv = ShuffleSplit(n_splits=10, test_size=0.2, random_state=0)
# 交叉验证类进行 10 次迭代，测试集占 0.2，其余的都是训练集
titles = 'Learning Curves (degree={0})'
# 多项式的阶数
degrees = [1, 2, 3]
# 设置画布大小，dpi 是每英寸的像素点数
plt.figure(figsize=(18, 4), dpi=200)
# 循环三次
for i in range(len(degrees)):
    # 下属三张画布，对应编号为 i+1
    plt.subplot(1, 3, i + 1)
    # 开始绘制曲线
    plot_learning_curve(polynomial_LinearRegression_model(degrees[i])
,titles.format(degrees[i]), X, y, ylim=(0.01, 1.01), cv=cv)
# 显示
plt.show()
```

输出结果如图 7.11 所示。

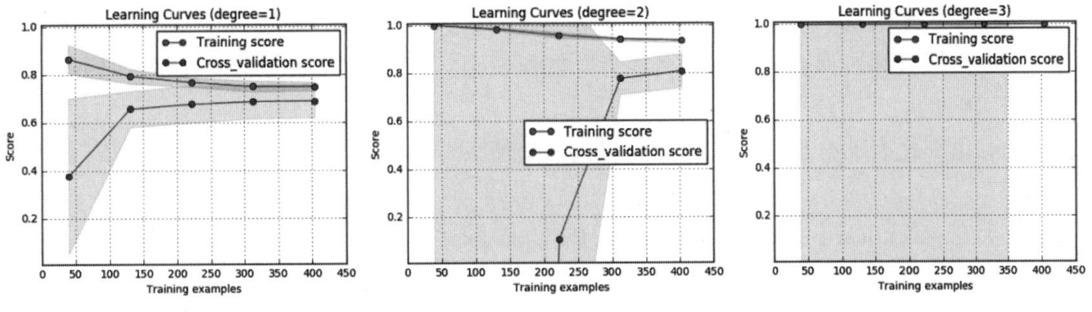

图 7.11 学习曲线图

当阶数为 1（如图 7.11 左图所示）时，模型训练集和交叉验证集的得分都不高，模型处于欠拟合状态; 当阶数为 2（如图 7.11 中图所示）时，模型训练集和交叉验证集得分都有所提升，特别是模型在训练集上的得分有大幅度提升，但训练集和交叉验证集的得分存在明显间隔，从 7.2.2 节的介绍中可知，此时需要收集更多的样本数据来训练模型，才能消除间隔，使得模型在交叉验证集上有更好的得分，从而提高模型的泛化能力；当阶数为 3（如图 7.11 右图所示）时，模型在训练集上的得分达到 100%，而交叉验证集上的得分为负数，故在图中只有一条曲线，这说明模型能完美地拟合训练集，但在交叉验证集上的表现非常差，此时模型过拟合。

因此，在本例预测波士顿房价的问题上，采用结合二阶多项式的多元线性回归模型是最为合适的选择。因为加入三阶多项式时，模型过于复杂，会出现过拟合问题；而单单使用一阶的线性回归模型又过于简单，会导致欠拟合；加入二阶多项式时，模型的复杂度刚刚好，

然而从学习曲线中可以看出，模型在训练集和交叉验证集上的得分存在明显间隔，为了解决这个问题，需要收集更多的训练集数据，从而使模型在测试集上有更好的表现。

7.4 本章小结

多元线性回归模型是最常用的机器学习模型之一。本章介绍了多元线性回归模型的预测函数、损失函数及其向量表示形式。同时，也介绍了模型优化方面的内容，包括数据归一化处理、欠拟合和过拟合问题及其解决方法、正则化、多项式等。此外，也介绍了评估模型好坏的方法，包括查准率和召回率的计算公式等。最后用 scikit-learn 提供的波士顿房价数据、类和函数实现了用多元线性回归模型解决房价的预测问题，包括导入数据、模型训练、模型优化和画出学习曲线分析模型状态等方面的内容。通过波士顿房价预测的例子深入介绍了如何使用多元线性回归模型解决实际问题，并如何进行模型优化，提高模型预测能力，从而加深读者对机器学习模型训练步骤和参数调优的理解。

7.5 复习题

（1）多元线性回归是什么，它有什么特点？

（2）用向量形式写出多元线性回归模型的预测函数和损失函数。

（3）什么是数据归一化？什么情况下需要对数据进行归一化处理？

（4）欠拟合和过拟合分别有什么特点？如何识别？解决模型欠拟合、过拟合问题的方法有哪些？

（5）正则化有什么作用？正则项的表达式是什么？加入正则项后，参数 θ 的更新公式如何变化？

（6）在 scikit-learn 中如何实现在模型中加入多项式？

（7）查准率、召回率有什么作用？它们的公式分别是什么？

第8章 从线性回归到逻辑回归

在前面的几个章节详细介绍了线性回归模型，本章将重点介绍分类问题中常用的机器学习方法——逻辑回归算法。分类问题可分为二元分类和多元分类两种类别。其中，二元分类问题可以直接应用逻辑回归模型处理，而对于多元分类问题，需要结合 OVR 或 softmax 函数的方式处理。那么，什么是二元分类问题？其实，在现实生活中我们经常会遇到比赛的输赢（1 代表赢，0 代表输）、事情的真假（1 代表真，0 代表假）、投硬币的正反面（1 代表正面，0 代表反面）、踢球时进球和不进球（1 代表进球，0 代表不进球）等问题，这些都属于二元分类问题。而多元分类问题是指包含多个类别，即超过两个类别的分类问题。本章将详细介绍逻辑回归模型、OVR 以及 softmax 函数的原理，同时还将介绍正则化的逻辑回归模型，以及模型优化方面的内容，包括判定边界、$L1$ 和 $L2$ 的区别等。最后会用两个例子阐述如何使用 scikit-learn 来实现逻辑回归模型处理乳腺癌良、性恶性的二元分类问题和识别手写数字的多元分类问题。

本章内容分为以下几个部分：

- 介绍逻辑回归算法的基本公式。
- 介绍逻辑回归算法的代价函数、损失函数等。
- 介绍 OVR 和 softmax 函数如何处理多元分类问题。
- 介绍逻辑回归模型的正则化。
- 介绍判定边界的概念和作用。
- 讨论 $L1$ 范数的正则项和 $L2$ 范数的正则项之间的区别。
- 用 scikit-learn 实现逻辑回归模型处理二元分类问题。
- 用 scikit-learn 实现逻辑回归模型处理多元分类问题。

8.1 逻辑回归模型

现实生活中经常遇到二元分类问题，它是由两种不同类别的数据组成的。比如，图 8.1 所示的就是包含两种类别的数据集。而我们希望训练得到一个模型，它能将这两种类别的数据集分隔开来，即得到两类数据的边界线，数据落在哪边就属于哪类。逻辑回归模型就具有这种特性，故它能处理二元分类问题。

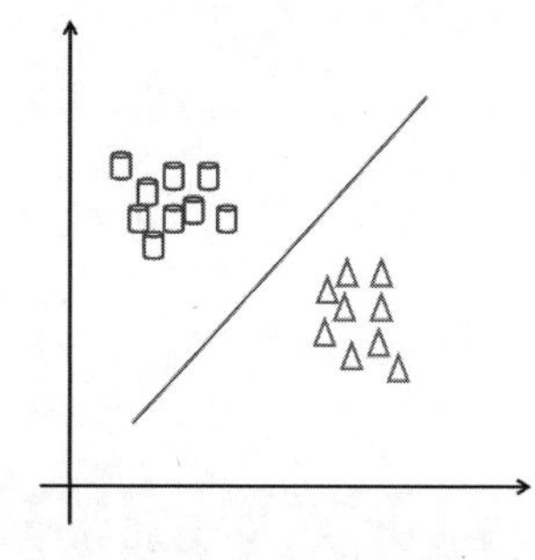

图 8.1 两个类别的数据集

8.1.1 基本公式

由第 7 章可知线性回归模型的预测函数为：

$$h_\theta(x)=\theta^{\mathrm{T}}x \qquad \text{（公式 8.1）}$$

对于二分类问题，我们想要得到一个概率，一个取值范围在 [0,1] 的值。比如在投硬币游戏中，我们设 1 代表正面，0 代表反面，然后选择一个基准值，如 0.5，当计算出来的预测值大于 0.5 时，就认为该预测值为 1，表示预测此时硬币为正面，反之则认为该预测值为 0，表示此时硬币为反面。因此，需要预测函数的值域为 (0,1)，而显然公式 8.1 的值域为 $(-\infty,+\infty)$，不满足条件。故此，我们引入 sigmoid 函数，它的基本公式是：

$$g(z)=\frac{1}{1+\mathrm{e}^{-z}} \qquad \text{（公式 8.2）}$$

它的图形如图 8.2 所示。

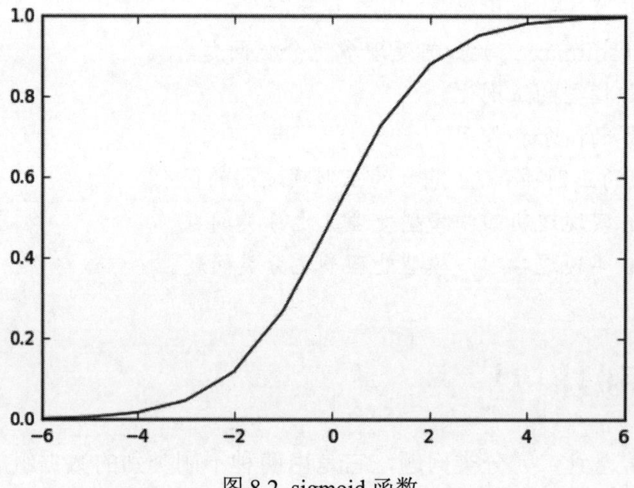

图 8.2 sigmoid 函数

从 sigmoid 函数的公式和曲线形状可知，它的定义域为 $(-\infty,+\infty)$，其值域为 (0,1)。我们只需要令：

$$z = \theta^{\mathrm{T}} x \qquad \text{（公式 8.3）}$$

将公式 8.3 代入公式 8.2 中，即可得到逻辑回归模型的预测函数为：

$$h_\theta(x) = g(\theta^{\mathrm{T}} x) = \frac{1}{1 + \mathrm{e}^{-\theta^{\mathrm{T}} x}} \qquad \text{（公式 8.4）}$$

由公式 8.4 可知其值域为 (0,1)，符合我们对于概率的取值范围要求。为什么逻辑回归的预测函数是这种形式呢？其实是可以推导出来的，可以用最大似然法来推导，最后可得出逻辑回归模型的预测函数表达式就是公式 8.4。由于篇幅有限，本书在这里就不详细展开推导过程了，感兴趣的读者可以自行尝试推导，或者查阅相关资料。

8.1.2 逻辑回归算法的代价函数

为了训练模型，下一步需要找出损失函数。由上一章的介绍可知，线性回归模型的损失函数公式为：

$$L_\theta(x) = \frac{1}{2m} \sum_{i=1}^{m} (h_\theta(x^{(i)}) - y^{(i)})^2 = \frac{1}{m} \sum_{i=1}^{m} \frac{1}{2} (h_\theta(x^{(i)}) - y^{(i)})^2 \qquad \text{（公式 8.5）}$$

其中，可将其代价函数记为：

$$\mathrm{Cost}\,(h_\theta(x), y) = \frac{1}{2} (h_\theta(x) - y)^2 \qquad \text{（公式 8.6）}$$

故线性回归模型的损失函数可记为：

$$L_\theta(x) = \frac{1}{m} \sum_{i=1}^{m} \mathrm{Cost}\,(h_\theta(x^{(i)}), y^{(i)}) \qquad \text{（公式 8.7）}$$

由于我们对模型的训练目标是让预测值与真实值之间的距离越小越好，即损失函数 $L_\theta(x)$ 的值越小越好，故由公式 8.7 可知，训练目标等价于代价函数 $\mathrm{Cost}(h_\theta(x),y)$ 的值越小越好。那么，公式 8.6 和公式 8.7 适用于逻辑回归模型吗？可以照搬过来作为逻辑回归模型的损失函数和代价函数吗？显然是不可以的，理由如下：

由于逻辑回归模型的预测函数 $h_\theta(x)$ 非常复杂，它的表达式如公式 8.4 所示。若将公式 8.4 代入公式 8.6 中，得到的代价函数 $\mathrm{Cost}(h_\theta(x),y)$ 是一个非凸函数，它存在很多的局部最小值。而我们训练模型的目的是找到全局最小值，故这对于使用梯度下降算法查找最优解造成很大的麻烦。因此，逻辑回归模型的代价函数不能直接照搬线性回归模型的公式。

那么，逻辑回归模型的代价函数应该是怎样的形式呢？它的公式如下：

$$\mathrm{Cost}\,(h_\theta(x), y) = \begin{cases} -\log(h_\theta(x)) & y = 1 \\ -\log(1 - h_\theta(x)) & y = 0 \end{cases} \qquad \text{（公式 8.8）}$$

其实，用最大似然法也可以推导出公式 8.8，但由于推导过程比较复杂，这里就不详细介绍了，感兴趣的读者可以自行查阅相关文献。此外，除了可以用最大似然法推导外，其实也可以用比较直观的方式解释为什么公式 8.8 可以作为逻辑回归模型的代价函数。下面用一个例子进行说明。

在预测肿瘤是恶性或良性的二分类问题中，假设 0 代表良性肿瘤，1 代表恶性肿瘤。当有一个样本数据 x，通过逻辑回归模型计算得到它的预测值 $h_\theta(x)=0$，表示模型判断此样本为良性肿瘤，但该样本数据的真实值是 $y=1$，也就是该肿瘤的真实类别是恶性肿瘤。可以看到，此时模型预测出现了严重的错误，把恶性肿瘤样本数据非常自信地归类到良性肿瘤类别中，故此时应给出非常大的惩罚，即此时模型的代价函数值应该非常大才正确。我们将 $h_\theta(x)$ 和 y 对应的值代入公式 8.8 中，看看代价函数的值等于多少？从公式 8.8 可知，当 $y=1$ 时，$\text{Cost}(h_\theta(x),\text{y})=-\log(h_\theta(x))$，这表明 $h_\theta(x)$ 越接近 0，代价函数的值越大，而当 $h_\theta(x)$ 越接近 1，代价函数的值越接近 0，所以当 $h_\theta(x)=0$ 且 $y=1$ 时，代价函数的值为无穷大，这正好符合我们的预期。另外，当真实值是良性肿瘤（$y=0$）但预测值为恶性肿瘤（$h_\theta(x)=1$）时，同样这个错误的代价是非常大的，故此时代价函数的值也应该非常大才行，将 $h_\theta(x)=1$ 且 $y=0$ 代入公式 8.8 可得，此时代价函数的值也为无穷大。因此，公式 8.8 符合逻辑回归模型代价函数的规律。

8.1.3 逻辑回归算法的损失函数

上一节已经得出逻辑回归模型的代价函数公式。由于公式 8.8 是分段函数，为了方便表示，能否将其整合成一个表达式呢？

答案是可以的，整合后的公式为：

$$\text{Cost}\,(h_\theta(x), y) = -[y\log(h_\theta(x)) + (1-y)\log(1-h_\theta(x))] \qquad \text{（公式 8.9）}$$

公式 8.9 结合了 $y=1$ 和 $y=0$ 的情况。当 $y=1$ 时，$1-y=0$，所以后面那项就不存在了；而当 $y=0$ 时，前面那项为 0，只保留后面那项。故公式 8.9 能很好地表示逻辑回归模型代价函数的特性。

由于损失函数和代价函数的关系式如公式 8.7 所示，故将公式 8.9 代入公式 8.7，很容易得到逻辑回归模型的损失函数为：

$$L_\theta(x) = -\frac{1}{m}\sum_{i=1}^{m}[y^{(i)}\log(h_\theta(x^{(i)})) + (1-y^{(i)})\log(1-h_\theta(x^{(i)}))] \qquad \text{（公式 8.10）}$$

8.1.4 梯度下降算法

下一步是应用梯度下降算法更新参数，使得逻辑回归模型在训练过程中，损失函数的值越来越小。经过多次迭代更新后，找到使损失函数取得最小值的参数 θ，模型训练完成。最后可用训练好的逻辑回归模型在测试集上进行类别预测，计算模型的准确率。若模型在测试集上的准确率较高，表明此模型具有较强的泛化能力；若模型在测试集上的准确率较低，需要分析模型是欠拟合还是过拟合，然后采取相应的措施改进后，重新训练模型。

根据梯度下降算法的定义，可以得出以下公式：

$$\theta_j = \theta_j - \eta \frac{\partial L_\theta(x)}{\partial \theta_j} \qquad \text{（公式 8.11）}$$

将公式 8.4 和公式 8.10 代入公式 8.11 中，求出偏导数并整理后，可得逻辑回归模型的参数 θ 更新公式为：

$$\theta_j = \theta_j - \eta \frac{1}{m}\sum_{i=1}^{m}\left(h_\theta(x^{(i)}) - y^{(i)}\right)x_j^{(i)} \qquad \text{（公式 8.12）}$$

具体的求导过程在这里就不展开了，感兴趣的读者可以自行推导一下。

8.2 多元分类问题

在现实生活中，除了二元分类问题外，多元分类问题我们也经常遇到。比如预测天气的问题，假设晴天记为 y=1，阴天记为 y=2，多云记为 y=3，雪天记为 y=4，这样就是一个四分类的问题；再比如我们去餐厅吃饭后对其打分，可能就有 5 个等级供选择，如非常好吃得 5 分（记 y=5），好吃得 4 分（记 y=4），一般得 3 分（记 y=3），不好吃得 2 分（记 y=2），难吃得 1 分（记 y=1）等。故多元分类问题在现实生活中非常常见。而从公式 8.4 和公式 8.10 可知，逻辑回归模型不能直接处理多元分类问题，它只能处理二元分类问题。那么，我们要如何解决多元分类的问题呢？

有两种方式：一种是 OVR（One vs Rest），另一种是使用 softmax 函数。

8.2.1 OVR

OVR 方法的思想是：把多元分类问题分解为多个二元分类问题，然后逐一用逻辑回归模型处理这些二元分类问题，通过训练得出多个二分类模型。当需要对新数据进行分类预测时，只需将其分别输入训练好的多个二分类逻辑回归模型中，得到多个概率值后，选择其中概率最大所对应的类别为此新数据的所属类别。

下面通过一个例子详细说明 OVR 的工作模式，比如，数据集分布如图 8.3 所示。

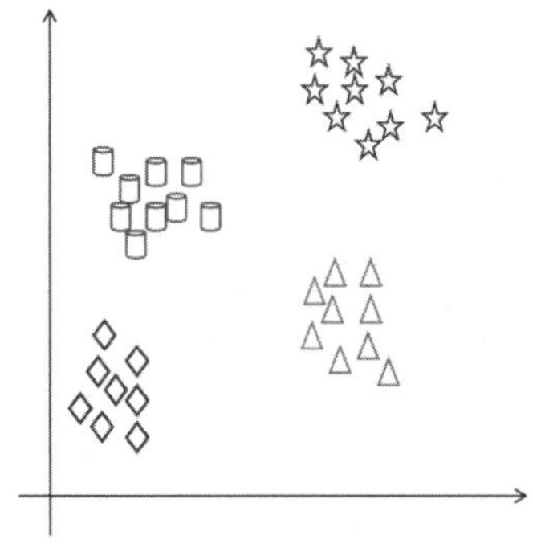

图 8.3 4 类样本数据分布图

从图 8.3 可以看到，在二维平面上有 4 个类别的数据。那么，它们之间的边界线如何得到？若二维平面上有一个新数据点，如何对其进行分类？显然这是一个四元分类问题，若用 OVR 的方法处理，首先会将其分解为多个二元分类问题，即每次将其中一类作为正样本，剩下三类都看成负样本，将其转化为多个二元分类问题来训练模型。如图 8.4 所示，将五角星类看成正样本，剩下三类都看成负样本，这样就转化为一个二分类问题，就可以用逻辑回归的方式训练得到一个模型，此模型能够分类出五角星。

如图 8.5 所示，用同样的方式将图 8.3 中的三角形看成正样本，剩下的三类都看成负样本，这样就转化为另一个二分类问题，然后同样用逻辑回归的方式训练得到一个新模型，它可以分类出三角形。

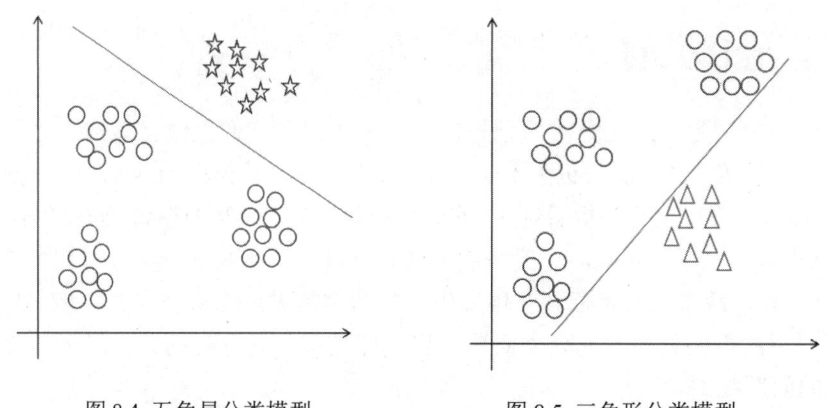

图 8.4 五角星分类模型　　　　图 8.5 三角形分类模型

按照这种方式，最终可得 4 个训练好的逻辑回归模型，它们分别能分类出其中的一个类别。当对一个数据进行分类预测时，只需将其分别输入这 4 个逻辑回归模型中，得到这些模型输出的 4 个概率值，其中哪个值最大，那么最大概率所对应的类别就是这个数据所属的类别。

8.2.2 softmax 函数

对于多元分类问题，除了上一小节提到的 OVR 方法外，还有另一种方法是使用 softmax 函数。softmax 顾名思义就是 soft 和 max 的结合，soft 是软的意思，max 是最大的意思。一般 max 函数用于找出几个数中值最大的那个，而通过 softmax 输出多个分类的概率，即待分类的数据属于每个类别的概率。

用 OVR 方法处理多元分类问题需要训练多个模型，但如果用 softmax 函数，只需要训练一个模型即可。softmax 函数的定义如下：

$$\text{softmax}(z_i) = \frac{e^{zi}}{\sum_{c=1}^{C} e^{zc}} \qquad \text{（公式 8.13）}$$

其中，z_i 表示第 i 个节点的输出值，C 为输出节点的个数，即多元分类的类别个数。z_i 由以下公式计算得到：

$$z_i = \sum_{j=1}^{n} \theta_{ij} x_j \qquad （公式 8.14）$$

下面用一个具体的例子进一步说明如何将 softmax 函数应用于多元分类问题。

假如输入的样本数据中有一笔数据 x，它有 5 个特征，记为 x_1、x_2、x_3、x_4、x_5。现在需要对数据 x 进行分类，假设共有三个类别可选，那么用 softmax 函数来处理此多分类问题（此时 C=3）时，首先需要计算 z_1、z_2、z_3 的值，即可以表示为：$z_i=\theta_{i1}x_1+\theta_{i2}x_2+\theta_{i3}x_3+\theta_{i4}x_4+\theta_{i5}x_5$（其中 i=1,2,3），然后通过激活函数公式 8.13 计算出每个类别的概率，得出预测值 y_1、y_2、y_3，最后概率最大的那个分类就是数据 x 所属的类别。整个流程如图 8.6 所示。

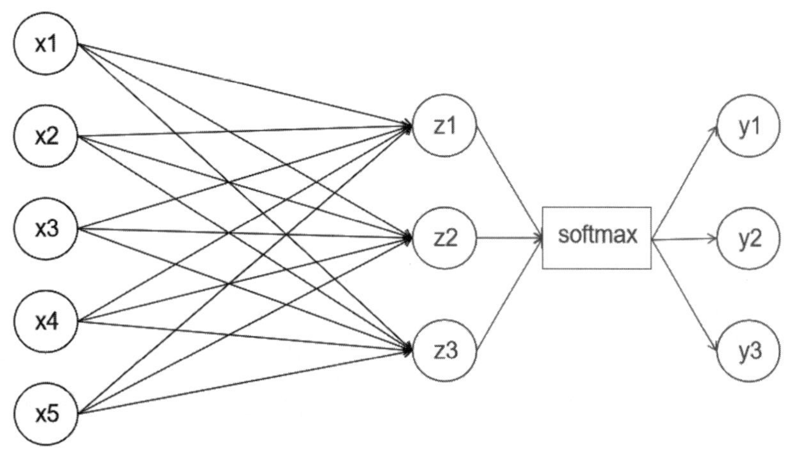

图 8.6 用 softmax 函数处理多元分类问题

此外，从 softmax 函数的表达式也可以看出：它规定了各个类别的概率之和为 1，这正好满足概率的计算规律。可能有读者会存在这样的疑问，为什么选择用 softmax 函数而不直接用公式 8.15 这个更加直观、简单的式子呢？

$$\frac{z_i}{\sum_{c=1}^{C} z_c} \qquad （公式 8.15）$$

这个公式也能满足各个类别概率之和为 1，而且计算也非常简单，但为什么 softmax 作为激活函数更加合适呢？这是因为用指数函数 e^x 能够把数据的差距拉大。比如将 z_1=1、z_2=4、z_3=5 分别代入公式 8.15 和公式 8.13 中，通过公式 8.15 计算得到对应的概率为 0.1、0.4、0.5，而通过公式 8.13 计算得到对应的概率为 0.0132、0.2654、0.7214。可以看到，通过 softmax 函数能够将数据的差距拉大，即将各个类别的差距拉大，从而能够更好地对数据进行分类。

如何对 softmax 模型进行训练呢？同样是用梯度下降算法，通过多次迭代更新参数 θ，从而使模型的损失函数越来越小，直到迭代次数达到一定数量或损失函数取得最小值为止。

softmax 的交叉熵损失函数为：

$$L = -\sum_{c=1}^{C} y_c * \log \frac{e^{z_c}}{\sum_{c=1}^{C} e^{z_c}} \qquad （公式 8.16）$$

公式 8.16 是如何得出的呢？有一个简单的方法理解它。当样本数据属于某一个分类 t 时，此时只有此类别的 y_i=1，其他类别的 y 都为 0，故此时损失函数可简化为：$L=-\log\frac{e^{z_t}}{\sum_{c=1}^{c}e^{z_c}}$。所以正确类别对应的概率 $\frac{e^{z_t}}{\sum_{c=1}^{c}e^{z_c}}$ 应越大越好，即它的对数值 $\log\frac{e^{z_t}}{\sum_{c=1}^{c}e^{z_c}}$ 也应该越大越好，故 $-\log\frac{e^{z_t}}{\sum_{c=1}^{c}e^{z_c}}$ 应该越小越好，即损失函数越小越好。因此，公式 8.16 适合作为 softmax 模型的损失函数，如果对具体的证明过程感兴趣，读者也可自行查阅相关文献，这里就不展开讲解了。

8.3 正则化项

8.3.1 线性回归的正则化

首先来回顾一下线性回归的正则化。从第 7 章的介绍可知，正则化是通过在损失函数后加入正则项来实现的，正则化的线性回归模型的损失函数为：

$$L_\theta(x)=\frac{1}{2m}\left[\sum_{i=1}^{m}(h_\theta(x^{(i)})-y^{(i)})^2+\lambda\sum_{j=1}^{n}\theta_j^2\right] \quad \text{（公式 8.17）}$$

从公式 8.17 可知，若损失函数 $L_\theta(x)$ 要取得最小值，那么参数集 θ 需要同时满足取值很小并且 $(h_\theta(x^{(i)})-y^{(i)})^2$ 的值很小。由于正则项的约束，那么模型通过多次迭代收敛后，会学习到将不太重要的特征对应的参数设置为非常小的值，而重要的特征对应的参数设置为较大的值，这样既能保留所有特征都或多或少地发挥作用，同时也能减少模型的复杂度，从而避免过拟合的情况。

由于正则项的参数 λ 是超参数，在训练模型时，可以将 λ 设置为多个不同的取值并分别训练后，将训练好的模型在验证集上测试，看看哪个 λ 的取值最为合适。找到合适的 λ 值非常重要，λ 的值越大，那么它对于 θ 的要求就越严苛，需要 θ 取值非常小。假如 λ 为无穷大，那么需要 θ 的取值无限接近 0。反之，如果 λ 取值越小，那么对于 θ 的约束就越宽松。假如 λ 取值为 0，正则项就相当于失效了，就变成没有正则化之前的模型。当然，正常来说 λ 不可能取无穷大，也不会等于 0。

损失函数加入正则项后，参数 θ 的更新公式变为：

$$\theta_j=\theta_j-\frac{\eta}{m}\left[\sum_{i=1}^{m}\left(\left(h_\theta\left(x^{(i)}\right)-y^{(i)}\right)x_j^{(i)}\right)+\lambda\theta_j\right] \quad \text{（公式 8.18）}$$

将公式 8.18 化简后，可得：

$$\theta_j=\theta_j\left(1-\eta\frac{\lambda}{m}\right)-\frac{\eta}{m}\sum_{i=1}^{m}\left(\left(h_\theta\left(x^{(i)}\right)-y^{(i)}\right)x_j^{(i)}\right) \quad \text{（公式 8.19）}$$

从公式 8.19 中可知，θ_j 每次迭代都会比原来的值变小一点点，这是因为学习率 η 和正则化参数 λ 都为正数，且 m 是训练集的样本数量，故：

$$0<1-\eta\frac{\lambda}{m}<1$$

这就是为什么 θ_j 会逐渐缩小的原因。

8.3.2 逻辑回归的正则化

对于逻辑回归模型的正则化也是同样的道理，加入正则项的逻辑回归模型的损失函数公式如下：

$$L_\theta(x)=-\frac{1}{m}\sum_{i=1}^{m}[y^{(i)}\log(h_\theta(x^{(i)}))+(1-y^{(i)})\log(1-h_\theta(x^{(i)}))]+\frac{\lambda}{2m}\sum_{j=1}^{n}\theta_j^2 \quad （公式 8.20）$$

对公式 8.20 应用梯度下降算法，可以得出公式：

$$\theta_j=\theta_j-\eta\left[\frac{1}{m}\sum_{i=1}^{m}\left(h_\theta(x^{(i)})-y^{(i)}\right)x_j^{(i)}+\frac{\lambda}{m}\theta_j\right] \quad （公式 8.21）$$

将公式 8.21 化简后，可得：

$$\theta_j=\theta_j\left(1-\eta\frac{\lambda}{m}\right)-\frac{\eta}{m}\sum_{i=1}^{m}\left(\left(h_\theta(x^{(i)})-y^{(i)}\right)x_j^{(i)}\right) \quad （公式 8.22）$$

从公式 8.22 可知，θ_j 每次迭代都会比原来的值变小一点点。

需要注意的是公式中 $j\geqslant 1$，因为 θ_0 是不参与正则化的。此外，虽然线性回归和逻辑回归的参数更新公式看起来形式一样，但其实是不同的，因为它们的预测函数 $h_\theta(x)$ 不同。

正则化是解决过拟合问题的有效措施。对于模型的过拟合问题，最直接的处理方式是降低模型的复杂性，故需要减少模型的特征个数，而最简单的方式就是让特征对应的权重参数为 0，使该特征失去作用。但由于一开始我们很难确定哪些特征可以舍弃，故用正则化方式让模型自己学习。在经过多次迭代后，模型会将不重要的特征值所对应的参数设置为非常小甚至无限接近 0，以此达到降低模型复杂度，从而解决模型过拟合的问题。然而当 λ 值设置得太大时，有可能过分约束 θ 而导致欠拟合，所以选择合适的 λ 非常重要。

8.4 模型优化

8.4.1 判定边界

分类的意义在于训练一个模型，使该模型能将几个不同类别的样本数据分隔开来，把同一类别的数据放在一起。这样对于新的待分类数据，就可以通过该模型预测出它所属的类别。

逻辑回归模型的预测函数由以下两个公式确定：

$$h_\theta(x)=g(\theta^{\mathrm{T}}x) \qquad g(z)=\frac{1}{1+\mathrm{e}^{-z}}$$

假设 y=1 的判定条件是 $h_\theta(x)\geqslant 0.5$，y=0 的判定条件是 $h_\theta(x)<0.5$，那么可以得出 y=1 的判定条件就是 $\theta^{\mathrm{T}}x\geqslant 0$，$y$=0 的判定条件就是 $\theta^{\mathrm{T}}x<0$，故 $\theta^{\mathrm{T}}x=0$ 即为判定边界。

如果我们假设 $\theta^{\mathrm{T}}x=\theta_0+\theta_0x_1+\theta_2x_2$，通过训练得到 $\theta_0=1$、$\theta_1=2$、$\theta_2=-1$，那么最终 $\theta^{\mathrm{T}}x=1+2x_1-x_2$，它的图形如图 8.7 所示，可以看到判定边界是一条直线。如果我们假设 $\theta^{\mathrm{T}}x=\theta_0+\theta_1x_1+\theta_2x_1^2+\theta_3x_2+\theta_4x_2^2$，然后通过训练得到 $\theta_0=-81$、$\theta_1=0$、$\theta_2=1$、$\theta_3=0$、$\theta_4=1$。那么最终 $\theta^{\mathrm{T}}x=x_1^2+x_2^2-81$，它的图形如图 8.8 所示，可以看到是一个圆形作为分界线，圆形以内和圆形以外各为一个类别。

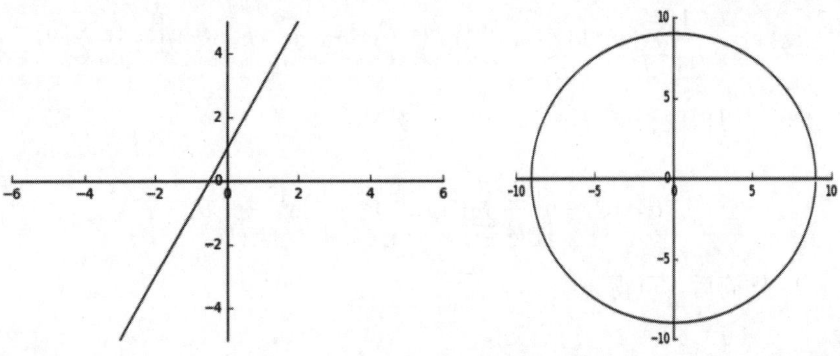

图 8.7 $1+2x_1-x_2=0$ 的图形　　　图 8.8 $x_1^2+x_2^2=81$ 的图形

由此可见，如果模型的预测函数中加了二次项（如图 8.8 的 x_1^2、x_2^2）或其他多项式，就能使得模型分类的边界更加复杂，可以处理更加复杂的分类问题。把数据集中样本数据的特征进行组合可以得到新特征，加入越多的多项式，模型就越复杂，越能实现更加复杂的分界曲线，这样就能更加精准地把数据进行分类。然而模型越复杂就越容易出现过拟合的情况，故是否加入二次项或其他多项式，需要具体问题具体分析。此外，如果模型过于简单（如图 8.7 所示），那么它的分类能力是有限的，也容易导致欠拟合的情况。因此，判定模型的预测函数是否合适，可以画出学习曲线进行分析，避免欠拟合或过拟合的情况发生。

8.4.2 *L*1 和 *L*2 的区别

回顾 8.3.2 节提到的逻辑回归模型加入正则项 $\lambda\sum_{j=1}^{n}\theta_j^2$，这个其实就是一个 $L2$ 范数的正则项。$L2$ 范数是一个向量中元素的平方和的开方根，而 $L1$ 范数是向量中元素的绝对值之和。假设一个向量 $\theta=[\theta_1,\theta_2]$，那么它的 $L1$ 范数为：

$$\|\theta\|_1=|\theta_1|+|\theta_2| \qquad \text{（公式 8.23）}$$

它的 $L2$ 范数为：

$$\|\theta\|_2 = \sqrt{\theta_1^2 + \theta_2^2} \quad \text{（公式 8.24）}$$

由于加入正则项可以避免模型过拟合，它通过调整正则项的权重 λ，使得损失函数在训练过程中能收敛到合适的位置，从而学习得到较优的模型参数 θ。同时，选择 $L1$ 或者 $L2$ 范数作为正则项也会影响训练后最终得到的参数 θ。由于 $L1$ 范数是各个元素绝对值之和，而 $L2$ 范数是各个元素的平方和的开方根值，在训练过程中，通过前面章节的介绍，我们知道模型参数收敛的方向在成本函数的等高线上跳跃，最终会收敛到误差最小的点上，而加上正则项后，模型在训练过程中也会向着正则项减小的方向收敛，故最终的收敛方向由这两者共同决定。

如果我们使用 $L1$ 范数作为正则项，由于它的特性，会让模型参数矩阵中为 0 的元素尽量多，进而排除掉那些对于模型决策没什么影响的特征，从而简化模型。因此，$L1$ 范数解决过拟合问题的方法是减少特征数量，使模型参数稀疏化。而一般来说，所有特征都是有用途的，特征应该是越多越能使模型做出更加准确的预测。因此，为了使模型的鲁棒性更好，我们考虑的是弱化其中一些特征的权重，而不是直接排除掉这些特征，所以 $L1$ 范数用在正则项中的情况比较少，一般默认都是使用 $L2$ 范数作为正则项。由于 $L2$ 范数的特性，它能使模型参数最终收敛时，重要的特征对应的参数值较大，不重要的特征对应的参数值较小，甚至无限接近 0。这样做不仅保留了所有特征，也突出了重要的特征，弱化了不重要的特征，同时也降低了模型的复杂度，避免出现过拟合问题。所以，大部分情况都默认使用 $L2$ 范数作为正则项，在 scikit-learn 中默认值也是 $L2$ 范数。在某些情况下，也会用到 $L1$ 范数作为正则项，它们都有各自适合的应用场景。但在没有特殊要求时，默认使用 $L2$ 范数。

8.5 用逻辑回归算法处理二分类问题

【例 8.1】本节使用 scikit-learn 中提供的数据集、类和函数实现用逻辑回归模型预测乳腺癌为良性或恶性的二元分类问题。

本示例的数据集包含 569 笔数据，每笔数据有 30 个特征，这些特征都是从病灶造影图片中提取出来的。其中主要有 10 个关键特征，剩下 20 个特征是从这些特征衍生出来的新特征。这 10 个关键特征如下：

（1）radius：半径，表示病灶中心点与边界之间距离的均值。

（2）texture：纹理。

（3）perimeter：周长，表示病灶的大小尺寸。

（4）area：面积，也是表示病灶大小的指标。

（5）smoothness：平滑度，表示病灶半径的变化幅度。

（6）compactness：紧密程度。

（7）concavity：凹度，表示病灶的凹陷程度。

（8）comcave points：凹点，凹陷的数量。

（9）symmetry：对称性。

（10）fractal dimension：分形维度。

从这些指标中不难看出，有些指标是“复合”指标，它可以通过两三个指标的运算得到。比如 compactness 特征，可以通过 perimeter 和 area 特征计算得到。在前面章节我们讲过拟合、欠拟合的问题，其中对于欠拟合的问题，可以通过寻找新的特征从而增加模型的复杂度，这是解决欠拟合问题的方法之一。而在现实案例中，寻找新的特征非常困难，通常采用的方法是：通过已知的几个特征构建一个新的复合特征，这是一种非常有用的方式。由于这些新特征是事物内在逻辑关系的体现，所以它也是非常有效的特征。

8.5.1 导入数据集

首先导入需要用到的类和函数，数据集可以通过 load_breast_cancer 函数得到。同时，在 scikit-learn 中提供了实现逻辑回归模型的 LogisticRegression 类。具体代码如下：

```
# -*- coding: utf-8 -*-
# 导入相关的类和函数
from sklearn.datasets import load_breast_cancer
from sklearn.linear_model import LogisticRegression
from sklearn import model_selection
import matplotlib as plt
# 加载数据集
load_data = load_breast_cancer()
X = load_data.data
y = load_data.target
```

然后查看数据集的大小、包含哪些属性等，代码如下：

```
# 输出数据集和标签集的矩阵维度
print('X.shape:',X.shape)
print('Y.shape:',y.shape)
# 输出数据集包含的特征、标签集的类别名称
print('feature_names:',load_data.feature_names)
print('target_names:',load_data.target_names)
```

运行上面的代码，输出结果如下：

```
X.shape: (569, 30)
Y.shape: (569,)
feature_names: ['mean radius' 'mean texture' 'mean perimeter' 'mean area'
 'mean smoothness' 'mean compactness' 'mean concavity'
 'mean concave points' 'mean symmetry' 'mean fractal dimension'
 'radius error' 'texture error' 'perimeter error' 'area error'
 'smoothness error' 'compactness error' 'concavity error'
 'concave points error' 'symmetry error' 'fractal dimension error'
 'worst radius' 'worst texture' 'worst perimeter' 'worst area'
 'worst smoothness' 'worst compactness' 'worst concavity'
 'worst concave points' 'worst symmetry' 'worst fractal dimension']
```

```
target_names: ['malignant' 'benign']
```

可以看出总共有 569 笔数据，每笔数据有 30 个特征值，共有两种类别（良性、恶性），每笔数据属于其中的一个类别，这就是一个二分类问题。输出结果 feature_names 表示 30 个属性的名称，target_names 表示了该肿瘤的两种情况，是良性还是恶性。

接下来，我们可以查看一下每笔数据中都有怎样的值。下面用一行代码来查看第 1 笔数据的特征值：

```
print(X[0])
```

运行上面的代码，输出结果如下：

```
[  1.79900000e+01   1.03800000e+01   1.22800000e+02   1.00100000e+03
   1.18400000e-01   2.77600000e-01   3.00100000e-01   1.47100000e-01
   2.41900000e-01   7.87100000e-02   1.09500000e+00   9.05300000e-01
   8.58900000e+00   1.53400000e+02   6.39900000e-03   4.90400000e-02
   5.37300000e-02   1.58700000e-02   3.00300000e-02   6.19300000e-03
   2.53800000e+01   1.73300000e+01   1.84600000e+02   2.01900000e+03
   1.62200000e-01   6.65600000e-01   7.11900000e-01   2.65400000e-01
   4.60100000e-01   1.18900000e-01]
```

可以看到，不同特征值数据大小的差别还是挺大的。那么，特征的取值范围是否差别特别大呢？这个具体还要把所有的数据都看一下才能确定。如果取值范围差别很大，那么可以考虑对数据做归一化处理。如何做数据归一化以及其优点已经在前面的章节做了详细介绍，这里不再赘述。下面我们试试直接用这些数据进行模型训练，看看效果如何。

8.5.2 模型训练

数据导进来后，下一步需要将其分为训练集和测试集，这里使用 scikit-learn 中的 train_test_split 函数，用此函数将所有数据分为 70% 的训练集和 30% 的测试集。使用训练集中的数据对逻辑回归模型进行训练，然后使用测试集的数据来测试一下模型的准确率，具体代码如下：

```
# 将数据集分割为训练集和测试集
X_train,X_test,y_train,y_test = model_selection.train_test_split(X,y
                        ,test_size=0.3,random_state=20,shuffle=True)
# 查看训练集和测试集的矩阵维度
print('X_train.shape:',X_train.shape)
print('X_test.shape:',X_test.shape)
```

运行上面的代码，输出结果如下：

```
X_train.shape: (398, 30)
X_test.shape: (171, 30)
```

可以看到分割后，训练集有 398 笔数据，测试集有 171 笔数据，它们分别存放在 X_train.shape、X_test.shape 中。

下面开始训练模型，用训练集来训练逻辑回归模型，然后分别用训练集和测试集的数据测试一下模型的准确率，代码如下：

```
# 生成逻辑回归模型
model = LogisticRegression()
# 用训练集训练模型
model.fit(X_train,y_train)
# 用训练好的模型预测测试集的部分数据所属的类别
y_predict = model.predict(X_test[10:30,])
# 输出预测类别、真实类别
print('y_predictValue:',y_predict)
print('y_realValue   :',y_test[10:30])
# 计算模型在训练集和测试集上的得分
trainData_score = model.score(X_train,y_train)
testData_score = model.score(X_test,y_test)
# 输出得分
print('trainData_score:',trainData_score)
print('testData_score :',testData_score)
```

运行上面的代码，输出结果如下：

```
y_predictValue: [0 1 1 0 1 1 1 0 0 1 1 1 0 0 0 0 1 1 0 1]
y_realValue   : [0 1 1 0 1 1 1 0 0 1 1 1 0 0 0 0 0 1 1 1]
trainData_score: 0.957286432161
testData_score : 0.941520467836
```

可以看到，模型的准确率还是挺高的，在训练集上得分达到 95.7%，同时在测试集上模型的得分有 94.2%。

下面我们来查看一下这个训练好的逻辑回归模型的各个参数值，代码如下：

```
# 输出模型的超参数
print(model.get_params())
# 输出 30 个特征对应的参数值
print(model.coef_)
# 输出偏差值（bias），即 θ0 的值
print(model.intercept_)
```

运行上面的代码，输出结果如下：

```
{'penalty': 'l2', 'multi_class': 'ovr', 'warm_start': False, 'tol': 0.0001,
'n_jobs': 1, 'dual': False, 'intercept_scaling': 1, 'max_iter': 100,
'random_state': None, 'verbose': 0, 'solver': 'liblinear', 'fit_intercept':
True, 'C': 1.0, 'class_weight': None}
[[ 1.79772445  0.15976365 -0.03375733  0.00688708 -0.09212802 -0.31739741
  -0.44404873 -0.22488992 -0.06792485 -0.02269297  0.08326615  0.83160237
   0.54906952 -0.15812115 -0.00922239 -0.02302172 -0.04428993 -0.02821597
  -0.01291217 -0.00200002  1.62549612 -0.36375075 -0.16071964 -0.03219057
  -0.16549493 -0.8438383  -1.12732202 -0.42252283 -0.29268603 -0.07815002]]
```

```
[ 0.27015084]
```

从输出结果可知，模型使用 $L2$ 正则项。由于前面生成模型时我们没有指定模型的超参数值，故这些超参数都使用默认值，具体可以查看 scikit-learn 官网上有关 LogisticRegression 类的参数说明。

8.5.3 学习曲线

模型在训练集和测试集上的得分都挺高的，它是否还有优化空间呢？我们可以尝试加入多项式或改变超参数的值，看看效果如何。在 scikit-learn 中，需要用管道把多项式类和逻辑回归类串起来使用。故先编写函数，用管道将它们串起来，具体代码如下：

```
# 导入相关类
from sklearn.preprocessing import PolynomialFeatures
from sklearn.pipeline import Pipeline
# 编写函数，用管道将多项式和逻辑回归类串起来
def polynomial_LogisticRegression_model(degree=1, **kwarg):
    poly = PolynomialFeatures(degree=degree, include_bias=False)
    model = LogisticRegression(**kwarg)
    pipeline_model = Pipeline([("polynomial_features", poly),("logistic_
regression", model)])
    return pipeline_model
```

此外，为了更直观地对比了解模型的状态，最好的方式就是画出学习曲线。故需要编写函数，实现画出学习曲线图的功能（此代码在第 7 章中也提到过），代码如下：

```
from sklearn.model_selection import learning_curve
from sklearn.model_selection import ShuffleSplit
import numpy as np
import matplotlib.pyplot as plt
# 编写函数，画出学习曲线图
def plot_learning_curve(estimator,title,X,y,ylim=None,cv=None,n_jobs=1
,train_sizes=np.linspace(0.1,1.0,5)):
        # 图像标题
    plt.title(title)
    if ylim is not None:
        plt.ylim(*ylim)
    #x 轴、y 轴标题
    plt.xlabel("Training examples")
    plt.ylabel("Score")
    # 获取训练集大小，训练得分集合，测试得分集合
    train_sizes,train_scores,test_scores=learning_curve(estimator
,X,y,cv=cv,n_jobs=n_jobs,train_sizes=train_sizes)
        # 计算均值和标准差
    train_scores_mean=np.mean(train_scores,axis=1)
    train_scores_std=np.std(train_scores,axis=1)
```

```
    test_scores_mean=np.mean(test_scores,axis=1)
    test_scores_std=np.std(test_scores,axis=1)
    # 背景设置为网格线
    plt.grid()
    # 把模型得分均值的上下标准差范围的空间用颜色填充
    plt.fill_between(train_sizes,train_scores_mean-train_scores_std
,train_scores_mean+train_scores_std,alpha=0.1,color='r')

    plt.fill_between(train_sizes,test_scores_mean-test_scores_std
,test_scores_mean+test_scores_std,alpha=0.1,color='g')
        # 画出模型得分的均值
    plt.plot(train_sizes,train_scores_mean,'o-',color='r'
,label='Training score')
    plt.plot(train_sizes,test_scores_mean,'o-',color='g'
,label='Cross_validation score')
        #显示图例
    plt.legend(loc='best')
    return plt
```

下一步，使用函数 plot_learning_curve 画出学习曲线图。这里，我们分别画出 *L*1、*L*2 正则项结合一阶多项式、二阶多项式的学习曲线图，可以对比一下超参数选择哪种组合时，模型分类效果最优。

使用 *L*1 范数为正则项，同时设置多项式阶数为 1 或 2 时，画出乳腺癌分类模型的学习曲线，具体代码如下：

```
# 画出 penalty=L1 的学习曲线
cv = ShuffleSplit(n_splits=10, test_size=0.2, random_state=0)
#交叉验证类进行 10 次迭代，测试集占 0.2，其余的都是训练集
titles = 'Learning Curves (degree={0}, penalty=L1)'
#多项式的阶数
degrees = [1, 2]
#设置画布大小，dpi 是每英寸的像素点数
plt.figure(figsize=(12, 4), dpi=200)
#循环两次
for i in range(len(degrees)):
    #下属两张画布，对应编号为 i+1
    plt.subplot(1, 2, i + 1)
    #开始绘制曲线
    plot_learning_curve(polynomial_LogisticRegression_model(degrees[i]
, penalty='l1'), titles.format(degrees[i]), X, y, ylim=(0.7, 1.01), cv=cv)
plt.show()#显示
```

输出结果如图 8.9 所示。

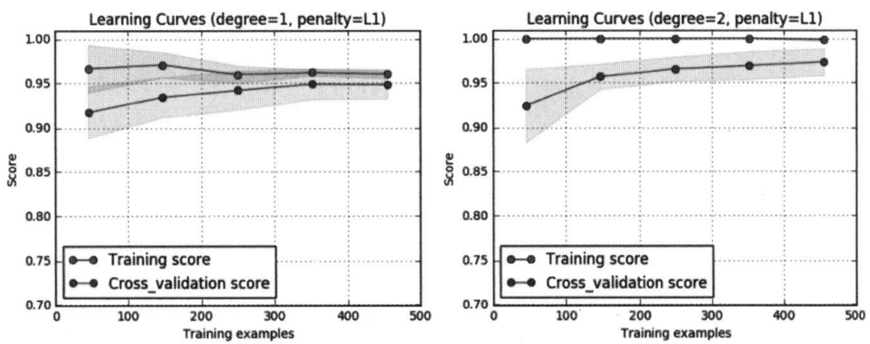

图 8.9 乳腺癌分类模型学习曲线（$L1$ 范数）

当使用 $L2$ 范数为正则项，同时多项式阶数为 1 或 2 时，画出学习曲线，代码如下：

```
# 画出 penalty=L2 的学习曲线
cv = ShuffleSplit(n_splits=10, test_size=0.2, random_state=0)
# 交叉验证类进行 10 次迭代，测试集占 0.2，其余的都是训练集
titles = 'Learning Curves (degree={0}, penalty=L2)'
degrees = [1, 2]
plt.figure(figsize=(12, 4), dpi=200)
for i in range(len(degrees)):
    plt.subplot(1, 2, i + 1)
    plot_learning_curve(polynomial_LogisticRegression_model(degrees[i]
, penalty='l2'), titles.format(degrees[i]), X, y, ylim=(0.7, 1.01), cv=cv)
plt.show()
```

输出结果如图 8.10 所示。

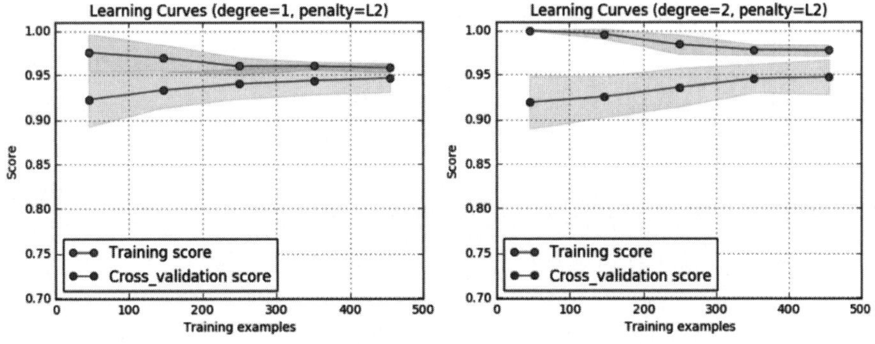

图 8.10 乳腺癌分类模型学习曲线（$L2$ 范数）

对比图 8.9 和图 8.10 可知，当逻辑回归模型加入二次项并且使用 $L1$ 正则项时，在训练集和交叉验证集上取得最好的得分，表明在这 4 种组合中，超参数 degree=2 并且 penalty='l1' 为最优选择。

8.6 识别手写数字的多元分类问题

【例 8.2】本例使用 scikit-learn 中 datasets 提供的手写数字（0~9）的数据集，实现用逻辑回归模型识别手写数字的多元分类问题。

本示例的数据集包含 1797 笔数据，每笔数据有 64 个特征值，其实每一笔数据是 8×8 的像素点，每一个像素代表一个特征值，64 个像素构成一幅 8×8 大小的手写数字图片。整个数据集中共有 1797 幅 0~9 数字的手写图片，共有 10 个类别。

8.6.1 导入数据集

首先导入需要用到的函数，包括提供数据集的 load_digits 函数、逻辑回归模型 LogisticRegression 类，以及画图相关的 matplotlib.pyplot 类。具体代码如下：

```
# -*- coding: utf-8 -*-
# 导入相关模块
from sklearn.datasets import load_digits
from sklearn.linear_model import LogisticRegression
from sklearn import model_selection
import matplotlib.pyplot as plt
# 导入数据集
load_data = load_digits()
X = load_data.data
y = load_data.target
```

可以查看数据集的大小、包含哪些属性等：

```
# 输出数据集的维度
print('X.shape:',X.shape)
print('Y.shape:',y.shape)
# 输出所有类别名称
print('target_names:',load_data.target_names)
```

输出结果如下：

```
X.shape: (1797, 64)
Y.shape: (1797,)
target_names: [0 1 2 3 4 5 6 7 8 9]
```

可以看出总共有1797笔数据，每笔数据有64个特征值，其实每一笔数据是8×8的像素点，它代表一幅手写的图片，所有数据集中总共有 1797 幅 0~9 数字的手写图片，共有 10 个类别，这些类别对应 0~9 共 10 个数字。

下一步用 matplotlib.pyplot 的相关函数画出其中一幅手写数字，可以通过改变 load_data.images 数组中的下标画出不同的图片，代码如下：

```
plt.gray()
plt.matshow(load_data.images[0])
plt.show()
```

运行上面的代码，输出手写数字 0，结果如图 8.11 所示。

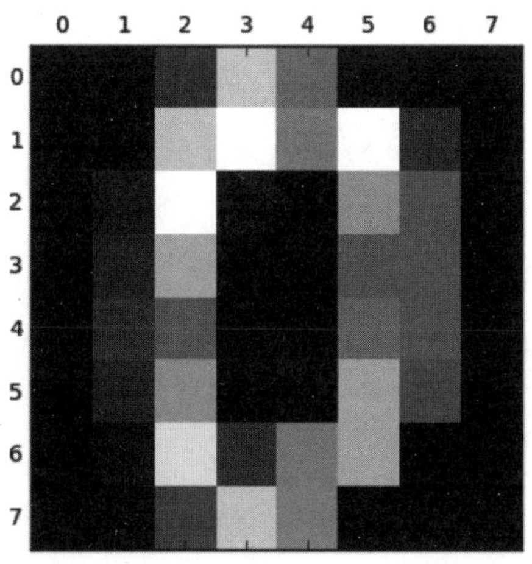

图 8.11 手写数字 0 的图像

8.6.2 模型训练

导入数据集后，下一步是将数据集拆分为训练集和测试集，得到矩阵 X_train、X_test、y_train 和 y_test，可以查看一下这些矩阵的维度。

```
# 拆分数据集为训练集和测试集
X_train,X_test,y_train,y_test = model_selection.train_test_split(X,y
,test_size=0.3,random_state=20,shuffle=True)
# 输出训练集和测试集的矩阵维度
print('X_train.shape:',X_train.shape)
print('X_test.shape:',X_test.shape)
print('y_train.shape:',y_train.shape)
print('y_test.shape:',y_test.shape)
```

输出结果如下：

```
X_train.shape: (1257, 64)
X_test.shape: (540, 64)
y_train.shape: (1257,)
y_test.shape: (540,)
```

然后，依然使用 scikit-learn 提供的 LogisticRegression 类生成逻辑回归模型。由于这次有 10 个类别（数字 0~9），因此属于多元分类问题。LogisticRegression 类有一个参数 multi_class，它的值可以为 auto、ovr 和 multinomial，若 multi_class='ovr'，则模型用 OVR 方式处理分类问题；若 multi_class='multinomial'，则模型用 softmax 函数方式处理分类问题；若 multi_ class='auto'，则对于二元分类问题会使用 OVR 方式，对于多元分类问题会使用 softmax 函数方式，但是它也可能受另一个参数 solver 取值的影响。其实如果不指定模型参数，它会使用默认值，默认值是多少要看具体安装的 scikit-learn 版本，版本不同时参数的默认值也可能不同。

下一步用训练集数据训练模型，模型训练好后，可以用测试集的数据进行测试，这里将测试集中编号 10~30 的图片数据放入模型进行预测，然后输出预测的数字类别和真实的数字序列做对比，具体代码如下：

```
# 生成模型
model = LogisticRegression()
# 训练模型
model.fit(X_train,y_train)
# 预测测试集中编号 10~30 的图片所属的类别
y_predict = model.predict(X_test[10:30,])
# 输出预测值与真实值
print('y_predictValue:',y_predict)
print('y_realValue   :',y_test[10:30])
```

输出结果如下：

```
y_predictValue : [9 4 7 4 0 3 1 8 1 3 7 8 4 6 1 0 1 0 5 4]
y_realValue    : [9 4 7 4 0 1 1 8 1 3 7 8 4 6 1 0 1 0 5 4]
```

从预测值和真实值的序列对比中，可以看到有 1 个预测错误了，将手写数字 1 预测为 3，其他都预测正确。当然，这里为了方便，只是取出一部分测试集数据预测，模型的得分需要在整个测试集上测试之后才能计算出来。

下面通过 model.score 函数计算模型的得分：

```
# 模型在训练集上的准确率
trainData_score = model.score(X_train,y_train)
# 模型在测试集上的准确率
testData_score = model.score(X_test,y_test)
# 输出得分
print('trainData_score:',trainData_score)
print('testData_score :',testData_score)
```

运行上面的代码，可以得到输出：

```
trainData_score: 0.99522673031
testData_score : 0.968518518519
```

从输出结果可以看到，模型在训练集上的准确率为 99.5%，在测试集上的准确率为 96.9%，可以得出结论，模型的准确率还是很高的。

最后可以查看训练后的模型的参数，代码如下：

```
# 输出模型的超参数
print(model.get_params())
# 输出分类类别
print(model.classes_)
```

```
# 输出模型训练后得到的参数集矩阵的维度
print(model.coef_.shape)
# 输出模型的 bias
print(model.intercept_)
```

输出结果如下：

```
    {'C': 1.0, 'tol': 0.0001, 'intercept_scaling': 1, 'class_weight': None,
'dual': False, 'n_jobs': 1, 'random_state': None, 'multi_class': 'ovr',
'max_iter': 100, 'fit_intercept': True, 'warm_start': False, 'verbose': 0,
'penalty': 'l2', 'solver': 'liblinear'}
    [0 1 2 3 4 5 6 7 8 9]
    (10, 64)
    [-0.02034494 -2.05308107 -0.03347119 -0.19021405  0.00499981 -0.09619307
     -0.04623045 -0.03202398 -2.0120772  -1.02117191]
```

从输出结果可知，最后输出模型的超参数中 multi_class 参数值为 ovr 且 solver 值为 liblinear，这表明在此例子中的逻辑回归模型使用了 OVR 方式处理多元分类问题。此外，model.coef_.shape 值为 [10, 64]，它表示模型参数集 θ 矩阵的维度，总共有 10 组参数值，每组有 64 个。就像前面说的，10 个类别的分类器，当使用 OVR 方式处理时，会将此多元分类问题转化为 10 个二元分类问题，故训练后模型总共有 10 组参数，同时也有 10 个偏差（bias）值，model.intercept_ 属性就代表 bias。

8.6.3 模型优化

模型是否还能进一步优化呢？我们可以尝试改变逻辑回归模型的超参数，然后画出学习曲线，可以更直观地对比。这里用到前面提到的函数 plot_learning_curve 来画学习曲线图，函数 plot_learning_curve 的代码在此处就不再列出了。

我们改变模型的超参数 multi_class 和 solver 的值，尝试使用 softmax 方式处理多元分类问题，并将它与 OVR 方式做对比，看看模型效果如何，具体代码如下：

```
# 交叉验证类进行 10 次迭代
cv = ShuffleSplit(n_splits=10, test_size=0.2, random_state=0)
# 设置画布大小，dpi 是每英寸的像素点数
plt.figure(figsize=(12, 4), dpi=200)
title = 'Learning Curves (multi_class=ovr, solver=liblinear)'
plt.subplot(1, 2, 1)
# 绘制 OVR 方式的学习曲线
plot_learning_curve(model, title, X, y, ylim=(0.85, 1.01), cv=cv)
title = 'Learning Curves (multi_class=multinomial, solver=newton-cg)'
plt.subplot(1, 2, 2)
# 绘制 softmax 方式的学习曲线
plot_learning_curve(model2, title, X, y, ylim=(0.85, 1.01), cv=cv)
# 显示
plt.show()
```

输出结果如图 8.12 所示。

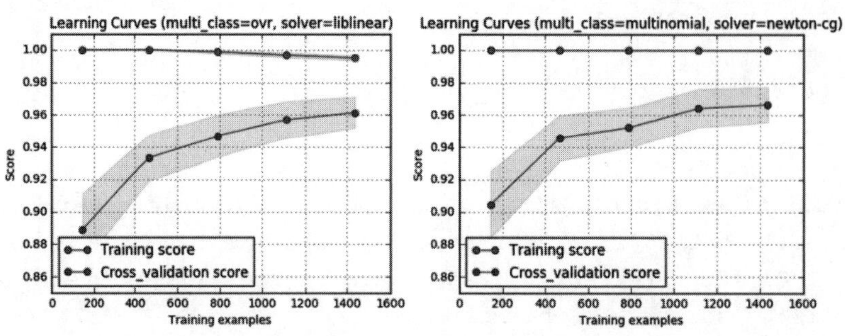

图 8.12 OVR 和 softmax 的学习曲线

从图 8.12 中可以看到，右图比左图在训练集和交叉验证集上都有更好的得分，故在本示例中，使用 softmax 方式训练的多元分类模型有更好的表现。

8.7 本章小结

对于分类问题，逻辑回归模型是最常用的机器学习算法之一。本章介绍了逻辑回归模型的预测函数、代价函数、损失函数及其正则化等方面的内容。此外，还介绍了处理多元分类问题的两种方法及其原理。然后讨论了模型优化方面的内容，包括判定边界、$L1$ 和 $L2$ 正则项的特点和区别。最后用两个案例探讨如何用 scikit-learn 工具包实现逻辑回归模型，然后将其应用于预测乳腺癌为良性或恶性的二分类问题上，以及应用于识别手写数字的多元分类问题上。通过这两个案例深入介绍了如何使用逻辑回归模型解决实际问题，以及如何进行模型优化，提高模型的分类能力，从而加深读者对机器学习模型训练步骤和参数调优的理解。

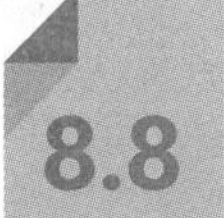

8.8 复习题

（1）逻辑回归是什么？它有什么特点？

（2）逻辑回归模型的预测函数公式是什么？与线性回归的预测函数有什么区别？

（3）逻辑回归模型的代价函数和损失函数公式是什么？它们具有什么特点？

（4）构建一个逻辑回归模型的具体步骤有哪些？

（5）$L1$ 正则项和 $L2$ 正则项有什么区别？

（6）在逻辑回归模型中，哪个公式影响判定边界？

（7）如果要提高逻辑回归模型的复杂性，可以做哪些改动？

（8）对于多元分类问题，可以用哪两种方式来处理？它们各自有什么特点？

（9）请简单描述一下 OVR 方法的原理。

第 9 章 非线性分类和决策树回归

分类指将样本划分到合适的预定义的目标类中。分类算法有多种多样的应用场景，被广泛应用在各行各业。例如，可以根据电子邮件的内容、地址等信息将邮件分类为垃圾邮件与普通邮件，鸢尾花可以通过花萼长度、花萼宽度、花瓣长度、花瓣宽度区分出不同种类。

分类可以分为线性分类和非线性分类。

线性分类器是用一个“超平面”将待分类数据样本隔离开，如图 9.1 所示。例如二维平面上的两个样本用一条直线来进行分类，三维立体空间内的两个样本用一个平面来进行分类，N 维空间内的两个样本用一个超平面来进行分类。线性分类器速度快、编程方便且便于理解，但是拟合能力低。

非线性分类器是用一个“超曲面”或者多个超平（曲）面的组合将待分类数据样本隔离开。如图 9.2 所示。例如二维平面上的两组样本用一条曲线或折线来进行分类，三维立体空间内的两组样本用一个曲面或者折面来进行分类，N 维空间内的两组样本用一个超曲面来进行分类。非线性分类器拟合能力强，但是编程实现较复杂，理解难度大。

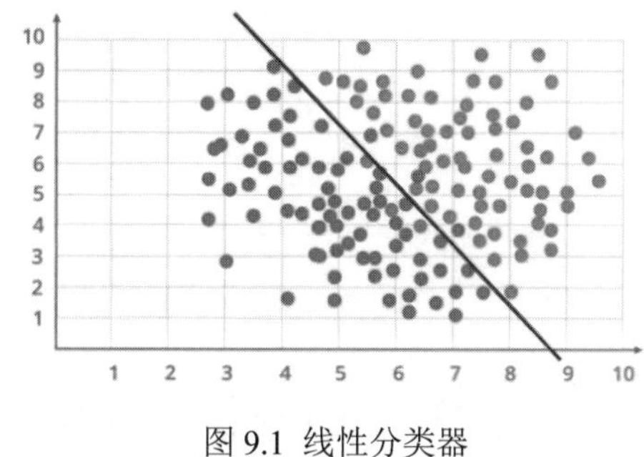

图 9.1 线性分类器

图 9.2 非线性分类器

本章将要介绍的决策树算法就属于非线性分类。

9.1 决策树的特点

决策树（Decision Tree）是一种用于分类和回归的通用的无参数监督学习方法。创建决策树这种分类模型的目的是通过从数据特征里面学习简单的分类规则，从而来预测目标变量的值。一棵决策树可以被看作是分段常数近似。

比如，在如图 9.3 所示的例子中，决策树使用一系列的 if-then-else 决策规则来学习数据，以近似拟合一条 sine 曲线。决策树的深度越深，决策规则越复杂，模型拟合得越好。

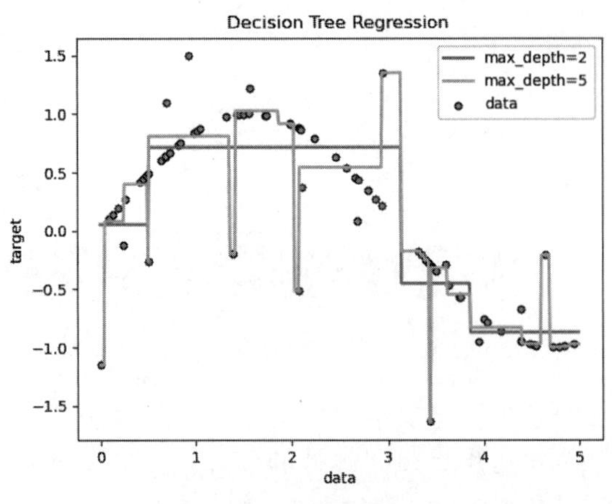

图 9.3 决策树回归

决策树有如下优点：

- 易于理解和解释。树形结构可以被可视化。
- 需要的数据比较少。其他的分类方法经常要求将数据标准化，需要创建哑变量（Dummy Variable）以及移除空值。不过值得注意的是，该模型不支持缺失值。
- 使用决策树进行数据预测的开销是参与训练的数据点的个数的对数。
- 能够处理数值型数据和类别型数据。但是目前 scikit-learn 无法支持类别型数据，而其他分类技术通常专注于分析只包含一种类型变量的数据集。
- 能够处理多输出问题。
- 使用白盒模型。如果给定的情形在模型中是可观察的，那么可以通过布尔逻辑来简单解释。与之相反的是，黑盒模型（比如人工神经网络）的结果通常难以解释。

决策树有如下缺点：

- 决策树学习器有可能产生过于复杂并且泛化能力差的树，这种情况叫作过拟合。这种情况下我们可以通过采取剪枝、设置叶子点内样本数量的最小值或者设置树的最大深度等机制来避免该问题的产生。
- 决策树有时候并不稳定，因为数据中的微小变化有时候会产生完全不一样的树。这种问题可以通过采用集成方法来减少。
- 在多方面性能最优甚至一些简单概念的要求下，学习一棵最优决策树是被公认的 NP 完全问题。因此，在实际问题的处理中，决策树学习算法是基于启发式算法的，比如贪心算法，这样局部最优化决策可以在每个节点上进行。这种算法无法保证能够得到一棵全局最优的决策树，这种情况下，我们一般通过训练集成学习器中的多棵树来缓解其不利影响，而集成学习器中的特征和样本是采用有放回的随机采样得到的。
- 有些概念（比如异或、奇偶、复用器等问题）难以学习，因为对决策树来说难以很好地去表达它们。
- 如果有些类别占据主导地位，决策树可能会有偏差。所以我们一般推荐在拟合决策树之前平衡一下数据集。

9.2 决策树分类

DecisionTreeClassifier 是能够执行多类别分类任务的类。和其他分类器一样，DecisionTreeClassifier 将两个数组作为输入：一个是数组 X，另一个是数组 Y。其中，数组 X 可以稀疏或者稠密，用 (n_samples, n_features) 的形式来容纳训练数据；数组 Y 由整数类型的值构成，以 (n_samples,) 的形式容纳训练数据的类别标签。

下面我们用一个简单的例子来说明这个类的使用。

【例 9.1】sklearn 决策树分类器的简单使用。

```
from sklearn import tree
X = [[0, 0], [1, 1]]
Y = [0, 1]
clf = tree.DecisionTreeClassifier()
clf = clf.fit(X, Y)
```

在分类器拟合训练数据之后，决策树模型可以用来预测下列样本的类别：

```
clf.predict([[2., 2.]])
```

这样就会得到输出结果：

```
array([1])
```

如果出现这样的情况，多个类别都有相同且最高的预测概率值，分类器会返回这些类别中下标值最小的类别号。

DecisionTreeClassifier 可以执行二元分类（类标签是 [-1,1]）和多分类（类标签是 [0,…,K-1]）。

下面我们来看一下鸢尾花数据集的分类过程。

【例 9.2】鸢尾花分类。

```
# 导入鸢尾花数据集
from sklearn.datasets import load_iris
from sklearn import tree
iris = load_iris()
X, y = iris.data, iris.target
# 使用决策树分类器对鸢尾花进行分类
clf = tree.DecisionTreeClassifier()
clf = clf.fit(X, y)
```

我们可以用 export_graphviz 导出器把树以 graphviz 格式导出。如果使用的是 Conda 包管理器，Graphviz 二进制文件和 Python 包可以用 conda install python-graphviz 这条指令来安装。

或者可以从 Graphviz 项目主页下载 Graphviz 的 EXE 文件，然后设置环境变量。首先在用户环境变量 PATH 中添加 Graphviz 文件夹的子文件夹的 bin 地址（如作者的地址为 C:\Program Files\Graphviz\bin），接着在系统变量 PATH 中添加可执行文件 dot.exe 的地址（如作者的地址为 C:\Program Files\Graphviz\bin\dot.exe）。之后重启计算机，就可以在 Jupyter 中使用了。

下面是将上述鸢尾花数据集训练出的决策树用 Graphviz 导出的例子，结果保存在输出文件 iris.pdf 里面。

【例 9.3】导出并保存决策树。

```
import graphviz
dot_data = tree.export_graphviz(clf, out_file=None)
graph = graphviz.Source(dot_data)
graph.render("iris")
```

此外，export_graphviz 导出器为了使图示更加美观，也支持多种选择，比如根据每个类别来给节点涂色（或者在回归的情形下给值涂色），如果需要的话，可以在节点内标注使用的变量名称以及该节点归属的类名。Jupyter Notebook 也可以自动内联式渲染这些绘制节点。

【例 9.4】直接输出决策树。

```
import graphviz
dot_data = tree.export_graphviz(clf, out_file=None,
                    feature_names=iris.feature_names,
                    class_names=iris.target_names,
                    filled=True, rounded=True,
                    special_characters=True)
graph = graphviz.Source(dot_data)
```

鸢尾花决策树分类结果用 export_graphviz 导出的结果如图 9.4 所示。

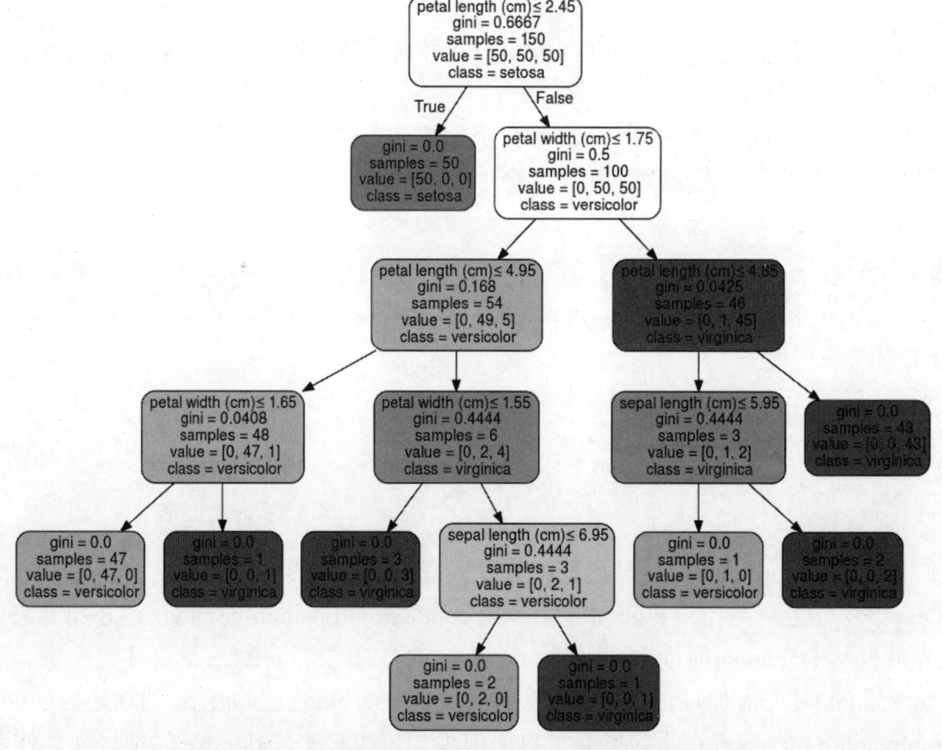

图 9.4 鸢尾花决策树分类结果用 export_graphviz 导出

从上面决策树可视化的例子，我们可以看出决策树是直观的，并且便于解释它的分类决策过程，这种模型通常称为白盒模型。与之相反，我们通常把神经网络、随机森林这种模型称为黑盒模型。这些黑盒模型虽然做出了很好的预测，我们可以很轻松地检查它们为做出这些预测而执行的计算。但是，通常我们很难用简单的说明来解释为什么模型会做出这样的预测。例如，如果神经网络预测出某个人出现在图片上，那么很难知道是什么原因导致神经网络模型做出这种预测，有可能是该模型识别出这个人的眼睛、嘴巴、鼻子、衣服甚至他们使用的工具。而决策树就不会有这种难以解释的问题。它提供了简单易懂的分类规则，如果需要的话，我们可以通过上面介绍的方法可视化出这一决策过程。

9.3 决策树回归

决策树也可用于回归问题。所谓回归，就是根据特征向量来决定对应的输出值。回归树就是将特征空间划分成若干单元，每一个单元都有一个特定的输出。因为每个节点都是进行“是”和“否”的判断，所以划分的边界是平行于坐标轴的。对于测试数据，我们只要按照特征将其归到某个单元，便可以得到对应的输出值。划分的过程也就是建立树的过程，每划分一次，随即确定划分单元对应的输出，也就多了一个节点。当根据停止条件划分终止的时候，最终每个单元的输出也就确定了，也就是叶节点。

决策树处理回归问题时，我们使用 DecisionTreeRegressor 类。与分类的设置一样，这个类的函数 fit 有两个输入参数：数组 X 和 y，只有在这种情况下 y 才有可能是浮点值而不是整数值。

下面举一个例子来说明这个使用方法。

【例 9.5】sklearn 决策树回归器的简单使用。

```
from sklearn import tree
X = [[0, 0], [2, 2]]
y = [0.5, 2.5]
clf = tree.DecisionTreeRegressor()
clf = clf.fit(X, y)
clf.predict([[1, 1]])
```

最终程序的返回结果是：

```
array([0.5])
```

我们可以看到，因为是回归问题，所以决策树模型返回的值是浮点值。

有了上面的回归过程的应用示例，我们用表 9.1 的训练数据集来建立一棵回归决策树。

表 9.1 回归决策树训练数据

x	1	2	3	4	5	6	7	8	9	10
y	5.56	5.7	5.91	6.4	6.8	7.05	8.9	8.7	9	9.05

我们可以给决策树的深度设定不同的值（如示例代码分别设置 max_depth 为 1 和 3），以观察最后生成决策树的形状。

【例 9.6】决策树回归。

```
    import numpy as np
    import matplotlib.pyplot as plt
    from sklearn.tree import DecisionTreeRegressor
    # 表 9.1 的训练数据
    x = np.array(list(range(1, 11))).reshape(-1, 1)
    y = np.array([5.56, 5.70, 5.91, 6.40, 6.80, 7.05, 8.90, 8.70, 9.00, 9.05]).
ravel()
    # 训练模型
    model1 = DecisionTreeRegressor(max_depth=1)
    model2 = DecisionTreeRegressor(max_depth=2)
    model3 = DecisionTreeRegressor(max_depth=3)
    model1.fit(x, y)
    model2.fit(x, y)
    model3.fit(x, y)
    # 预测
    X_test = np.arange(0.0, 10.0, 0.01)[:, np.newaxis]
    y_1 = model1.predict(X_test)
    y_2 = model2.predict(X_test)
    y_3 = model3.predict(X_test)
    # 将结果用图画出来
    plt.figure()
    plt.scatter(x, y, s=20, edgecolor="black",
                c="darkorange", label="data")
    plt.plot(X_test, y_1, color="cornflowerblue",label="max_depth=1",
linewidth=2)
    plt.plot(X_test, y_2, color="orangered", label="max_depth=2", linewidth=2)
    plt.plot(X_test, y_3, color="yellowgreen", label="max_depth=3",
linewidth=2)
    plt.xlabel("data")
    plt.ylabel("target")
    plt.title("Decision Tree Regression")
    plt.legend()
    plt.show()
```

最后程序运行得到的结果如图 9.5 所示。

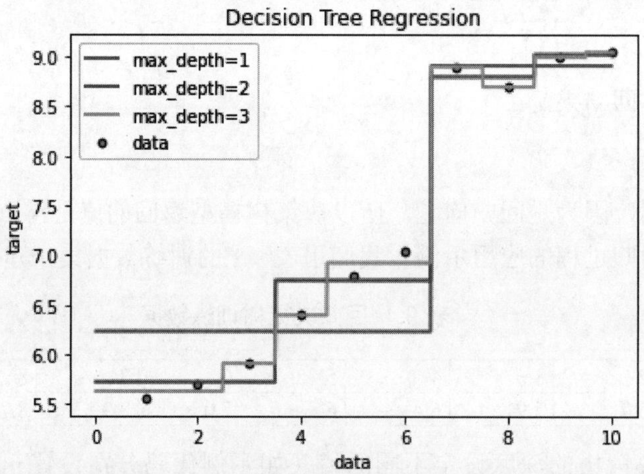

图 9.5 表 9.1 训练数据集的决策树回归结果

从图 9.5 可以看到，给出一组一维的训练数据，最大深度为 1 的决策树（蓝色）的规则非常简单，结果由两个分段函数组成，对数据的拟合较为粗糙。如当 $x \leqslant 6.5$ 时，y=6.23；当 x>6.5 时，y=8.91。总的来说，深度为 1 的决策树对数据的学习程度较低，表现为有些欠拟合。

$$y=\begin{cases}6.23 & x\leqslant 6.5\\ 8.91 & x>6.5\end{cases}$$

最大深度为 2 的决策树（红色）较为适中，既对训练数据有一定的拟合作用，规则也不会太过复杂。

而最大深度为 3 的决策树（蓝色）有些过拟合，一共有 5 个以上的分段函数，对数据的拟合程度最高，但同时规则较为复杂。

由上述例子可以看出，可以通过设置几个不同的最大深度值（max_depth）并通过可视化手段来决定决策树的合适深度。

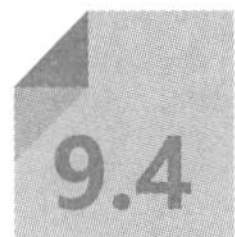

9.4 决策树的复杂度及使用技巧

通常，构建一个平衡二叉树的时间开销是 $O(n_{\text{samples}}n_{\text{features}}\log(n_{\text{samples}}))$，而查询时间是 $O(\log(n_{\text{samples}}))$。

虽然构造决策树的算法会试着去产生平衡树，但是不一定总是平衡的。假设子树大致保持平衡，那么每一个节点的开销包括通过 $O(n_{\text{features}})$ 的时间复杂度去搜索能够提供最大熵减的特征。这样，每一个节点的时间开销是 $O(n_{\text{samples}}n_{\text{features}}\log(n_{\text{samples}}))$，导致整棵树的总的时间开销是 $O\left(n_{\text{features}}n_{\text{samples}}^2\log(n_{\text{samples}})\right)$。

决策树的使用技巧说明如下：

- 决策树在训练有大量特征的数据集的时候容易过拟合。所以样本数与特征数的比例要适中这一点显得尤其重要，因为如果一棵树的样本数很少，在高维空间里就容易过拟合。
- 在训练决策树之前，可以考虑使用维归约的方法（PCA、ICA 或者特征选择等），这样可能会选取到更加具有判别力的特征。
- 了解决策树结构有助于我们明白决策树是如何做出决策的，这对我们了解数据中的主要特征来说很重要。
- 可以通过 export 函数来可视化决策树。建议先使用深度为 3 的决策树可视化来理解决策树是如何拟合数据集的，再逐渐增加深度。
- 决策树每向下生长多一层，所需要的样本数就会翻倍。建议使用 max_depth 来控制决策树的生长，防止它过拟合。
- 可以使用 min_samples_split 或者 min_samples_leaf 来控制叶子节点的样本点数量。如果叶子节点里面的样本数量过少，通常说明决策树是过拟合的，但是样本数量过多的话，说明决策树学习得不充分。建议一开始尝试 min_samples_leaf=5 作为初始值。如果各个叶子节点样本的数量差别很大，可以使用浮点数来作为这两个参数的百分比。

min_samples_split 可以创建任意小的叶子节点，而 min_samples_leaf 保证每一个叶子节点有一个最小的样本数目，从而避免在回归问题里出现低方差和过拟合的叶子节点。

- 要注意 min_samples_split 直接考虑的是样本且与 sample_weight 无关（如果这个参数给定的话，一个节点拥有 m 个带权样本仍然被视作是含有 m 个样本）。但如果节点分裂的时候要求考虑样本权重的话，就要考虑 min_weight_fraction_leaf 和 min_impurity_decrease。
- 如果样本集带权，这时候使用基于权重的预剪枝标准（如 min_weight_fraction_leaf）将会更加优化树的结构，这确保叶子节点包含样本权重总和的至少一小部分。
- 所有的决策树内部都使用 np.float32 数组。如果训练数据集不是这种形式的话，那么会自动生成一份拷贝。
- 如果输入矩阵 X 非常稀疏，那么最好在调用 fit 函数之前先把它转换成稀疏的 csc_matrix，同样，在调用 predict 函数之前也要是稀疏的 csc_matrix。相对于稠密矩阵，大部分样本里面包含数值为 0 的特征值的稀疏矩阵，其训练时间会快上几个数量级。

9.5 决策树算法：ID3、C4.5 和 CART

常用的决策树算法有 ID3、C4.5、CART 等。这些算法是怎样的？它们之间有什么差别？哪些是 scikit-learn 已经实现了的？本节将详细介绍这些内容。

9.5.1 ID3 算法

ID3 算法是 1986 年由 Ross Quinlan 提出的，用来从数据集中生成决策树。ID3 算法在每个节点处选取能获得最高信息增益的分支属性进行分裂。因此，在介绍 ID3 算法之前，首先讨论一下信息增益的概念。

在每个决策节点处划分分支并选取分支属性的目的是将整个决策树的样本纯度提升，而衡量样本集合纯度的指标是熵（entropy）。熵在信息论中被用来度量信息量，熵越大，所含的有用信息越多，其不确定性就越大；而熵越小，有用信息越少，其确定性就越大。例如“北京是中国的首都”这句话非常确定，是常识，其含有的信息量很少，所以熵的值就很小。在决策树中，用熵来表示样本集的不纯度。如果某个样本集合中只有一个类别，其确定性最高，熵为 0；反之，熵越大，越不确定，表示样本集中的分类越多样。

设 S 为数量为 n 的样本集，其分类属性有 m 个不同取值，用来定义 m 个不同分类 $C_i(i=1,2,\cdots,m)$，则其熵的计算公式为：

$$\text{Entropy}(S)=-\Sigma_{i=1}^{m} p_i \log_2\left(p_i\right), p_i=\frac{|c_i|}{|n|} \quad \text{（公式 9.1）}$$

比如，对于一个大小为 10 的样本集 S，其中正值有 6 个，负值有 4 个，那么这个样本的熵为：

$$\text{Entropy}(S) = -\left(\frac{6}{10}\right)\log_2\left(\frac{6}{10}\right) - \left(\frac{4}{10}\right)\log_2\left(\frac{4}{10}\right) = 0.9710 \qquad \text{（公式 9.2）}$$

从这个例子可以看出，正负值个数差不多，所以不确定性大，即熵值大。

计算出熵值后，我们可以将熵作为衡量样本集合不纯度的指标，接着就可以计算分支属性对于样本集合分类好坏程度的度量，也就是信息增益。如果采用这个分支属性导致分裂后样本集合的纯度提高，则样本集合的熵值降低，降低的值即为信息增益。

设 S 为样本集，属性 A 具有 n 个可能的取值，如果采用 A 作为分支属性，那么我们能够将样本集合 S 划分为 n 个子样本集 $\{S_1,S_2,\cdots,S_n\}$。对于样本集 S，以 A 为分支属性的信息增益 $\text{Gain}(S, A)$，其计算公式如下：

$$\text{Gain}\left(\text{S},\text{A}\right)\text{Entropy}(S) - \Sigma_{i=1}^{n}\frac{|s_i|}{|s|}\text{Entropy}(S_i) \qquad \text{（公式 9.3）}$$

一般情况下，使用 ID3 算法进行分类时，由根节点通过计算信息增益选取合适的属性进行分裂，若新生成的节点的分类属性不唯一，则对新生成的节点继续进行分裂，不断重复，直到所有样本属于同一类，或者达到停止分类的条件为止。常见的停止分类的条件包括叶子节点数量超过设定值、决策树达到预先设定的最大深度等。

ID3 算法在分支处理上仍存在一些问题。ID3 算法在根节点与其他内部节点的分支处理中，使用信息增益指标来选择分支属性。由信息增益公式可以发现，当分支属性非常多的时候，该分支属性的信息增益会比较大。所以在 ID3 算法中，往往会选择取值较多的分支属性。但分支多的属性不一定是最优的，因为分支太多，可能相比之下这种分支属性就无法提供太多的有用信息。

9.5.2 C4.5 算法

C4.5 是对 ID3 算法的改良版，它的总体思路与 ID3 相似，都是通过构造决策树进行分类，区别在于分支的处理，在分支属性的选取上，ID3 算法使用信息增益作为度量，而 C4.5 算法使用信息增益率作为度量。

设 S 为样本集，属性 A 具有 n 个可能的取值，如果采用 A 作为分支属性，那么我们能够将样本集合 S 划分为 n 个子样本集 $\{S_1,S_2,\cdots,S_n\}$。$\text{Gain}(S,A)$ 为属性 A 对应的信息增益，属性 A 的信息增益率 Gain_ratio 计算如下：

$$\text{Gain\_ratio}(A) = \frac{\text{Gain}(A)}{-\Sigma_{i=1}^{n}\frac{|s_i|}{|s|}\log_2\frac{|s_i|}{|s|}} \qquad \text{（公式 9.4）}$$

由信息增益率公式可以看出，当 n 比较大的时候，信息增益率会明显降低，所以可以在一定程度上解决算法偏向于选取分支较多的属性的问题。

与 ID3 算法相比，C4.5 算法改进的地方主要是使用信息增益率作为选取分支属性的度量。此外，针对 ID3 算法只能处理离散数据、容易出现过拟合等问题，C4.5 也做出了相应的改进。

9.5.3 CART 算法

CART（Classification and Regression Tree，分类回归树）是构建决策树的一种常用算法。CART 的构建过程采用的是二分循环分割的方法，每次划分都把当前样本集划分为两个子样本集，也就是每次决策树节点分裂都会产生两个分支，所以 CART 算法产生的决策树是一棵二叉树。

同样地，CART 算法在分支处理中选取分支属性的度量指标是 Gini。设 S 为数量为 n 的样本集，用来定义 m 个不同分类 $C_i(i=1,2,\cdots,m)$，则其 Gini 指标的计算公式为：

$$\text{Gini}(S)=1-\Sigma_{i=1}^{m}p_i^2 \qquad p_i=\frac{|c_i|}{s} \qquad \text{（公式 9.5）}$$

在 CART 算法中，对于样本集 S，选取属性 A 作为分支属性，将样本集 S 分裂为 $A=a_1$ 的子样本集 S_1，与其余样本组成的样本集 S_2，则此情况下的 Gini 指标为：

$$\text{Gini}(S\mid A)=\frac{|s_1|}{|s|}\text{Gini}(S_1)+\frac{|s_2|}{|s|}\text{Gini}(S_2) \qquad \text{（公式 9.6）}$$

对于待分裂的节点，计算出所有可能的二叉树分支属性的 Gini 指标，选取产生最小 Gini 指标的分支属性。对于每次新生成的节点，若子样本集的分类不唯一，则继续分裂，直到分裂最终完成。

sklearn 使用 CART 算法的优化版本。

【例 9.7】基于 sklearn 的 CART 算法。

```
import numpy as np
import random
from sklearn import tree
from graphviz import Source
# 随机生成数字
np.random.seed(42)
#X 矩阵随机生成的数字大于 10
X=np.random.randint(10, size=(100, 4))
#Y 矩阵随机生成的数字大于 2
Y=np.random.randint(2, size=100)
a=np.column_stack((Y,X))
# 树的最大深度限制为 3 层
clf = tree.DecisionTreeClassifier(criterion='gini',max_depth=3)
clf = clf.fit(X, Y)
# 训练完成后可视化显示
graph = Source(tree.export_graphviz(clf, out_file=None))
graph.format = 'png'
graph.render('cart_tree',view=True)
```

通过构建决策树，采用 Gini 作为指标对随机生成的数字进行分类，训练完之后将决策树可视化。代码中 export_graphviz 方法将决策树导出为 DOT 格式，然后使用 Graphviz 库中的

render() 方法将其转化为图片格式显示出来，CART 算法运行结果如图 9.6 所示。

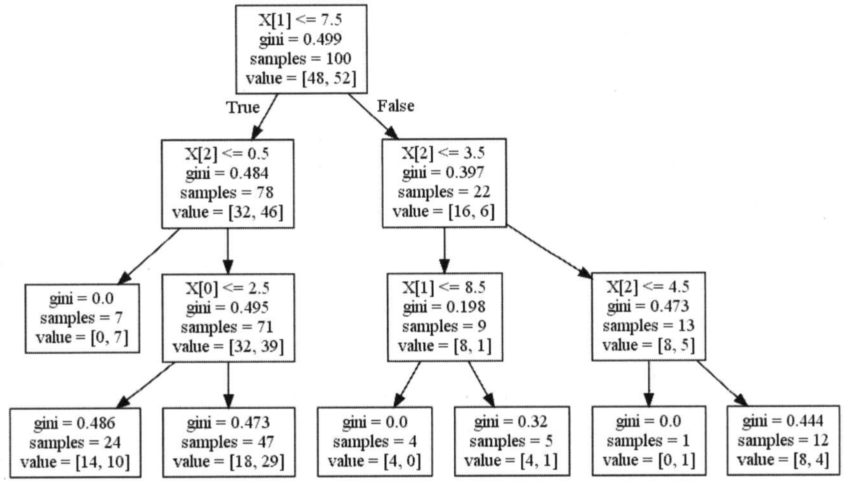

图 9.6 CART 算法运行结果

9.6 本章小结

决策树是通用的机器学习方法，可以执行分类和回归任务，甚至多输出任务。它是一种功能强大的算法，能够拟合复杂的数据。

最常用的决策树算法有 ID3 算法、C4.5 算法和 CART 算法等。

决策树也是随机森林的基本组成部分，它们是当今最强大的机器学习算法之一。

9.7 复习题

（1）如果决策树过拟合训练集，减少 max_depth 是否为一个好方法？

（2）如果在包含 100 万个实例的训练集上训练决策树需要一个小时，那么在包含 1000 万个实例的训练集上训练决策树，大概需要多长时间？

（3）C4.5 算法与 ID3 算法的区别是什么？

第 10 章 集成方法：从决策树到随机森林

集成方法的目标是把多个使用给定学习算法构建的基估计器的预测结果结合起来，从而获得比单个估计器更好的泛化能力或鲁棒性。

集成方法通常分为两种：

- 平均方法。该方法的原理是构建多个独立的估计器，然后取它们的预测结果的平均值。一般来说，组合之后的估计器会比单个估计器要好，因为它的方差减小了。例如 Bagging 方法、随机森林。
- Boosting 方法。在这个方法中，基估计器是依次构建的，并且每一个基估计器都尝试去减少组合估计器的偏差。这种方法的主要目的是结合多个弱模型，使集成的模型更加强大。例如 AdaBoost 方法、梯度提升树。

10.1 Bagging 元估计器

在集成算法中，Bagging 方法会在原始训练集的随机子集上构建一类黑盒估计器的多个实例，然后把这些估计器的预测结果结合起来，形成最终的预测结果。该方法通过在构建模型的过程中引入随机性来减少基估计器的方差（例如决策树）。

在多数情况下，Bagging 方法提供了一种非常简单的方式来对单一模型进行改进，而无须修改背后的算法。因为 Bagging 方法可以减小过拟合，所以通常在强分类器和复杂模型上使用时表现得很好（例如完全生长的决策树），相比之下 Boosting 方法则在弱模型上表现得更好（例如浅层决策树）。

Bagging 方法有很多种，它们之间的主要区别在于随机抽取训练子集的方法不同：

- 如果抽取的数据集的随机子集是样例的随机子集，我们称为粘贴（Pasting）。
- 如果样例抽取是有放回的，我们称为 Bagging。
- 如果抽取的数据集的随机子集是特征的随机子集，我们称为随机子空间（Random Subspace）。
- 如果基估计器构建在对于样本和特征抽取的子集之上，我们称为随机补丁（Random Patche）。

在 sklearn 中，Bagging 方法使用统一的 BaggingClassifier（或者 BaggingRegressor）元估计器，基估计器和随机子集抽取策略由用户指定。max_samples 和 max_features 控制着子集的大小（对于样例和特征），bootstrap 和 bootstrap_features 控制着样例和特征的抽取是有放回还是无放回的。当使用样本子集时，通过设置 oob_score=True 可以使用袋外（out-of-bag）样本来评估泛化精度。

下面的代码片段说明了如何构造一个 KNeighborsClassifier 估计器的 Bagging 集成实例，每一个基估计器都建立在 50% 的样本随机子集和 50% 的特征随机子集上。

【例 10.1】构造一个 KNeighborsClassifier 估计器的 Bagging 集成实例。

```
from sklearn.ensemble import BaggingClassifier
from sklearn.neighbors import KNeighborsClassifier
bagging = BaggingClassifier(KNeighborsClassifier(),max_samples=0.5, max_
features=0.5)
```

10.2 由随机树组成的森林

sklearn.ensemble 模块包含两种基于随机决策树的平均算法：RandomForest 算法和 Extra-Trees 算法。这两种算法都是专门为树而设计的扰动和组合技术（perturb-and-combine technique）。这种技术通过在分类器构造过程中引入随机性来创建一组不同的分类器。集成分类器的预测结果是单个分类器预测结果的平均值。

与其他分类器一样，森林分类器必须拟合两个数组：一是保存训练样本的数组 *X*，它可以是稀疏的或稠密的，它的大小为 [n_samples, n_features]；二是保存训练样本目标值（类标签）的数组 *Y*，大小为 [n_samples]。

【例 10.2】森林分类器。

```
from sklearn.ensemble import RandomForestClassifier
X = [[0, 0], [1, 1]]
Y = [0, 1]
clf = RandomForestClassifier(n_estimators=10)
clf = clf.fit(X, Y)
```

同决策树一样，随机森林算法也能用来解决多输出问题（如果 *Y* 的大小是 [n_samples, n_outputs]）。

10.2.1 随机森林

在随机森林中，集成模型中的每棵树构建时的样本都是由训练集经过有放回采样得来的（例如自助采样法）。

另外，在构建树的过程中进行节点分割时，选择的分割点是所有特征的最佳分割点，或特征的大小为 max_features 的随机子集的最佳分割点。

这两种随机性的目的是降低估计器的方差。事实上，单棵决策树通常具有较高的方差，容易过拟合。随机森林构建过程的随机性能够产生具有不同预测错误的决策树。通过取这些决策树的平均值，能够消除部分错误。随机森林虽然能够通过组合不同的树降低方差，但是有时会略微增加偏差。在实际问题中，方差的降低通常更加显著，所以随机森林能够取得更好的效果。

sklearn 的实现是取每个分类器预测概率的平均值，而不是让每个分类器对类别进行投票。

10.2.2 极限随机树

在极限随机树中，计算分割点的方法的随机性进一步增强。

与随机森林相同，使用的特征是候选特征的随机子集，但是不同于随机森林寻找最具有区分度的阈值，这里的阈值是针对每个候选特征随机生成的，并且选择这些随机生成的阈值中的最佳者作为分割规则。

这种做法通常能够减少一点模型的方差，代价则是略微地增大偏差。

【例 10.3】几种常见的分类器比较。

```
from sklearn.model_selection import cross_val_score
from sklearn.datasets import make_blobs
from sklearn.ensemble import RandomForestClassifier
from sklearn.ensemble import ExtraTreesClassifier
from sklearn.tree import DecisionTreeClassifier
# 产生聚类数据集
X, y = make_blobs(n_samples=10000, n_features=10, centers=100,
random_state=0)
# 决策树分类器
clf = DecisionTreeClassifier(max_depth=None, min_samples_split=2,
random_state=0)
scores = cross_val_score(clf, X, y, cv=5)
scores.mean()
# 随机森林分类器
clf = RandomForestClassifier(n_estimators=10, max_depth=None,
min_samples_split=2, random_state=0)
scores = cross_val_score(clf, X, y, cv=5)
scores.mean()
# 极限随机树分类器
clf = ExtraTreesClassifier(n_estimators=10, max_depth=None,
min_samples_split=2, random_state=0)
scores = cross_val_score(clf, X, y, cv=5)
scores.mean()
```

make_blobs() 是 sklearn.datasets 中的一个函数，主要用于产生聚类数据集。我们使用这个函数产生具有 10 000 个样本的数据集，分别采用决策树分类器、随机森林分类器以及极限随机树三种方法进行训练，最后经过交叉验证得到最终的准确率分别为 0.98、0.999、1.0。

10.2.3 参数

使用上一节提到的方法时要调整的参数主要是 n_estimators 和 max_features。n_estimators

是森林里树的数量，通常数量越大，效果越好，但是计算时间也会随之增加。

此外要注意，当树的数量超过一个临界值之后，算法的效果并不会很显著地变好。max_features 是分割节点时考虑的特征的随机子集的大小。这个值越小，方差减小得越多，但是偏差的增大也越多。

根据经验，回归问题中使用 max_features=None（总是考虑所有的特征），分类问题中使用 max_features="sqrt"（随机考虑 sqrt(n_features) 特征，其中 n_features 是特征的个数）是比较好的默认值。

max_depth=None 和 min_samples_split=2 结合通常会有不错的效果（即生成完全的树）。

请记住，这些（默认）值通常不是最佳的，同时还可能消耗大量的内存，最佳参数值应由交叉验证获得。另外，请注意，在随机森林中，默认使用自助采样法（bootstrap=True），然而 extra-trees 的默认策略是使用整个数据集（bootstrap=False）。当使用自助采样法采样时，泛化精度是可以通过剩余的或者袋外的样本来估算的，设置 oob_score=True 即可实现。

需要注意的是，默认参数下模型复杂度是 $O(M*N*\log(N))$，其中 M 是树的数目，N 是样本数。可以通过设置这些参数来降低模型复杂度：min_samples_split、max_leaf_nodes、max_depth 和 min_samples_leaf。

10.2.4 并行化

最后，这个模块还支持树的并行构建和预测结果的并行计算，这可以通过 n_jobs 参数实现。如果设置 n_jobs=k，则计算被划分为 k 个作业，并运行在机器的 k 个核上。如果设置 n_jobs=-1，则使用机器的所有核。注意由于进程间通信具有一定的开销，这里的提速并不是线性的（即使用 k 个作业不会快 k 倍）。当然，在建立大量的树，或者在大数据集上构建单个树需要相当长的时间时，通过并行化仍然可以实现显著的加速。

10.2.5 特征重要性评估

特征对目标变量预测的相对重要性可以通过（树中的决策节点的）特征使用的相对顺序（即深度）进行评估。决策树顶部使用的特征对更大一部分输入样本的最终预测决策做出贡献；因此，可以使用接受每个特征对最终预测的贡献的样本比例来评估该特征的相对重要性。scikit-learn 通过将特征贡献的样本比例与纯度减少相结合得到特征的重要性。

通过对多个随机树中的预期贡献率取平均值可以减少这种估计的方差，并将其用于特征选择。这被称作平均纯度减少或 MDI。

下面的例子展示了一个面部识别任务中每个像素的相对重要性，其中重要性由颜色（的深浅）来表示，使用的模型是 RandomForestClassifier。

【例 10.4】运用随机森林计算像素的重要性。

```
"""
这个例子展示了随机森林计算图片分类任务里像素重要程度的使用方法。像素热度越高，越重要。
"""
# %%
```

```
# 加载数据集以及模型拟合
# -----------------------------------
# 首先，我们加载 Olivetti 人脸数据集并且将数据集限制为只包含 5 种类别
# 然后，我们用随机森林训练这个数据集并计算基于不纯度的特征重要性
# 这个方法的缺点是它不能在一个单独的测试集上进行计算
# 对于这个例子，我们主要展示从完整的数据集里面学到的信息
# 另外，我们会设置用于任务训练用的核心数目
from sklearn.datasets import fetch_olivetti_faces
# %%
# 我们选择一定数量的核心来并行训练森林模型，其中 -1 表示利用所有能够使用的核心
n_jobs = -1
# %%
# 加载人脸数据集
data = fetch_olivetti_faces()
X, y = data.data, data.target
# %%
# 将数据集限制为 5 个类别
mask = y < 5
X = X[mask]
y = y[mask]
# %%
# 运用随机森林分类器去训练数据集，最后计算特征的重要性
from sklearn.ensemble import RandomForestClassifier
forest = RandomForestClassifier(n_estimators=750, n_jobs=n_jobs, random_
state=42)
forest.fit(X, y)
# %%
# 基于平均不纯度减少的特征重要性
# ---------------------------------------------------------
# 特征重要性由拟合后的属性 feature_importances_ 提供，它们定义为每棵树的不纯度减
# 少的累积的均值和标准差
import time
import matplotlib.pyplot as plt
start_time = time.time()
img_shape = data.images[0].shape
importances = forest.feature_importances_
elapsed_time = time.time() - start_time
print(f"Elapsed time to compute the importances: {elapsed_time:.3f}
seconds")
imp_reshaped = importances.reshape(img_shape)
plt.matshow(imp_reshaped, cmap=plt.cm.hot)
plt.title("Pixel importances using impurity values")
plt.colorbar()
plt.show()
```

结果如图 10.1 所示，其中像素点的热度越高，像素越重要。

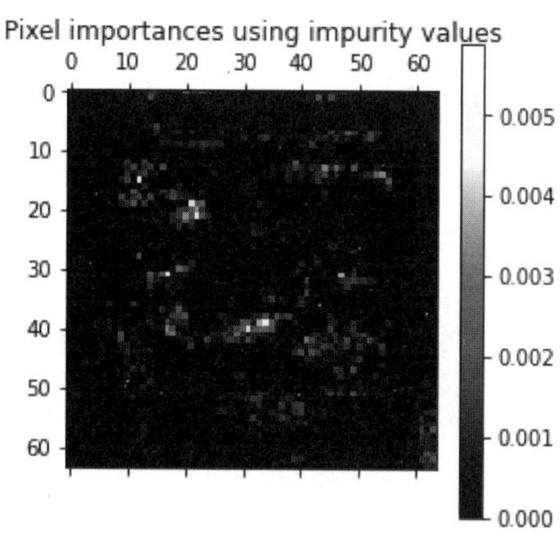

图 10.1 像素的重要程度

在使用随机森林分类器计算特征重要程度的时候，我们把 RandomForestClassifier 函数的参数 n_jobs 设置为 -1，这样就能使用机器的所有核来进行并行化计算，计算速度大大提升。

实际上，对于训练完成的模型，这些估计值存储在 feature_importances 属性中，这是一个大小为 (n_features,) 的数组，其每个元素值为正，并且总和为 1.0。一个元素的估计值越高，其对应的特征对预测函数的贡献越大。

10.3 AdaBoost

模型 sklearn.ensemble 包含流行的提升算法 AdaBoost，这个算法是由 Freund 和 Schapire 在 1995 年提出来的。

10.3.1 AdaBoost 算法

AdaBoost 的核心思想是用修正数据的权重来训练一系列的弱学习器，而一个弱学习器模型仅仅比随机猜测好一点，比如一个简单的决策树。由这些弱学习器的预测结果通过加权投票或加权求和的方式组合，得到我们最终的预测结果。

在每一次所谓的提升迭代中，数据的修改由应用于每一个训练样本的新的权重 $w_1,w_2,\cdots,w_N$ 组成，即修改每一个训练样本应用于新一轮学习器的权重。

初始化时，将所有弱学习器的权重都设置为 $w_i=\dfrac{1}{N}$，因此第一次迭代仅仅是通过原始数据训练出一个弱学习器。在接下来的连续迭代中，样本的权重逐个被修改，学习算法也因此要重新应用这些已经修改的权重。在给定的一个迭代中，那些在上一轮迭代中被预测为错误结果的样本的权重将会被增加，而那些被预测为正确结果的样本的权重将会被降低。随着迭代次数的增加，那些难以预测的样例的影响将会越来越大，每一个随后的弱学习器都将会被强迫更加关注那些在之前被错误预测的样例。

AdaBoost 算法既可以用在分类问题中，也可以用在回归问题中。

10.3.2 AdaBoost 使用方法

下面的例子展示了如何训练一个包含 100 个弱学习器的 AdaBoost 分类器。

【例 10.5】训练 AdaBoost 分类器。

```
from sklearn.model_selection import cross_val_score
from sklearn.datasets import load_iris
from sklearn.ensemble import AdaBoostClassifier
iris = load_iris()
clf = AdaBoostClassifier(n_estimators=100)
scores = cross_val_score(clf, iris.data, iris.target)
scores.mean()
```

结果返回 0.947。

弱学习器的数量由参数 n_estimators 来控制。参数 learning_rate 用来控制每个弱学习器的权重修改速率。

弱学习器默认使用决策树。

不同的弱学习器可以通过参数 base_estimator 来指定。获取一个好的预测结果主要需要调整的是 n_estimators 和 base_estimator 的复杂度，例如对于弱学习器为决策树的情况，树的深度 max_depth 和叶子节点的最小样本数 min_samples_leaf 等都是控制树的复杂度的参数。

10.4 梯度提升回归树

梯度提升回归树（GBRT）是对于任意的可微损失函数的提升算法的泛化。GBRT 是一个准确高效的现有程序，它既能用于分类问题，也可以用于回归问题。梯度提升回归树模型被应用到各种领域，包括网页搜索排名和生态领域。

GBRT 的优点：

- 对混合型数据的自然处理（异构特征）。
- 强大的预测能力。
- 使用一些健壮的损失函数，对异常值的鲁棒性非常强，比如 Huber 损失函数和 Quantile 损失函数。

GBRT 的缺点：

- 可扩展性差。此处的可扩展性特指在更大规模的数据集或复杂度更高的模型上使用的能力，而非我们通常说的功能的扩展性。GBRT 支持自定义的损失函数，从这个角度看它的可扩展性还是很强的。由于提升算法是有序的，也就是说下一步的结果依赖于上一步，因此很难做并行。

模块 sklearn.ensemble 通过梯度提升回归树提供了分类和回归的方法。

10.4.1 分类

GradientBoostingClassifier 既支持二分类问题又支持多分类问题。下面的例子展示了如何训练一个包含 100 个决策树弱学习器的梯度提升分类器。

【例 10.6】训练 GradientBoosting 分类器。

```
from sklearn.datasets import make_hastie_10_2
from sklearn.ensemble import GradientBoostingClassifier
X, y = make_hastie_10_2(random_state=0)
X_train, X_test = X[:2000], X[2000:]
y_train, y_test = y[:2000], y[2000:]
clf = GradientBoostingClassifier(n_estimators=100, learning_rate=1.0,
max_depth=1, random_state=0).fit(X_train, y_train)
clf.score(X_test, y_test)
```

结果返回 0.913。

弱学习器（例如回归树）的数量由参数 n_estimators 来控制。

每棵树的大小可以由参数 max_depth 设置树的深度，或者由参数 max_leaf_nodes 设置叶子节点数目来控制。

learning_rate 是一个在 (0,1] 的超参数，这个参数通过 shrinkage（缩减步长）来控制过拟合。

需要注意的是，超过两类的分类问题需要在每一次迭代时推导 n_classes 个回归树。因此，所有需要推导的树数量等于 n_classes*n_estimators。对于拥有大量类别的数据集，我们强烈推荐使用 RandomForestClassifier 来代替 GradientBoostingClassifier。

10.4.2 回归

对于回归问题，GradientBoostingRegressor 支持一系列不同的 loss functions，这些损失函数可以通过参数 loss 来指定。对于回归问题默认的损失函数是最小二乘损失函数。

【例 10.7】训练 GradientBoosting 回归器。

```
import numpy as np
from sklearn.metrics import mean_squared_error
from sklearn.datasets import make_friedman1
from sklearn.ensemble import GradientBoostingRegressor
X, y = make_friedman1(n_samples=1200, random_state=0, noise=1.0)
X_train, X_test = X[:200], X[200:]
y_train, y_test = y[:200], y[200:]
est = GradientBoostingRegressor(n_estimators=100, learning_rate=0.1,
max_depth=1, random_state=0, loss='ls').fit(X_train, y_train)
mean_squared_error(y_test, est.predict(X_test))
```

最后返回均方误差 mean_squared_error 的值 5.00。

以下代码段展示了应用损失函数为最小二乘损失，基学习器个数为 500 的 GradientBoostingRegressor 来处理 sklearn.datasets.load_boston 数据集的结果。

【例 10.8】GradientBoosting 回归器在 sklearn.datasets.load_boston 数据集的使用。

```
"""
这个例子展示了梯度提升从弱学习器的集成产生一个更强的学习器。梯度提升可以用于分类和回归的任务。在本例中，我们会训练糖尿病的回归任务
"""
import matplotlib.pyplot as plt
import numpy as np
from sklearn import datasets, ensemble
from sklearn.inspection import permutation_importance
from sklearn.metrics import mean_squared_error
from sklearn.model_selection import train_test_split
# %%
# 加载数据集
# ----------------------------------------
diabetes = datasets.load_diabetes()
X, y = diabetes.data, diabetes.target
# %%
# 数据处理
# ----------------------------------------
# 这里，我们会将 90% 的数据用于训练，留下 10% 来测试
X_train, X_test, y_train, y_test = train_test_split(
    X, y, test_size=0.1, random_state=13
)
params = {
    "n_estimators": 500,
    "max_depth": 4,
    "min_samples_split": 5,
    "learning_rate": 0.01,
    "loss": "ls",
}
# %%
# 拟合回归模型
# --------------------
reg = ensemble.GradientBoostingRegressor(**params)
reg.fit(X_train, y_train)
mse = mean_squared_error(y_test, reg.predict(X_test))
print("The mean squared error (MSE) on test set: {:.4f}".format(mse))
# %%
# 绘制训练误差
# ----------------------
test_score = np.zeros((params["n_estimators"],), dtype=np.float64)
for i, y_pred in enumerate(reg.staged_predict(X_test)):
    test_score[i] = reg.loss_(y_test, y_pred)
fig = plt.figure(figsize=(6, 6))
plt.subplot(1, 1, 1)
plt.title("Deviance")
```

```
    plt.plot(
        np.arange(params["n_estimators"]) + 1,
        reg.train_score_,
        "b-",
        label="Training Set Deviance",
    )
    plt.plot(
        np.arange(params["n_estimators"]) + 1, test_score, "r-", label="Test
Set Deviance"
    )
    plt.legend(loc="upper right")
    plt.xlabel("Boosting Iterations")
    plt.ylabel("Deviance")
    fig.tight_layout()
    plt.show()
```

结果如图 10.2 所示，表示每一次迭代的训练误差和测试误差。每一次迭代的训练误差保存在提升树模型的 train_score_ 属性中，每一次迭代的测试误差能够通过 staged_predict 方法获取，该方法返回一个生成器，用来产生每一个迭代的预测结果，可以用于决定最优树的数量，从而进行提前停止。

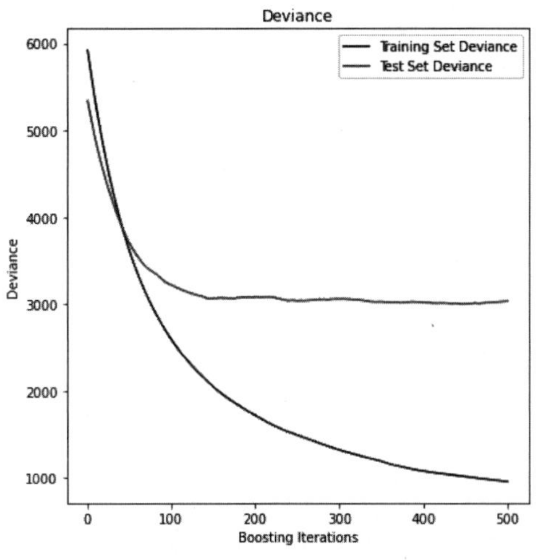

图 10.2 训练误差和测试误差

10.4.3 训练额外的弱学习器

GradientBoostingRegressor 和 GradientBoostingClassifier 都支持设置参数 warm_start=True，这样设置允许我们在已经训练的模型上添加更多的学习器。

【例 10.9】在例 10.7 已训练的模型上添加更多学习器。

```
    _ = est.set_params(n_estimators=200, warm_start=True)
    # 设置 warm_start
```

```
_ = est.fit(X_train, y_train)
# 添加 100 棵树到 est 模型上
mean_squared_error(y_test, est.predict(X_test))
```

结果返回均方误差值 3.84。

10.4.4 控制树的大小

回归树基学习器的大小定义了可以被梯度提升模型捕捉到的特征相互作用（即多个特征共同对预测产生影响）的程度。这里有两种控制单棵回归树大小的方法。

如果指定 max_depth=h，那么将会产生一个深度为 h 的完全二叉树。这棵树最多会有 2^h 个叶子节点和 2^{h-1} 个切分节点。

另外，也能通过参数 max_leaf_nodes 指定叶子节点的数量来控制树的大小。在这种情况下，树将会使用最优优先搜索来生成，这种搜索方式是通过每次选取对不纯度提升最大的节点来展开的。

我们发现 max_leaf_nodes=k 可以给出与 max_depth=k−1 品质相当的结果，但是其训练速度明显更快，同时也会以多一点的训练误差作为代价。

10.4.5 数学公式

GBRT 可以认为是以下形式的可加模型：

$$F(x)=\sum_{m=1}^{M}\gamma_m h_m(x) \qquad \text{（公式 10.1）}$$

其中 $h_m(x)$ 是基本函数，在提升算法场景中它通常被称为弱学习器。梯度树提升算法使用固定大小的决策树作为弱分类器，决策树本身拥有的一些特性使它能够在提升过程中变得有价值，即处理混合类型数据和构建具有复杂功能模型的能力。

与其他提升算法类似，GBRT 利用前向分步算法思想构建加法模型：

$$F_m(x)=F_{m-1}(x)+\gamma_m h_m(x) \qquad \text{（公式 10.2）}$$

在每一个阶段中，基于当前模型 F_{m-1} 和拟合函数 $F_{m-1}(x_i)$ 选择合适的决策树函数 $h_m(x)$，从而最小化损失函数 L。

$$F_m(x)=F_{m-1}(x)+\arg\min_{h}\sum_{i=1}^{n}L\left(y_i,F_{m-1}(x_i)-h(x)\right) \qquad \text{（公式 10.3）}$$

初始模型 F_0 根据不同的问题指定，对于最小二乘回归来说，通常选择目标值的平均值。

注意

初始化模型也能够通过 init 参数来指定，但传递的对象需要实现 fit 和 predict 函数。

梯度提升尝试通过最速下降法以数字方式解决这个最小化问题。最速下降方向是在当前模型 F_m−1 下的损失函数的负梯度方向，其中模型 F_{m-1} 可以计算任何可微损失函数：

$$F_m(x) = F_{m-1}(x) + \gamma_m \sum_{i=1}^{n} \nabla_F L\left(y_i, F_{m-1}(x_i)\right) \quad \text{（公式 10.4）}$$

其中步长 γ_m 通过如下方式线性搜索获得：

$$\gamma_m = \arg\min_{\gamma} \sum_{i=1}^{n} L\left(y_i, F_{m-1}(x_i) - \gamma \frac{\partial L(y_i, F_{m-1}(x_i))}{\partial F_{m-1}(x_i)}\right) \quad \text{（公式 10.5）}$$

该算法处理分类和回归问题的不同之处在于具体损失函数的使用。

以下是目前支持的损失函数，具体损失函数可以通过参数 loss 指定。

（1）回归（Regression）

- Least squares（ls）：由于其优越的计算性能，该损失函数成为回归算法中的自然选择。损失函数的初始值通过目标值的均值给出。
- Least absolute deviation（lad）：回归中具有鲁棒性的损失函数，损失函数的初始值通过目标值的中值给出。
- Huber（huber）：回归中另一个具有鲁棒性的损失函数，它是最小二乘和最小绝对偏差两者的结合。其利用 alpha 来控制模型对于异常点的敏感度。
- Quantile（quantile）：分位数回归损失函数。

（2）分类（Classification）

- Binomial deviance（deviance）：对于二分类问题（提供概率估计），即负的二项 log 似然损失函数，模型以 log 的比值比来初始化。
- Multinomial deviance（deviance）：对于多分类问题的负的多项 log 似然损失函数具有 n_classes 个互斥的类，提供概率估计，初始模型由每个类的先验概率给出。在每一次迭代中，n_classes 回归树被构建，这使得 GBRT 在处理多类别数据集时相当低效。
- Exponential loss（exponential）：与 AdaBoostClassifier 具有相同的损失函数。与 deviance 相比，对被错误标记的样本的鲁棒性较差，仅用于二分类问题。

10.4.6 正则化

1. 收缩率

一个简单的正则化策略是通过一个因子 v 来衡量每个弱分类器对于最终结果的贡献：

$$F_m(x) = F_{m-1}(x) + v\gamma_m h_m(x) \quad \text{（公式 10.6）}$$

由于参数 v 可以控制梯度下降的步长，因此也叫作学习率，它可以通过 learning_rate 参数来设置。

在训练一定数量的弱分类器时，参数 learning_rate 和参数 n_estimators 之间有很强的制约关系。较小的 learning_rate 需要大量的弱分类器才能维持训练误差的稳定。经验表明数值较小的 learning_rate 将会得到更好的测试误差。

我们推荐把 learning_rate 设置为一个较小的常数，例如 learning_rate=0.1，同时通过提前停止策略来选择合适的 n_estimators。

2. 子采样

随机梯度提升这种方法将梯度提升和 Bagging 相结合。在每次迭代中，基分类器通过抽取所有可利用训练集中一小部分的子样本来进行训练，这些子样本是通过无放回的方式采样的。子样本参数的值一般设置为 0.5。

如图 10.3 所示，表明了收缩与否和子采样对于模型拟合好坏的影响。我们可以明显看到指定收缩率比没有收缩拥有更好的表现。而将子采样和收缩率相结合能进一步提高模型的准确率。相反，使用子采样而不使用收缩的结果十分糟糕。

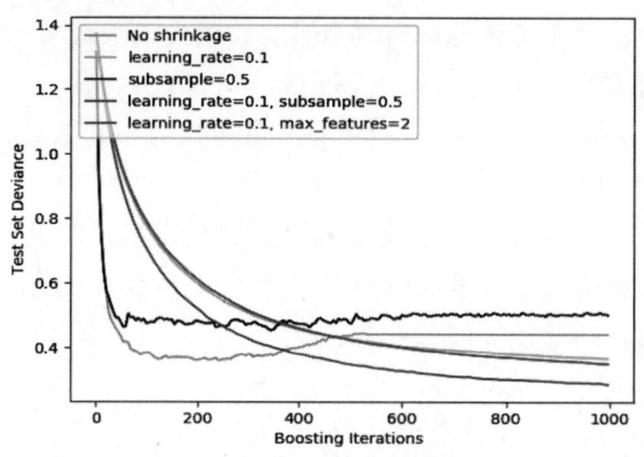

图 10.3 收缩与否和子采样对于模型拟合好坏的影响

另一个减少方差的策略是特征子采样，这种方法类似于 RandomForestClassifier 中的随机分割。子采样的特征数可以通过参数 max_features 来控制。

采用一个较小的 max_features 值能大大缩减模型的训练时间。

随机梯度提升允许计算测试偏差的袋外（out-of-bag）估计值，方法是计算那些不在自助采样之内的样本偏差的改进。这个改进保存在属性 oob_improvement_ 的 oob_improvement_[i] 中，如果将第 i 步添加到当前预测中，则可以改善 OOB 样本的损失。

袋外估计可以使用在模型选择中，例如决定最优迭代次数。OOB 估计通常都很悲观，因此我们推荐使用交叉验证来代替它，但是当交叉验证太耗时时，我们就只能使用 OOB 了。

3. 解释性

通过简单地可视化树结构很容易解释单个决策树，然而对于梯度提升模型来说，一般拥有数百棵回归树，将每一棵树都可视化来解释整个模型是很困难的。幸运的是，有很多关于总结和解释梯度提升模型的技术。

4. 特征重要性

通常情况下每个特征对于预测目标的影响是不同的。在很多情形下，大多数特征和预测结果是无关的。当解释一个模型时，第一个问题通常是：这些重要的特征是什么？它们如何在预测目标方面产生积极的影响？

单个决策树本质上是通过选择最佳切分点来进行特征选择的。这个信息可以用来评定每个特征的重要性。其基本思想是：在树的分割点中使用的特征越频繁，特征越重要。这个特征重要性的概念可以通过简单地平均每棵树的特征重要性来扩展到决策树集合。

对于一个训练好的梯度提升模型，其特征重要性分数可以通过属性 feature_importances_ 查看。

【例 10.10】查看特征重要性。

```
from sklearn.datasets import make_hastie_10_2
from sklearn.ensemble import GradientBoostingClassifier
X, y = make_hastie_10_2(random_state=0)
clf = GradientBoostingClassifier(n_estimators=100, learning_rate=1.0,
max_depth=1, random_state=0).fit(X, y)
clf.feature_importances_
```

结果返回如下：

```
array([0.10684213, 0.10461707, 0.11265447, 0.09863589,
0.09469133,0.10729306, 0.09163753, 0.09718194, 0.09581415, 0.09063242])
```

10.4.7 投票分类器

投票分类器（Voting Classifier）的原理是结合了多个不同的机器学习分类器，并且采用多数表决（硬投票）或者平均预测概率（软投票）的方式来预测分类标签。这样的分类器可以用于一组同样表现良好的模型，以便平衡它们各自的弱点。

1. 多数类标签（又称为多数投票 / 硬投票）

在多数投票中，对于每个特定样本的预测类别标签是所有单独分类器预测的类别标签中票数占据多数（模式）的类别标签。

例如，如果给定样本的预测是：

- classifier 1 → class 1
- classifier 2 → class 1
- classifier 3 → class 2

class 1 占据多数，通过 voting='hard' 参数设置投票分类器为多数表决方式，会得到该样本的预测结果是 class 1。

在平局的情况下，投票分类器将根据升序排序顺序选择类标签。例如，场景如下：

- classifier 1 → class 2
- classifier 2 → class 1

这种情况下，class 1 将会被指定为该样本的类标签。

【例 10.11】训练多数规则分类器。

```
from sklearn import datasets
from sklearn.model_selection import cross_val_score
from sklearn.linear_model import LogisticRegression
from sklearn.naive_bayes import GaussianNB
from sklearn.ensemble import RandomForestClassifier
from sklearn.ensemble import VotingClassifier
iris = datasets.load_iris()
X, y = iris.data[:, 1:3], iris.target
clf1 = LogisticRegression(solver='lbfgs', multi_class='multinomial',
random_state=1)
clf2 = RandomForestClassifier(n_estimators=50, random_state=1)
clf3 = GaussianNB()
eclf = VotingClassifier(estimators=[('lr', clf1), ('rf', clf2), ('gnb',
clf3)], voting='hard')
for clf, label in zip([clf1, clf2, clf3, eclf], ['Logistic Regression',
'Random Forest', 'naive Bayes', 'Ensemble']):
    scores = cross_val_score(clf, X, y, cv=5, scoring='accuracy')
    print("Accuracy: %0.2f (+/- %0.2f) [%s]" % (scores.mean(), scores.
std(), label))
```

结果显示如下：

```
Accuracy: 0.95 (+/-0.04) [Logistic Regression]
Accuracy: 0.94 (+/-0.04) [Random Forest]
Accuracy: 0.91 (+/-0.04) [naive Bayes]
Accuracy: 0.95 (+/-0.04) [Ensemble]
```

2. 加权平均概率（软投票）

与多数投票（硬投票）相比，软投票将类别标签返回为预测概率之和的 argmax。

具体的权重可以通过权重参数 weights 分配给每个分类器。当提供权重参数 weights 时，收集每个分类器的预测分类概率，乘以分类器权重并取平均值。然后将具有最高平均概率的类别标签确定为最终类别标签。

为了用一个简单的例子来说明这一点，假设我们有 3 个分类器和一个 3 类分类问题，我们给所有分类器赋予相等的权重：w_1=1，w_2=1，w_3=1。

样本的加权平均概率计算如表 10.1 所示。

表 10.1 样本的加权平均概率计算

分 类 器	类 别 1	类 别 2	类 别 3
分类器 1	*w*1 * 0.2	*w*1 * 0.5	*w*1 * 0.3
分类器 2	*w*2 * 0.6	*w*2 * 0.3	*w*2 * 0.1
分类器 3	*w*3 * 0.3	*w*3 * 0.4	*w*3 * 0.3
加权平均概率	0.37	0.4	0.23

从表中可以看出，预测的类标签是 2，因为它具有最大的平均概率。

3. 投票分类器在网格搜索中的应用

为了调整每个估计器的超参数，VotingClassifier 也可以和 GridSearchCV 一起使用。

【例 10.12】投票分类器在网格搜索中的应用。

```
from sklearn.model_selection import GridSearchCV
clf1 = LogisticRegression(random_state=1)
clf2 = RandomForestClassifier(random_state=1)
clf3 = GaussianNB()
eclf = VotingClassifier(estimators=[('lr', clf1), ('rf', clf2), ('gnb', clf3)], voting='soft')
params = {'lr__C': [1.0, 100.0], 'rf__n_estimators': [20, 200],}
grid = GridSearchCV(estimator=eclf, param_grid=params, cv=5)
grid = grid.fit(iris.data, iris.target)
```

为了通过预测的类别概率来预测类别标签，投票分类器中的学习器必须支持 predict_proba 方法：

```
eclf = VotingClassifier(estimators=[('lr', clf1), ('rf', clf2), ('gnb', clf3)], voting='soft')
```

可选，也可以为单个分类器提供权重：

```
eclf = VotingClassifier(estimators=[('lr', clf1), ('rf', clf2), ('gnb', clf3)], voting='soft', weights=[2,5,1])
```

10.4.8 投票回归器

投票回归器背后的思想是将概念上不同的机器学习回归器组合起来，并返回平均预测值。这样一个回归器对于一组同样表现良好的模型是有用的，以便平衡它们各自的弱点。

【例 10.13】匹配投票回归器。

```
from sklearn import datasets
from sklearn.ensemble import GradientBoostingRegressor
from sklearn.ensemble import RandomForestRegressor
from sklearn.linear_model import LinearRegression
from sklearn.ensemble import VotingRegressor
# 加载数据集
boston = datasets.load_boston()
X = boston.data
y = boston.target
# 训练分类器
reg1 = GradientBoostingRegressor(random_state=1, n_estimators=10)
reg2 = RandomForestRegressor(random_state=1, n_estimators=10)
reg3 = LinearRegression()
ereg = VotingRegressor(estimators=[('gb', reg1), ('rf', reg2), ('lr', reg3)])
ereg = ereg.fit(X, y)
```

下面的例子展示了投票回归器与个体回归器的预测比较图。

【例 10.14】投票回归器与个体回归器的预测比较。

```
"""
在本例中，我们会绘制出所有模型的预测结果以用于比较。
本例采用的数据集来自一组糖尿病人，共包含 10 个特征。目标是一年后对疾病进展进行定量测量。
"""
import matplotlib.pyplot as plt
from sklearn.datasets import load_diabetes
from sklearn.ensemble import GradientBoostingRegressor
from sklearn.ensemble import RandomForestRegressor
from sklearn.linear_model import LinearRegression
from sklearn.ensemble import VotingRegressor
# %%
# 训练分类器
# --------------------------------
# 首先，我们会加载糖尿病数据集并且初始化一个梯度提升回归器、一个随机森林回归器和一个线性回归
# 接下来，我们会使用 3 个回归器去构建一个投票回归器
X, y = load_diabetes(return_X_y=True)
# Train classifiers
reg1 = GradientBoostingRegressor(random_state=1)
reg2 = RandomForestRegressor(random_state=1)
reg3 = LinearRegression()
reg1.fit(X, y)
reg2.fit(X, y)
reg3.fit(X, y)
ereg = VotingRegressor([("gb", reg1), ("rf", reg2), ("lr", reg3)])
ereg.fit(X, y)
# %%
# 做出预测
# --------------------------------
# 现在我们使用每个回归器来预测前 20 个测试数据
xt = X[:20]
pred1 = reg1.predict(xt)
pred2 = reg2.predict(xt)
pred3 = reg3.predict(xt)
pred4 = ereg.predict(xt)
# %%
# 将结果绘制出来
# --------------------------------
# 最后，我们会将 20 个预测结果可视化。红星代表投票回归器的预测结果
plt.figure()
plt.plot(pred1, "gd", label="GradientBoostingRegressor")
plt.plot(pred2, "b^", label="RandomForestRegressor")
plt.plot(pred3, "ys", label="LinearRegression")
plt.plot(pred4, "r*", ms=10, label="VotingRegressor")
plt.tick_params(axis="x", which="both", bottom=False, top=False,
labelbottom=False)
plt.ylabel("predicted")
plt.xlabel("training samples")
```

```
plt.legend(loc="best")
plt.title("Regressor predictions and their average")
plt.show()
```

从图 10.4 我们可以看到，投票回归器的预测值总是位于几个个体回归器的中间。因为它是几个个体回归器的平均。这样做的好处是能够减少预测值的方差。

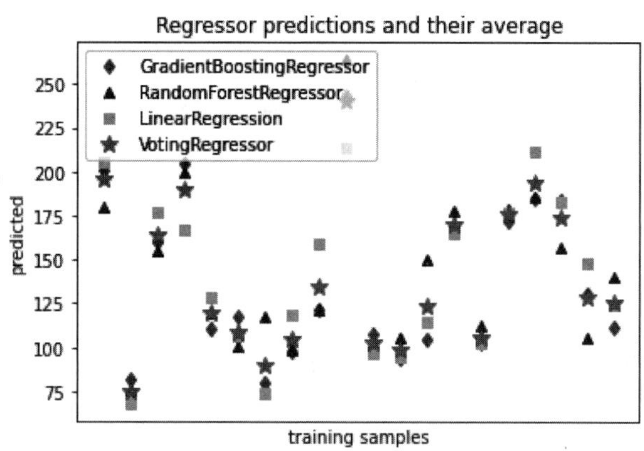

图 10.4 投票回归器与个体回归器的预测比较图

10.5 本章小结

集成学习是使用一系列估计器进行学习，并使用某种规则把各个学习结果统一成一个最终的决策，从而获得比单个估计器更好的学习效果的机器学习方法。其中每个单独的分类器称为基分类器。集成方法通常分为两种，一种是 Boosting 方法，该方法训练基分类器时采用串行的方式，各个基分类器之间有一定的依赖性，代表方法有 AdaBoost、梯度提升树。另一种方法是 Bagging，它与 Boosting 的串行训练方式不同，Bagging 方法在训练过程中，各个基分类器之间无强依赖关系，所以可以进行并行训练，代表方法有基于决策树基分类器的随机森林。

集成学习方法在学界一直热度不减，并且在业界和各种机器学习竞赛中也大受欢迎，有很多成功的应用案例。

10.6 复习题

（1）如果你已经在同一个数据集上训练完毕 5 个不同的模型，并且这 5 个模型都已经达到 90% 以上的准确率，是否还有方法利用这 5 个模型以获得更好的结果？

（2）硬投票分类器和软投票分类器有什么区别？

（3）如果采用 AdaBoost 算法训练数据但是发现结果欠拟合，应该如何调整超参数？

第 11 章 从感知机到支持向量机

支持向量机（Support Vector Machine，SVM）是一个功能强大且全面的机器学习模型，它能够实现以下监督学习任务：线性分类和非线性分类、回归，甚至是异常值检测。它是机器学习领域最受欢迎的模型之一。

支持向量机的优势在于：

- 在高维空间中非常高效。
- 即使在数据维度比样本数量大的情况下仍然有效。
- 在决策函数（称为支持向量）中使用训练集的子集，因此它也是高效利用内存的。
- 具有通用性，不同的核函数与特定的决策函数一一对应。

支持向量机的缺点包括：

- 大规模训练样本的训练时间较长。
- 解决多分类问题比较困难。

支持向量机特别适合进行中小型复杂数据集的分类。

11.1 线性支持向量机分类

线性支持向量机的思想可以通过以下例子来说明。

如图 11.1 所示是 Iris 数据集中的样本数据，可以看到我们很容易找到一条直线把这两个类别直接分开，也就是说它们是线性可分的。

图 11.1 左图上画出了 3 个可能的线性分类器的决策边界，其中虚线效果最差，因为它无法将两个类别区分开来。另外两个看起来在训练集上表现很好，但是它们的决策边界与边缘数据离得太近，所以如果有新数据引入的话，模型可能不会在新数据集上表现得和之前一样好。

再看看右边的图，实线代表的是一个 SVM 分类器的决策边界。其中两条虚线上都有一些样本实例，实线在这两条虚线的中间。这条线不仅将两个类别区分开来，同时它还与此决策边界最近的训练数据实例离得足够远。

我们可以把 SVM 分类器看成是在两个类别之间创建一条尽可能宽的道路（这条道路就是右图的两条平行虚线），因此也可以称为大间距分类（Large Margin Classification）。

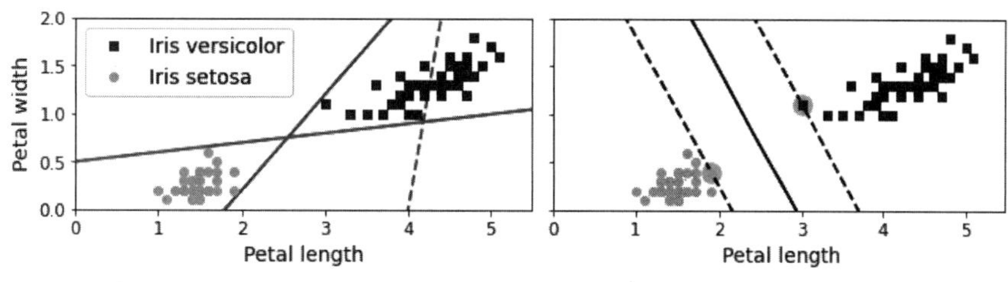

图 11.1 大间距分类

可以看到的是，如果数据集中新增加的训练数据在两条平行线外侧，则不会对决策边界产生任何影响，决策边界仅由两条平行线（图 11.1 右图虚线）上的数据决定。这些决策边界上的数据实例称为支持向量（Support Vector），这些实例已在图 11.1 右图中用圆圈标记出来了。

11.1.1 线性支持向量机分类示例

【例 11.1】大间距分类。

```
from sklearn.svm import SVC
from sklearn import datasets
import matplotlib.pyplot as plt
# 加载鸢尾花数据集
iris = datasets.load_iris()
# 花瓣长度，花瓣宽度
X = iris["data"][:, (2, 3)]
y = iris["target"]
setosa_or_versicolor = (y == 0) | (y == 1)
X = X[setosa_or_versicolor]
y = y[setosa_or_versicolor]
# SVM 分类器模型
svm_clf = SVC(kernel="linear", C=float("inf"))
svm_clf.fit(X, y)
# 较差的模型
x0 = np.linspace(0, 5.5, 200)
pred_1 = 5*x0 - 20
pred_2 = x0 - 1.8
pred_3 = 0.1 * x0 + 0.5
def plot_svc_decision_boundary(svm_clf, xmin, xmax):
    w = svm_clf.coef_[0]
    b = svm_clf.intercept_[0]
    # 在决策边界，w0*x0 + w1*x1 + b = 0
    # => x1 = -w0/w1 * x0 - b/w1
    x0 = np.linspace(xmin, xmax, 200)
    decision_boundary = -w[0]/w[1] * x0 - b/w[1]
    margin = 1/w[1]
    gutter_up = decision_boundary + margin
    gutter_down = decision_boundary - margin
```

```
    svs = svm_clf.support_vectors_
    plt.scatter(svs[:, 0], svs[:, 1], s=180, facecolors='#FFAAAA')
    plt.plot(x0, decision_boundary, "k-", linewidth=2)
    plt.plot(x0, gutter_up, "k--", linewidth=2)
    plt.plot(x0, gutter_down, "k--", linewidth=2)
fig, axes = plt.subplots(ncols=2, figsize=(10,2.7), sharey=True)
plt.sca(axes[0])
plt.plot(x0, pred_1, "g--", linewidth=2)
plt.plot(x0, pred_2, "m-", linewidth=2)
plt.plot(x0, pred_3, "r-", linewidth=2)
plt.plot(X[:, 0][y==1], X[:, 1][y==1], "bs", label="Iris versicolor")
plt.plot(X[:, 0][y==0], X[:, 1][y==0], "yo", label="Iris setosa")
plt.xlabel("Petal length", fontsize=14)
plt.ylabel("Petal width", fontsize=14)
plt.legend(loc="upper left", fontsize=14)
plt.axis([0, 5.5, 0, 2])
plt.sca(axes[1])
plot_svc_decision_boundary(svm_clf, 0, 5.5)
plt.plot(X[:, 0][y==1], X[:, 1][y==1], "bs")
plt.plot(X[:, 0][y==0], X[:, 1][y==0], "yo")
plt.xlabel("Petal length", fontsize=14)
plt.axis([0, 5.5, 0, 2])
plt.show()
```

需要注意的是，支持向量机对特征的取值范围非常敏感。

如图 11.2 所示，在左边的图中，纵坐标的取值范围要远大于横坐标的取值范围，所以支持向量机的“最宽的道路”非常接近水平线。

但在做了特征缩放（feature scaling）后，纵坐标的取值范围与横坐标的取值范围差异变小。如使用 sklearn 的 StrandardScaler，决策边界看起来较为理想（见图 11.2 右图）。

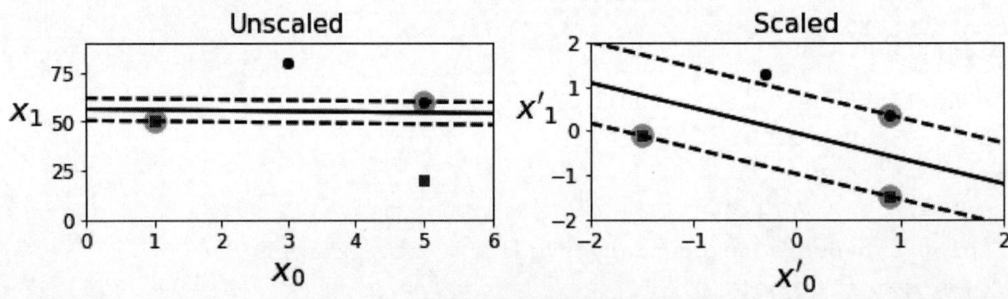

图 11.2 支持向量机特征是否缩放比较

【例 11.2】特征缩放。

```
from sklearn.svm import SVC
import numpy as np
import matplotlib.pyplot as plt
Xs = np.array([[1, 50], [5, 20], [3, 80], [5, 60]]).astype(np.float64)
```

```
    ys = np.array([0, 0, 1, 1])
    svm_clf = SVC(kernel="linear", C=100)
    svm_clf.fit(Xs, ys)
    plt.figure(figsize=(9,2.7))
    plt.subplot(121)
    plt.plot(Xs[:, 0][ys==1], Xs[:, 1][ys==1], "bo")
    plt.plot(Xs[:, 0][ys==0], Xs[:, 1][ys==0], "ms")
    plot_svc_decision_boundary(svm_clf, 0, 6)
    plt.xlabel("$x_0$", fontsize=20)
    plt.ylabel("$x_1$    ", fontsize=20, rotation=0)
    plt.title("Unscaled", fontsize=16)
    plt.axis([0, 6, 0, 90])
    from sklearn.preprocessing import StandardScaler
    scaler = StandardScaler()
    X_scaled = scaler.fit_transform(Xs)
    svm_clf.fit(X_scaled, ys)
    plt.subplot(122)
    plt.plot(X_scaled[:, 0][ys==1], X_scaled[:, 1][ys==1], "bo")
    plt.plot(X_scaled[:, 0][ys==0], X_scaled[:, 1][ys==0], "ms")
    plot_svc_decision_boundary(svm_clf, -2, 2)
    plt.xlabel("$x'_0$", fontsize=20)
    plt.ylabel("$x'_1$  ", fontsize=20, rotation=0)
    plt.title("Scaled", fontsize=16)
    plt.axis([-2, 2, -2, 2])
```

11.1.2 软间隔分类

从上面两个例子我们可以看到，所有数据样本都整齐地分布在两个不同的类别中，所以我们可以很方便地找出一条决策边界。但是，很多时候数据分布却不是这样的，经常是一个类别里面混入一些其他类别的数据，也就是异常点。

如果我们严格地要求所有点都不在“道路”上并且被正确地分类，则称其为硬间隔分类（Hard Margin Classification）。

硬间隔分类中有两个主要问题：

- 仅在线性可分的情况下适用。
- 对异常点非常敏感。

下面我们用一个简单的例子来说明一下这个过程。

如图 11.3 所示，在左图中，如果存在这种异常点，则无法找到一个硬间隔。在右图中，如果存在这种异常点，则最终的决策边界与前面无异常值的决策边界会有很大的差异，并且它的泛化性能可能并不太好。因为它的“道路”的选择受到异常点的干扰。

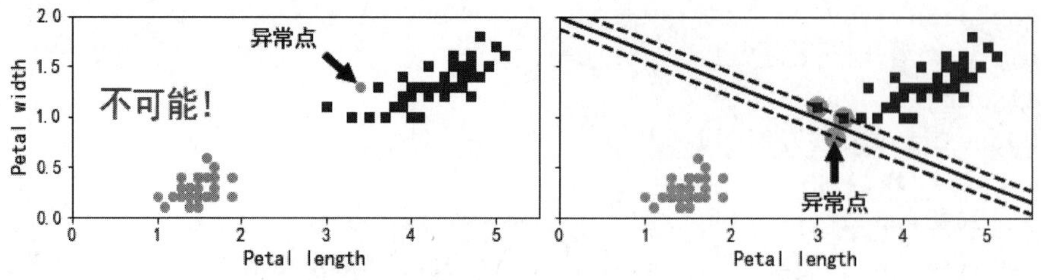

图 11.3 硬间隔对异常值的敏感度

【例 11.3】硬间隔分类与异常点。

```
from sklearn.svm import SVC
import numpy as np
import matplotlib.pyplot as plt
from sklearn import datasets
# 加载鸢尾花数据集
iris = datasets.load_iris()
# 花瓣长度，花瓣宽度
X = iris["data"][:, (2, 3)]
y = iris["target"]
setosa_or_versicolor = (y == 0) | (y == 1)
X = X[setosa_or_versicolor]
y = y[setosa_or_versicolor]
X_outliers = np.array([[3.4, 1.3], [3.2, 0.8]])
y_outliers = np.array([0, 0])
Xo1 = np.concatenate([X, X_outliers[:1]], axis=0)
yo1 = np.concatenate([y, y_outliers[:1]], axis=0)
Xo2 = np.concatenate([X, X_outliers[1:]], axis=0)
yo2 = np.concatenate([y, y_outliers[1:]], axis=0)
svm_clf2 = SVC(kernel="linear", C=10**9)
svm_clf2.fit(Xo2, yo2)
fig, axes = plt.subplots(ncols=2, figsize=(10,2.7), sharey=True)
plt.rcParams['font.sans-serif'] = ['SimHei']
plt.sca(axes[0])
plt.plot(Xo1[:, 0][yo1==1], Xo1[:, 1][yo1==1], "bs")
plt.plot(Xo1[:, 0][yo1==0], Xo1[:, 1][yo1==0], "yo")
plt.text(0.3, 1.0, " 不可能 !", fontsize=24, color="red")
plt.xlabel("Petal length", fontsize=14)
plt.ylabel("Petal width", fontsize=14)
plt.annotate(" 异常点 ",
             xy=(X_outliers[0][0], X_outliers[0][1]),
             xytext=(2.5, 1.7),
             ha="center",
             arrowprops=dict(facecolor='black', shrink=0.1),
             fontsize=16,
            )
```

```
    plt.axis([0, 5.5, 0, 2])
    plt.sca(axes[1])
    plt.plot(Xo2[:, 0][yo2==1], Xo2[:, 1][yo2==1], "bs")
    plt.plot(Xo2[:, 0][yo2==0], Xo2[:, 1][yo2==0], "yo")
    plot_svc_decision_boundary(svm_clf2, 0, 5.5)
    plt.xlabel("Petal length", fontsize=14)
    plt.annotate("异常点",
                 xy=(X_outliers[1][0], X_outliers[1][1]),
                 xytext=(3.2, 0.08),
                 ha="center",
                 arrowprops=dict(facecolor='black', shrink=0.1),
                 fontsize=16,
                )
    plt.axis([0, 5.5, 0, 2])
    plt.show()
```

为了避免这些情况，我们需要使用一个更灵活的模型。所以我们的目标是：

- 尽可能保持“道路”足够宽。
- 不合格的数据实例尽可能少一些。比如，数据实例在“道路”里面，甚至越过道路进入另一侧。我们把这些称为间隔冲突。

在上面两个目标之间找到一个良好的平衡。这个称为软间隔分类（Soft Margin Classification）。

在 sklearn 创建 SVM 模型的时候，我们可以通过参数 C 控制这个平衡。较小的 C 值会使得“道路”更宽，但是不合格的数据实例会更多。

如图 11.4 所示，展示了两个软间隔 SVM 分类器在同一个非线性可分的数据集上的决策边界与间隔。

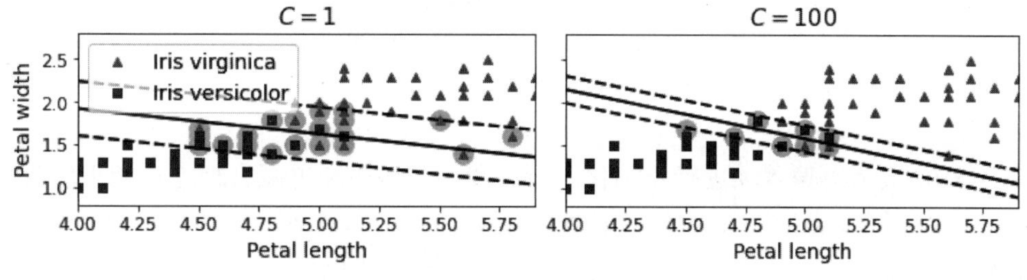

图 11.4 大间隔（左）与更少的间隔冲突（右）

如果 C 取值较小，那么就会得到左图的结果；相反，如果 C 取值较大，那么就会得到右图的结果。从上面两个图中我们可以看到，C 取较小值的时候，“道路”看起来较宽，这样进入“道路”或者越过另一侧的数据实例较多；C 取较大值的时候，“道路”看起来较窄，进入“道路”或者越过另一侧的数据实例较少。尽管如此，左侧的图的实际泛化能力更好。如果出现支持向量机模型过拟合的情况，可以尝试通过降低 C 值来对其正则化。

下面是一个示例代码，加载 Iris 数据集，对特征进行缩放，然后训练一个线性 SVM 模型（使用 LinearSVC 类，指定 C=1 以及 hinge 损失函数）用于检测 Iris 的 virginica flower。模型的结果就是图 11.4 中 C=1 时的图。

【例 11.4】软间隔分类。

```
import numpy as np
from sklearn import datasets
from sklearn.pipeline import Pipeline
from sklearn.preprocessing import StandardScaler
from sklearn.svm import LinearSVC
iris = datasets.load_iris()
# 花瓣长度，宽度
X = iris["data"][:, (2, 3)]
# 三类鸢尾属植物之一 Iris virginica
y = (iris["target"] == 2).astype(np.float64)
svm_clf = Pipeline([
        ("scaler", StandardScaler()),
        ("linear_svc", LinearSVC(C=1, loss="hinge", random_state=42)),
    ])
svm_clf.fit(X, y)
```

这样生成的模型如图 11.4 所示。

读者可以利用这个训练好的支持向量机分类器进行预测：

```
>>> svm_clf.predict([[5.5, 1.7]])
array([1.])
```

不过与逻辑回归分类器不同的是，支持向量机分类器不会返回每个类的概率。

上面的代码也可以进行改写，也可以使用 SVC 类，使用 SVC(kernel="linear", C=1)。但是它的速度会慢很多，特别是在训练集非常大的情况下，所以并不推荐这种用法。

另一种用法是使用 SGDClassifier 类，使用 SGDClassifier(loss="hinge", alpha=1/(m*C))。这样会使用随机梯度下降训练一个线性 SVM 分类器。它的收敛不如 LinearSVC 类快，但是在处理非常大的数据集（无法全部放入内存的规模）的非常适用，或者处理在线分类任务时也比较适用。

LinearSVC 类会对偏置项进行正则化，所以我们应该先通过减去训练集的平均数使训练集居中。如果使用 StandardScaler 处理数据，则这个会自动完成。此外，必须确保设置 loss 的超参数为 hinge，因为它不是默认的值。最后，为了性能更好，我们应该设置 dual 超参数为 False，除非数据集中的特征数比训练数据条目还要多。

11.2 非线性支持向量机分类

尽管 SVM 分类器非常高效，并且在很多场景下都非常实用，但是很多数据集并不是线性可分的。一个处理非线性数据集的方法是增加更多的特征，例如多项式特征。在某些情况下，这样可以让数据集变成线性可分。下面我们看看图 11.5 左边那个图。

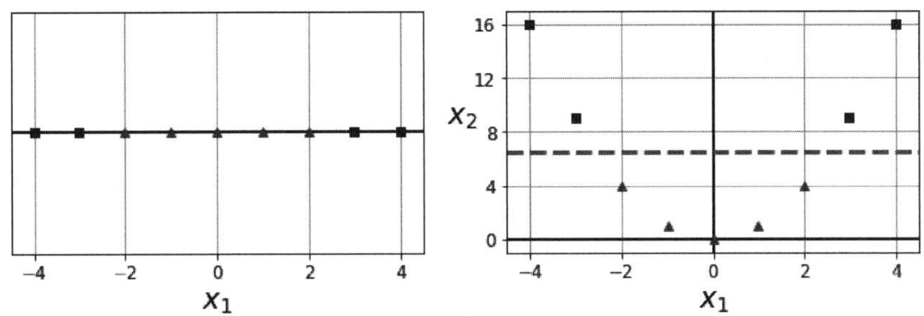

图 11.5 通过添加特征使数据集线性可分

它展示了一个简单的数据集，只有一个特征 x_1，这个数据集一看就知道不是线性可分的。但是如果我们增加一个特征 $x_2=(x_1)^2$，则这个二维数据集便可以完美地线性可分。

使用 sklearn 实现这个功能时，我们可以创建一个 Pipeline，包含一个 PolynomialFeatures transformer，然后紧接着一个 StandardScaler 以及一个 LinearSVC。

下面我们使用 moons 数据集测试一下，这是一个用于二元分类的数据集，数据点以交错半圆的形状分布，如图 11.6 所示。

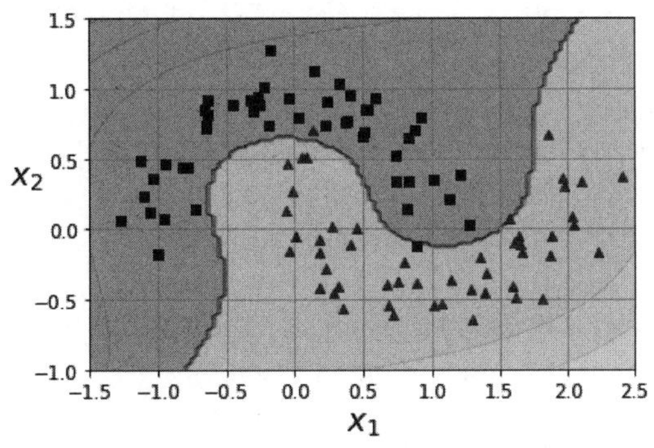

图 11.6 使用多项式特征的线性支持向量机分类器

我们可以使用 make_moons() 方法构造这个数据集。

【例 11.5】多项式特征。

```
from sklearn.datasets import make_moons
from sklearn.pipeline import Pipeline
from sklearn.preprocessing import PolynomialFeatures
polynomial_svm_clf = Pipeline([
        ("poly_features", PolynomialFeatures(degree=3)),
        ("scaler", StandardScaler()),
        ("svm_clf", LinearSVC(C=10, loss="hinge", random_state=42))
    ])
polynomial_svm_clf.fit(X, y)
```

11.2.1 多项式内核

增加多项式特征的办法易于实现，并且适用于所有的机器学习算法，而不仅仅是支持向量机。但是，如果多项式的次数较低的话，则无法处理非常复杂的数据集；而如果太高的话，会创建出非常多的特征，让模型速度变慢。

不过在使用支持向量机时，我们可以使用一个非常神奇的数学技巧，称为核技巧。它可以在不添加额外的多项式属性的情况下，实现与之一样的效果。这个方法在 SVC 类中实现。下面我们继续在 moons 数据集上进行测试。

【例 11.6】多项式内核。

```
from sklearn.svm import SVC
poly_kernel_svm_clf = Pipeline([
        ("scaler", StandardScaler()),
        ("svm_clf", SVC(kernel="poly", degree=3, coef0=1, C=5))
    ])
poly_kernel_svm_clf.fit(X, y)
poly100_kernel_svm_clf = Pipeline([
        ("scaler", StandardScaler()),
        ("svm_clf", SVC(kernel="poly", degree=10, coef0=100, C=5))
    ])
poly100_kernel_svm_clf.fit(X, y)
fig, axes = plt.subplots(ncols=2, figsize=(10.5, 4), sharey=True)
plt.sca(axes[0])
plot_predictions(poly_kernel_svm_clf, [-1.5, 2.45, -1, 1.5])
plot_dataset(X, y, [-1.5, 2.4, -1, 1.5])
plt.title(r"$d=3, r=1, C=5$", fontsize=18)
plt.sca(axes[1])
plot_predictions(poly100_kernel_svm_clf, [-1.5, 2.45, -1, 1.5])
plot_dataset(X, y, [-1.5, 2.4, -1, 1.5])
plt.title(r"$d=10, r=100, C=5$", fontsize=18)
plt.ylabel("")
plt.show()
```

上面的代码会使用一个 3 阶多项式内核训练一个 SVM 分类器，如图 11.7 左图所示。

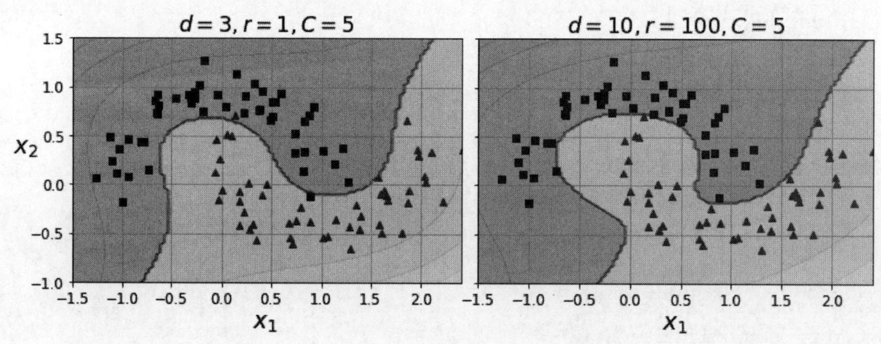

图 11.7 多项式内核训练的支持向量机

图 11.7 右图是另一个 SVM 分类器，使用的是 10 阶多项式核。很明显，如果模型存在过拟合的现象，则可以减少多项式的阶。反之，如果欠拟合，则可以尝试增加它的阶。超参数

coef0 控制的是多项式特征影响模型的程度。

一个比较常见的搜索合适的超参数的方法是使用网格搜索。一般使用一个较大的网格搜索范围快速搜索，然后用一个更精细的网格搜索范围在最佳值附近再尝试。最好能了解每个超参数是做什么的，这样有助于设置超参数的搜索空间。

11.2.2 相似特征

另一个处理非线性问题的技巧是增加一些特定的特征，这些特征由一个相似函数（Similarity Function）计算所得。这个相似函数衡量的是：对于每条数据，它与一个特定地标（Landmark）的相似程度。

举个例子，我们看一个之前讨论过的一维数据集，给它加上两个地标 x_1=−2 以及 x_1=1（如图 11.8 左图所示）。下面我们定义一个相似函数，高斯径向基函数（Gaussian Radial Basis Function），并指定 γ=0.3，公式如下：

$$\phi_\gamma(x,\ell)=\exp(-\gamma\left\|x-\ell\right\|^2) \quad \text{（公式 11.1）}$$

这个函数的图像是一个钟形，取值范围是 0~1。越接近 0，离地标越远；越接近 1，离地标越近；等于 1 时，就是在地标处。现在我们开始计算新特征，例如，我们可以看看 x_1=−1 的实例：它与第一个地标的距离是 1，与第二个地标的距离是 2。所以它的新特征是，$x_2=\exp(-0.3\times1^2)\approx0.74$，$x_3=\exp(-0.3\times2^2)\approx0.30$。图 11.8 右图显示的是转换后的数据集（剔除掉原先的特征），可以很明显地看到，现在数据集已经变成是线性可分的。

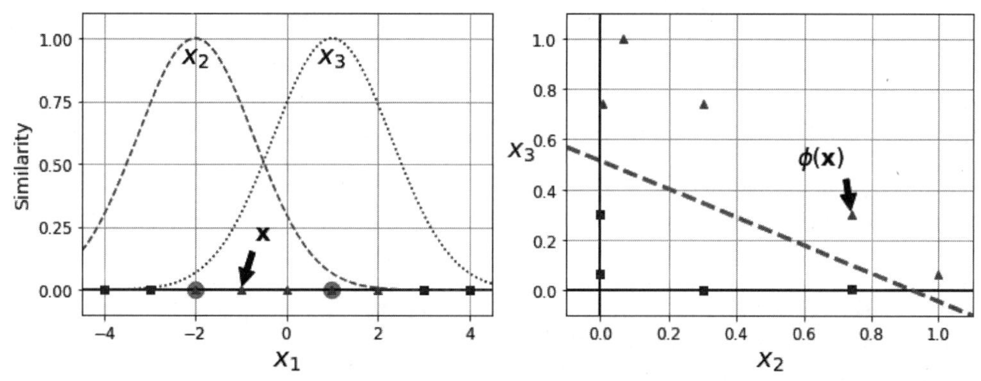

图 11.8 使用高斯径向基函数的相似特征

关于如何选择地标，最简单的办法是：在数据集中的每条数据的位置创建一个地标。这个会创建出非常多的维度，因此也可以让转换后训练集是线性可分的概率增加。缺点是，如果一个训练集有 m 条数据与 n 个特征，则在转换后会有 m 条数据与 m 个特征（假设抛弃之前的特征）。如果训练集非常大的话，则会有数量非常大的特征数量。

【例 11.7】相似特征。

```
import numpy as np
import matplotlib.pyplot as plt
```

```
X1D = np.linspace(-4, 4, 9).reshape(-1, 1)
X2D = np.c_[X1D, X1D**2]
def gaussian_rbf(x, landmark, gamma):
    return np.exp(-gamma * np.linalg.norm(x - landmark, axis=1)**2)
gamma = 0.3
x1s = np.linspace(-4.5, 4.5, 200).reshape(-1, 1)
x2s = gaussian_rbf(x1s, -2, gamma)
x3s = gaussian_rbf(x1s, 1, gamma)
XK = np.c_[gaussian_rbf(X1D, -2, gamma), gaussian_rbf(X1D, 1, gamma)]
yk = np.array([0, 0, 1, 1, 1, 1, 1, 0, 0])
plt.figure(figsize=(10.5, 4))
plt.subplot(121)
plt.grid(True, which='both')
plt.axhline(y=0, color='k')
plt.scatter(x=[-2, 1], y=[0, 0], s=150, alpha=0.5, c="red")
plt.plot(X1D[:, 0][yk==0], np.zeros(4), "bs")
plt.plot(X1D[:, 0][yk==1], np.zeros(5), "g^")
plt.plot(x1s, x2s, "g--")
plt.plot(x1s, x3s, "b:")
plt.gca().get_yaxis().set_ticks([0, 0.25, 0.5, 0.75, 1])
plt.xlabel(r"$x_1$", fontsize=20)
plt.ylabel(r"Similarity", fontsize=14)
plt.annotate(r'$\mathbf{x}$',
             xy=(X1D[3, 0], 0),
             xytext=(-0.5, 0.20),
             ha="center",
             arrowprops=dict(facecolor='black', shrink=0.1),
             fontsize=18,
            )
plt.text(-2, 0.9, "$x_2$", ha="center", fontsize=20)
plt.text(1, 0.9, "$x_3$", ha="center", fontsize=20)
plt.axis([-4.5, 4.5, -0.1, 1.1])
plt.subplot(122)
plt.grid(True, which='both')
plt.axhline(y=0, color='k')
plt.axvline(x=0, color='k')
plt.plot(XK[:, 0][yk==0], XK[:, 1][yk==0], "bs")
plt.plot(XK[:, 0][yk==1], XK[:, 1][yk==1], "g^")
plt.xlabel(r"$x_2$", fontsize=20)
plt.ylabel(r"$x_3$  ", fontsize=20, rotation=0)
plt.annotate(r'$\phi\left(\mathbf{x}\right)$',
             xy=(XK[3, 0], XK[3, 1]),
             xytext=(0.65, 0.50),
             ha="center",
             arrowprops=dict(facecolor='black', shrink=0.1),
             fontsize=18,
            )
plt.plot([-0.1, 1.1], [0.57, -0.1], "r--", linewidth=3)
plt.axis([-0.1, 1.1, -0.1, 1.1])
plt.subplots_adjust(right=1)
plt.show()
```

11.2.3 高斯 RBF 内核

与多项式特征的方法一样，相似特征的方法在所有机器学习算法中都非常有用。但是它在计算所有的额外特征时，计算的开销可能会非常大，特别是在大型训练集上。不过，在支持向量机中，使用核技巧非常好的一点是：它可以在不增加这些相似特征的情况下，达到与增加这些特征相似的结果。下面我们使用 SVC 类试一下高斯 RBF 核：

```
rbf_kernel_svm_clf = Pipeline([
        ("scaler", StandardScaler()),
        ("svm_clf", SVC(kernel="rbf", gamma=5, C=0.001))
    ])
rbf_kernel_svm_clf.fit(X, y)
```

这个模型如图 11.9 左下图所示。

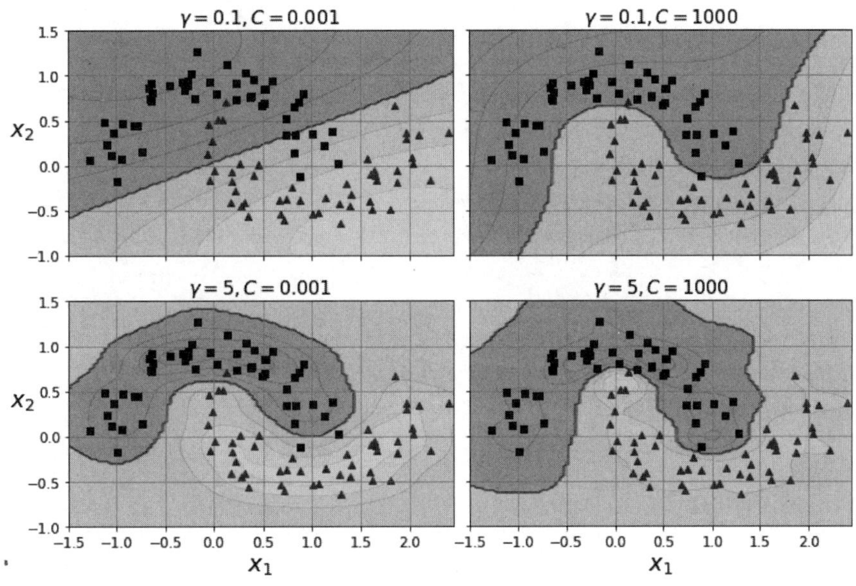

图 11.9 使用 RBF 核的支持向量机分类器

【例 11.8】高斯 RBF 内核。

```
from sklearn.svm import SVC
from sklearn.pipeline import Pipeline
from sklearn.preprocessing import StandardScaler
from sklearn.datasets import make_moons
X, y = make_moons(n_samples=100, noise=0.15, random_state=42)
def plot_predictions(clf, axes):
    x0s = np.linspace(axes[0], axes[1], 100)
    x1s = np.linspace(axes[2], axes[3], 100)
    x0, x1 = np.meshgrid(x0s, x1s)
    X = np.c_[x0.ravel(), x1.ravel()]
    y_pred = clf.predict(X).reshape(x0.shape)
```

```
    y_decision = clf.decision_function(X).reshape(x0.shape)
    plt.contourf(x0, x1, y_pred, cmap=plt.cm.brg, alpha=0.2)
    plt.contourf(x0, x1, y_decision, cmap=plt.cm.brg, alpha=0.1)
def plot_dataset(X, y, axes):
    plt.plot(X[:, 0][y==0], X[:, 1][y==0], "bs")
    plt.plot(X[:, 0][y==1], X[:, 1][y==1], "g^")
    plt.axis(axes)
    plt.grid(True, which='both')
    plt.xlabel(r"$x_1$", fontsize=20)
    plt.ylabel(r"$x_2$", fontsize=20, rotation=0)
gamma1, gamma2 = 0.1, 5
C1, C2 = 0.001, 1000
hyperparams = (gamma1, C1), (gamma1, C2), (gamma2, C1), (gamma2, C2)
svm_clfs = []
for gamma, C in hyperparams:
    rbf_kernel_svm_clf = Pipeline([
            ("scaler", StandardScaler()),
            ("svm_clf", SVC(kernel="rbf", gamma=gamma, C=C))
        ])
    rbf_kernel_svm_clf.fit(X, y)
    svm_clfs.append(rbf_kernel_svm_clf)
fig, axes = plt.subplots(nrows=2, ncols=2, figsize=(10.5, 7), sharex=True,
sharey=True)
for i, svm_clf in enumerate(svm_clfs):
    plt.sca(axes[i // 2, i % 2])
    plot_predictions(svm_clf, [-1.5, 2.45, -1, 1.5])
    plot_dataset(X, y, [-1.5, 2.45, -1, 1.5])
    gamma, C = hyperparams[i]
    plt.title(r"$\gamma = {}, C = {}$".format(gamma, C), fontsize=16)
    if i in (0, 1):
        plt.xlabel("")
    if i in (1, 3):
        plt.ylabel("")
plt.show()
```

其他图代表的是使用不同的超参数 gamma(γ) 与 C 训练出来的模型。增加 gamma 值可以让钟型曲线更窄（如图 11.8 左图所示），并最终导致每个数据实例的影响范围更小：决策边界最终变的更不规则，更贴近各个实例。与之相反，较小的 gamma 值会让钟型曲线更宽，所以实例有更大的影响范围，并最终导致决策边界更平滑。所以 gamma 值的作用类似于一个正则化超参数，如果模型有过拟合，则应该减少此值；而如果模型有欠拟合，则应该增加此值（与超参数 C 类似）。

当然也存在其他核，但是使用得非常少。例如，有些核仅用于特定的数据结构。String Kernel 有时候用于分类文本文档或 DNA 序列。

有这么多的核可供使用，到底如何选择呢？根据经验，首先应该尝试线性核（之前提到过 LinearSVC 比 SVC(kernel='linear') 速度快得多），特别是训练集非常大，或者是有特别多特征的情况下。如果训练集并不是很大，我们也可以尝试高斯 RBF 核，它在大多数情况下都非常好用。如果我们还有充足的时间以及计算资源的话，也可以使用交叉验证与网格搜索试验性地尝试几个其他核，尤其是在存在某些核特别适合这个训练集数据结构的时候。

11.2.4 计算复杂度

LinearSVC 类基于 liblinear 库，它为线性 SVM 实现了一个优化的算法。它并不支持核方法，但是它与训练实例的数量和特征数量几乎呈线性相关，它的训练时间复杂度大约是 $O(m\times n)$。

如果对模型精确度要求很高的话，算法执行的时间更长。这个由容差超参数 ε（在 sklearn 中称为 tol）决定。在大部分分类问题中，使用默认的 tol 即可。

SVC 类基于 libsvm 库，它实现了一个支持核技巧的算法，训练时间复杂度一般在 $O(m^2\times n)$ 与 $O(m^3\times n)$ 之间。也就是说，在训练数据条目非常大（例如几十万条）时，它的速度会下降到非常慢。所以这个算法适用于问题复杂但是训练数据集为小型数据集或中型数据集的情况。不过它还是可以良好地适应特征数量的增加，特别是对于稀疏特征（例如每条数据都几乎没有非 0 特征）。在这种情况下，算法复杂度大致与实例的平均非零特征数呈比例。

表 11.1 对比了 sklearn 中用于 SVM 分类的类。

表 11.1 用于 SVM 分类的 sklearn 类的比较

类	时间复杂度	需要缩放	核技巧
LinearSVC	$O(m\times n)$	是	否
SGDClassifier	$O(m\times n)$	是	否
SVC	$O(m^2\times n)$ 到 $O(m^3\times n)$	是	是

11.3 支持向量机回归

支持向量分类的方法可以被扩展用作解决回归问题。这个方法被称作支持向量回归。

支持向量分类生成的模型只依赖于训练集的子集，因为构建模型的损失函数不在乎边缘之外的训练点。类似地，支持向量回归生成的模型只依赖于训练集的子集，因为构建模型的损失函数忽略任何接近模型预测的训练数据。

它的主要思想是逆转目标：在分类问题中，需要在两个类别中拟合尽可能宽的“道路”（也就是使间隔增大），同时限制间隔冲突；而在支持向量机回归中，它会尝试尽可能地拟合更多的数据实例到“道路”（间隔）上，同时限制间隔冲突（也就是指远离道路的实例）。道路的宽度由超参数 ε 控制。

图 11.10 展示的是两个线性支持向量机回归模型在一些随机线性数据上训练之后的结果，其中一个有较大的间隔（ε=1.5），另一个的间隔较小（ε=0.5）。

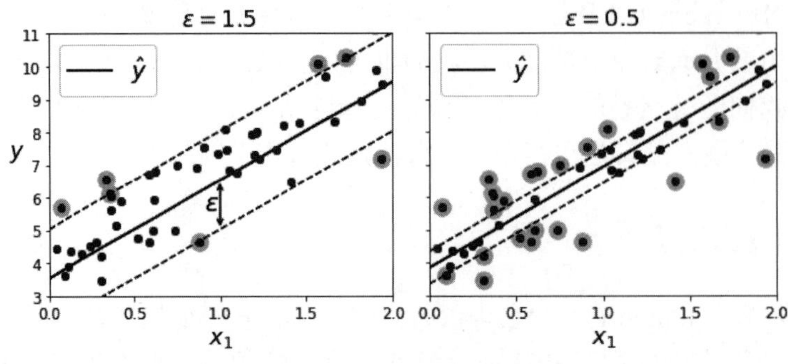

图 11.10 支持向量机回归

如果后续增加的训练数据包含在间隔内，则不会对模型的预测产生影响，所以这个模型也被称为 ε 不敏感。

【例 11.9】线性支持向量机回归。

```
from sklearn.svm import LinearSVR
import numpy as np
import matplotlib.pyplot as plt
np.random.seed(42)
m = 50
X = 2 * np.random.rand(m, 1)
y = (4 + 3 * X + np.random.randn(m, 1)).ravel()
svm_reg = LinearSVR(epsilon=1.5, random_state=42)
svm_reg.fit(X, y)
svm_reg1 = LinearSVR(epsilon=1.5, random_state=42)
svm_reg2 = LinearSVR(epsilon=0.5, random_state=42)
svm_reg1.fit(X, y)
svm_reg2.fit(X, y)
def find_support_vectors(svm_reg, X, y):
    y_pred = svm_reg.predict(X)
    off_margin = (np.abs(y - y_pred) >= svm_reg.epsilon)
    return np.argwhere(off_margin)
svm_reg1.support_ = find_support_vectors(svm_reg1, X, y)
svm_reg2.support_ = find_support_vectors(svm_reg2, X, y)
eps_x1 = 1
eps_y_pred = svm_reg1.predict([[eps_x1]])
def plot_svm_regression(svm_reg, X, y, axes):
    x1s = np.linspace(axes[0], axes[1], 100).reshape(100, 1)
    y_pred = svm_reg.predict(x1s)
    plt.plot(x1s, y_pred, "k-", linewidth=2, label=r"$\hat{y}$")
    plt.plot(x1s, y_pred + svm_reg.epsilon, "k--")
    plt.plot(x1s, y_pred - svm_reg.epsilon, "k--")
    plt.scatter(X[svm_reg.support_], y[svm_reg.support_], s=180,
facecolors='#FFAAAA')
    plt.plot(X, y, "bo")
    plt.xlabel(r"$x_1$", fontsize=18)
    plt.legend(loc="upper left", fontsize=18)
    plt.axis(axes)
fig, axes = plt.subplots(ncols=2, figsize=(9, 4), sharey=True)
```

```
    plt.sca(axes[0])
    plot_svm_regression(svm_reg1, X, y, [0, 2, 3, 11])
    plt.title(r"$\epsilon = {}$".format(svm_reg1.epsilon), fontsize=18)
    plt.ylabel(r"$y$", fontsize=18, rotation=0)
    plt.annotate(
            '', xy=(eps_x1, eps_y_pred), xycoords='data',
            xytext=(eps_x1, eps_y_pred - svm_reg1.epsilon),
            textcoords='data', arrowprops={'arrowstyle': '<->', 'linewidth': 1.5}
        )
    plt.text(0.91, 5.6, r"$\epsilon$", fontsize=20)
    plt.sca(axes[1])
    plot_svm_regression(svm_reg2, X, y, [0, 2, 3, 11])
    plt.title(r"$\epsilon = {}$".format(svm_reg2.epsilon), fontsize=18)
    plt.show()
```

注意，训练数据需要先做缩放以及中心化的操作，中心化又叫零均值化，是指变量减去它的均值。其实就是一个平移的过程，平移后所有数据的中心是 (0, 0)。

在处理非线性的回归任务时，也可以使用核化的支持向量机模型。例如，图 11.11 展示的是 SVM 回归在一个随机的二次训练集上的表现，使用的是二阶多项式核。

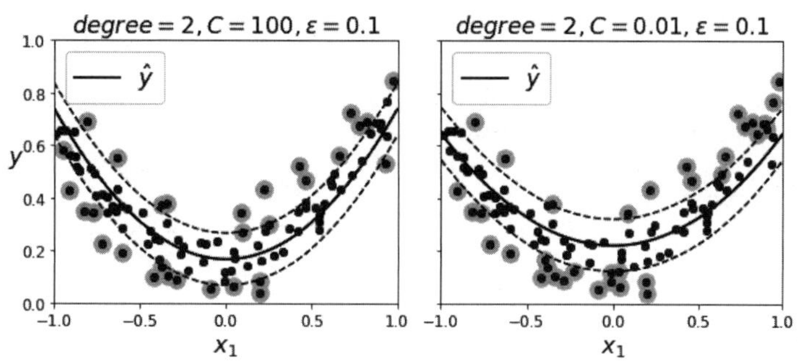

图 11.11 使用二阶多项式核的支持向量机回归

左边的图中几乎没有正则化（超参数 C 的值较大），而右边图中过度正则化（超参数 C 的值较小）。

下面的代码使用 sklearn SVR 类（支持核方法）生成图 11.11 中图的对应模型。SVR 类等同于分类问题中的 SVC 类，并且 LinearSVR 类等同于分类问题中的 LinearSVC 类。LinearSVR 类与训练集的大小线性相关（与 LinearSVC 类一样），而 SVR 类在训练集剧增时，速度会严重下降（与 SVC 类一致）。

【例 11.10】二阶多项式核的支持向量机回归。

```
from sklearn.svm import SVR
import matplotlib.pyplot as plt
import numpy as np
np.random.seed(42)
m = 100
X = 2 * np.random.rand(m, 1) - 1
y = (0.2 + 0.1 * X + 0.5 * X**2 + np.random.randn(m, 1)/10).ravel()
def plot_svm_regression(svm_reg, X, y, axes):
    x1s = np.linspace(axes[0], axes[1], 100).reshape(100, 1)
```

```
        y_pred = svm_reg.predict(x1s)
        plt.plot(x1s, y_pred, "k-", linewidth=2, label=r"$\hat{y}$")
        plt.plot(x1s, y_pred + svm_reg.epsilon, "k--")
        plt.plot(x1s, y_pred - svm_reg.epsilon, "k--")
        plt.scatter(X[svm_reg.support_], y[svm_reg.support_], s=180, facecolors='#FFAAAA')
        plt.plot(X, y, "bo")
        plt.xlabel(r"$x_1$", fontsize=18)
        plt.legend(loc="upper left", fontsize=18)
        plt.axis(axes)
    svm_poly_reg1 = SVR(kernel="poly", degree=2, C=100, epsilon=0.1, gamma="scale")
    svm_poly_reg2 = SVR(kernel="poly", degree=2, C=0.01, epsilon=0.1, gamma="scale")
    svm_poly_reg1.fit(X, y)
    svm_poly_reg2.fit(X, y)
    fig, axes = plt.subplots(ncols=2, figsize=(9, 4), sharey=True)
    plt.sca(axes[0])
    plot_svm_regression(svm_poly_reg1, X, y, [-1, 1, 0, 1])
    plt.title(r"$degree={}, C={}, \epsilon = {}$".format(svm_poly_reg1.degree, svm_poly_reg1.C, svm_poly_reg1.epsilon), fontsize=18)
    plt.ylabel(r"$y$", fontsize=18, rotation=0)
    plt.sca(axes[1])
    plot_svm_regression(svm_poly_reg2, X, y, [-1, 1, 0, 1])
    plt.title(r"$degree={}, C={}, \epsilon = {}$".format(svm_poly_reg2.degree, svm_poly_reg2.C, svm_poly_reg2.epsilon), fontsize=18)
    plt.show()
```

11.4 本章小结

支持向量机是一种二分类模型，它能够实现以下监督学习任务：线性分类和非线性分类、回归，甚至是异常值检测。它的基本模型是定义在特征空间上的间隔最大的线性分类器，间隔最大使它有别于感知机。如果我们严格要求所有点被正确分类，则称为硬间隔分类。不过，很多时候数据集会包含一些异常点，使得我们很难找出一条准确的决策边界。为了灵活处理这种情况，我们想要让间隔最大并且分类不合格的数据少一些，在这两个目标之间找到的一个平衡，称为软间隔分类。支持向量机还包括核技巧，这使它成为实质上的非线性分类器。除了分类任务外，支持向量机分类的方法可以被扩展用作解决回归问题。

11.5 复习题

（1）支持向量机的基本思想是什么？

（2）什么是支持向量？

（3）使用支持向量机时为什么要对输入值进行缩放？

第 12 章 从感知机到人工神经网络

人类从鸟类那里得到启发发明了飞机，从蝙蝠那里得到启发发明了雷达。大自然启发人类实现了无数的发明创造。通过研究大脑来制造智能机器也符合这个逻辑。人工神经网络（ANN）就是沿着这条逻辑诞生的：人工神经网络是受大脑中的生物神经元启发而获得的机器学习模型。但是，虽然飞机是受鸟类启发而来的，但是飞机却不用挥动翅膀。同样，人工神经网络和生物神经元网络也具有不同的特点。一些研究者甚至认为，应该彻底摒弃这种生物学类比。例如，用“单元”取代“神经元”的称呼，以免人们将创造力局限于生物学系统的合理性上。

人工神经网络是深度学习的核心，它用途广泛，功能强大，易于扩展，这让人工神经网络适宜处理庞大且复杂的机器学习任务，例如对数十亿幅图片分类（例如谷歌图片）、语音识别（例如苹果的 Siri）、向数亿用户每天推荐视频（例如抖音），或者学习几百个围棋世界冠军下棋（例如 DeepMind 的 AlphaGo）。

12.1 从神经元到人工神经元

首先，让我们回顾一下人工神经网络的发展历程。

颇让人惊讶的地方是，其实 ANN 已经诞生相当长时间了：神经生理学家 Warren McCulloch 和数学家 Walter Pitts 在 1943 年首次提出了 ANN。在他们里程碑的论文 *A Logical Calculus of Ideas Immanent in Nervous Activity* 中，McCulloch 和 Pitts 介绍了一个简单的计算模型，关于生物大脑的神经元是如何通过命题逻辑协同工作的。这是第一个 ANN 架构，后来才出现了更多的 ANN 架构。

ANN 的早期成功让人们广泛相信，人类马上就能造出真正的智能机器了。20 世纪 60 年代，当这个想法落空时，资金流向了其他地方，ANN 进入了寒冬。20 世纪 80 年代早期，诞生了新的神经网络架构和新的训练方法，联结主义（研究神经网络）复苏，但是进展很慢。到了 20 世纪 90 年代，出现了一批强大的机器学习方法，比如支持向量机。这些新方法的结果更优，也比 ANN 具有更扎实的理论基础，神经网络研究又一次进入寒冬。我们正在经历的是第三次神经网络浪潮。这波浪潮会像前两次那样吗？这一次与前两次有所不同，它会对我们的生活产生更大的影响，理由如下：

我们现在有更多的数据可用于训练神经网络，在大而复杂的问题上，ANN 比其他 ML 技术表现得更好：

- 自从 20 世纪 90 年代开始，计算能力突飞猛进，现在已经可以在理想的时间内训练出大规模的神经网络了。一部分原因是摩尔定律（在过去 50 年间，集成电路中的组件数每两年就翻了一倍），另外要归功于游戏产业，后者生产出了强大的 GPU 显卡。还有，云平台使得任何人都能使用这些计算能力。
- 训练算法得到了提升。虽然相比 20 世纪 90 年代算法变化不大，但相对较小的改进却产生了非常大的影响。
- 在实践中，人工神经网络的一些理论局限没有那么强。例如，许多人认为人工神经网络训练算法效果一般，因为它们很可能陷入局部最优，但事实证明，这在实践中是相当罕见的（或者如果局部最优发生，也通常相当接近全局最优）。
- ANN 已经进入了资金和发展的良性循环。基于 ANN 的惊艳产品常常上头条，从而吸引了越来越多的关注和资金，促进越来越多的进步和更惊艳的产品。

12.1.1 生物神经元

在讨论人工神经元之前，先来看看生物神经元（见图 12.1）。这是动物大脑中一种看起来不寻常的细胞，包括细胞体（含有细胞核和大部分细胞组织）、许多貌似树枝的树突和一条非常长的轴突。轴突的长度可能是细胞体的几倍，也可能是一万倍。在轴突的末梢，轴突会分裂成许多分支，在这些分支的顶端是称为突触的微小结构，突触连接着其他神经元的树突或细胞体。

生物神经元会产生被称为“动作电位”（AP，或称为信号）的短促电脉冲，信号沿轴突传递，使突触释放出被称为神经递质的化学信号。如果神经元在几毫秒内接收了足够量的神经递质，这个神经元也会发送电脉冲（事实上，要取决于神经递质，一些神经递质会禁止发送电脉冲）。

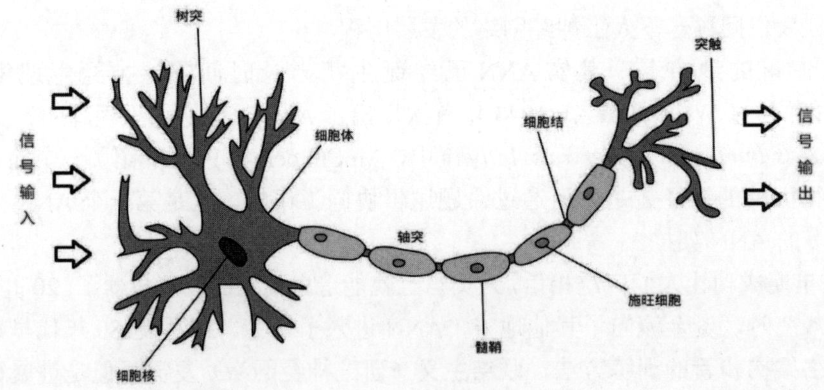

图 12.1 生物神经元

独立的生物神经元就是这样工作的，神经元处于数十亿神经元的网络中，每个神经元都连接着几千个神经元。简单的神经元网络可以完成高度复杂的计算，好像蚂蚁齐心协力就能建成复杂的蚁冢一样。生物神经网络（BNN）如今仍是活跃的研究领域，人们通过绘制部分大脑的结构，发现神经元分布在连续的皮层上，尤其是在大脑皮质（大脑外层）上。

12.1.2 神经元的逻辑计算

McCulloch 和 Pitts 提出了一个非常简单的生物神经元模型，这个模型后来演化成了人工神经元。它具有一个或多个二元（开或关）输入，以及一个二元输出。当达到一定的输入量时，神经元就会被激活产生输出。在他们的论文中，两位作者证明就算用如此简单的模型也可以搭建一个可以完成任何逻辑命题计算的神经网络。

为了展示网络是如何运行的，我们亲手搭建一些不同逻辑计算的 ANN（见图 12.2），假设有两个活跃的输入，神经元就被激活。

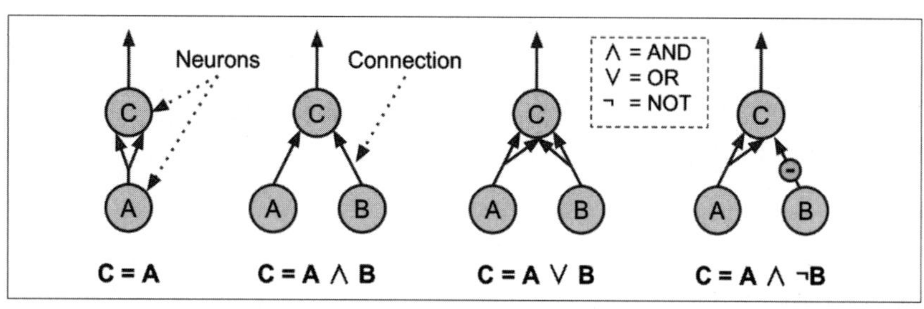

图 12.2 不同逻辑计算的 ANN

这些网络的逻辑计算如下：

- 左边第一个网络是恒等函数：如果神经元 A 被激活，那么神经元 C 也被激活（因为它接收来自神经元 A 的两个输入信号）；但是，如果神经元 A 关闭，那么神经元 C 也关闭。
- 第二个网络执行逻辑 AND：神经元 C 只有在激活神经元 A 和 B（单个输入信号不足以激活神经元 C）时才被激活。
- 第三个网络执行逻辑 OR：如果神经元 A 或神经元 B 被激活（或两者），则神经元 C 被激活。
- 最后，如果我们假设输入连接可以抑制神经元的活动（生物神经元是这样的情况），那么第 4 个网络计算一个稍微复杂的逻辑命题：如果神经元 B 关闭，只有当神经元 A 是激活的，神经元 C 才被激活。如果神经元 A 始终是激活的，那么将得到一个逻辑 NOT：神经元 C 在神经元 B 关闭时是激活的，反之亦然。

我们很容易想到，如何将这些网络组合起来用于计算复杂的逻辑表达式。

例如，使用图 12.2 中的神经元绘制一个如图 12.3 所示用于计算 A ⊕ B 的 ANN。其中 ⊕ 表示 XOR 操作。

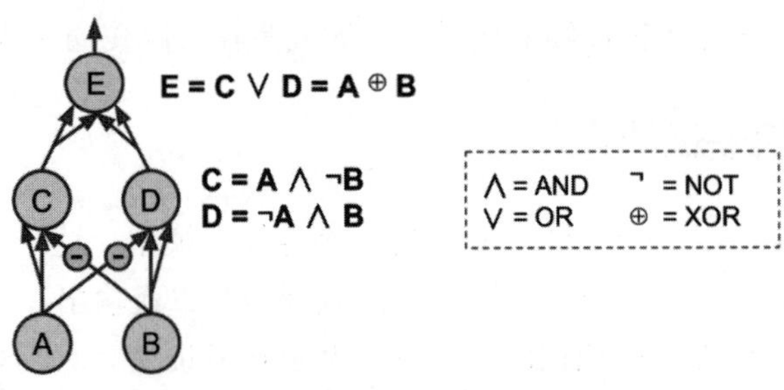

图 12.3 计算 XOR 的神经元网络

12.2 感知机

感知机是最简单的人工神经网络结构之一，由 Frank Rosenblatt 于 1957 年发明。它基于一种稍微不同的人工神经元（见图 12.4），称为阈值逻辑单元（TLU），或称为线性阈值单元（LTU）。

它的输入和输出是数字（而不是二元开 / 关值），并且每个输入连接都有一个权重。TLU 计算其输入的加权和（$z=w_1x_1+w_2x_2+\cdots+w_nx_n=x^\mathrm{T}w$），然后将阶跃函数应用于该和，并输出结果 $h_w(x)=\mathrm{step}(z)$，其中 $z=x^\mathrm{T}w$。

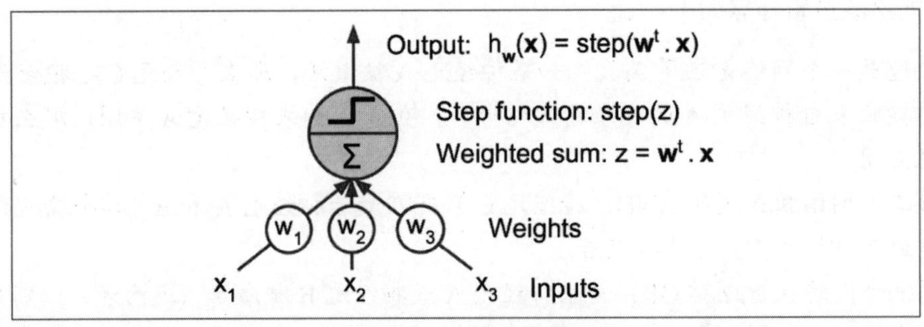

图 12.4 感知机

感知机的激活函数可以有很多选择，比如我们可以选择下面这个阶跃函数 f（见公式 12.1）来作为激活函数（我们假设阈值等于 0）：

$$f(z)=\begin{cases}1 & z>0\\0 & \text{其他}\end{cases} \qquad \text{（公式 12.1）}$$

单个 TLU 可用于简单的线性二元分类。它计算输入的线性组合，如果结果超过阈值，和逻辑回归分类或线性支持向量机分类一样，也是输出正类或者输出负类。例如，使用单个 TLU 基于花瓣长度和宽度对鸢尾花进行分类。训练 TLU 意味着去寻找合适的 w_0、w_1 和 w_2 值。

感知机只由一层 TLU 组成，每个 TLU 连接到所有输入。当一层的神经元连接着前一层的每个神经元时，该层被称为全连接层。感知机的输入来自输入神经元，输入神经元只输出从输入层接收的任何输入。所有的输入神经元都位于输入层。此外，通常再添加一个偏置特征（x_0=1），这种偏置特性通常用一种称为偏置神经元的特殊类型神经元来表示，它总是输出 1。图 12.5 展示了一个具有两个输入和三个输出的感知机，它可以将实例同时分为三个不同的二元类，这使它成为一个多输出分类器。

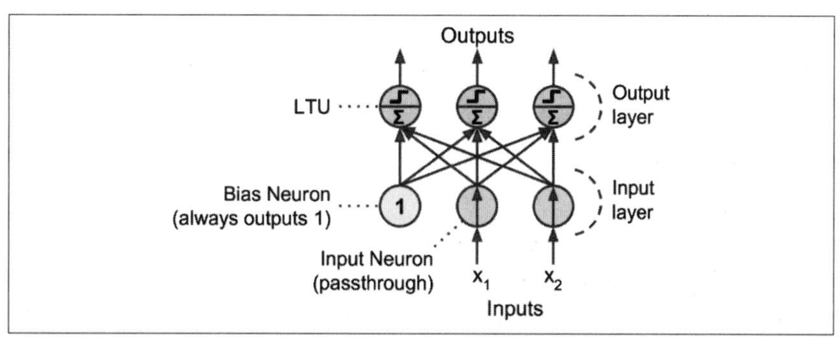

图 12.5 具有两个输入和三个输出的感知机

借助线性代数，利用公式 12.2 可以方便地同时计算出几个实例的一层神经网络的输出。

$$h_{w,b}(X)=\phi(XW+b) \quad \text{（公式 12.2）}$$

在这个公式中：

- X 表示输入特征矩阵，每行是一个实例，每列是一个特征。
- 权重矩阵 W 包含所有的连接权重，除了偏置神经元外。每有一个输入神经元权重矩阵就有一行，神经层每有一个神经元权重矩阵就有一列。
- 偏置量 b 含有所有偏置神经元和人工神经元的连接权重。每有一个人工神经元就对应一个偏置项。
- 函数 ϕ 被称为激活函数，当人工神经网络是 TLU 时，激活函数是阶跃函数。

那么感知机是如何训练的呢？Frank Rosenblatt 提出的感知机训练算法在很大程度上受到 Hebb 规则的启发。在 1949 出版的《行为组织》一书中，Donald Hebb 提出，当一个生物神经元经常触发另一个神经元时，这两个神经元之间的联系就会变得更强。这个规则后来被称为 Hebb 规则。

我们使用这个规则的变体来训练感知机，该规则考虑了网络所犯的误差。更具体地，感知机一次被输送一个训练实例，对于每个实例进行预测。对于每一个产生错误预测的输出神经元，修正输入的连接权重，以获得正确的预测。公式 12.3 展示了 Hebb 规则。

$$w_{i,j}^{(\text{next step})}=w_{i,j}+\eta(y_j-\hat{y}_j)x_i \quad \text{（公式 12.3）}$$

在这个公式中：

- $w_{i,j}$ 是第 i 个输入神经元与第 j 个输出神经元之间的连接权重。
- x_i 是当前训练实例的第 i 个输入值。
- $\hat{y}_i$ 是当前训练实例的第 j 个输出神经元的输出，它是一个预估值。
- y_i 是当前训练实例的第 j 个输出神经元的目标输出，它是一个目标值。

- η 是学习率。

每个输出神经元的决策边界都是线性的，因此感知机不能学习复杂的模式。然而，如果训练实例是线性可分的，该算法将收敛到一个解，这个解不是唯一的，当数据点线性可分的时候，存在无数个可以将它们分离的超平面。

sklearn 提供了一个 Perceptron 类，用于实现单个 TLU 网络。它可以实现大部分功能，例如用于 Iris 数据集。

【例 12.1】感知机在 Iris 数据集的使用。

```
import numpy as np
from sklearn.datasets import load_iris
from sklearn.linear_model import Perceptron
iris = load_iris()
# 花瓣长度、宽度
X = iris.data[:, (2, 3)]  # petal length, petal width
y = (iris.target == 0).astype(np.int)
per_clf = Perceptron(max_iter=1000, tol=1e-3, random_state=42)
per_clf.fit(X, y)
```

默认情况下，sklearn 提供的 Perceptron 具有如下特点：

- 不需要设置学习率（Learning Rate）。
- 不需要正则化处理。
- 仅使用错误样本更新模型。

与逻辑回归分类器相反，感知机不输出分类概率。

感知机结构简单，故有它一些严重缺陷，无法解决一些稍微复杂的问题。感知机中神经元的作用可以理解为对输入空间进行直线划分，单层感知机无法解决最简单的非线性可分问题，比如感知机可以顺利求解与（AND）和或（OR）问题，但是对于异或（XOR）问题（见图 12.6），单层感知机无法通过一条直线进行分割。

其他线性分类模型（比如逻辑回归分类器）也是这样的。但是由于研究人员对感知机的期望更高，所以有些人感到失望，进而放弃了对感知机的进一步研究。

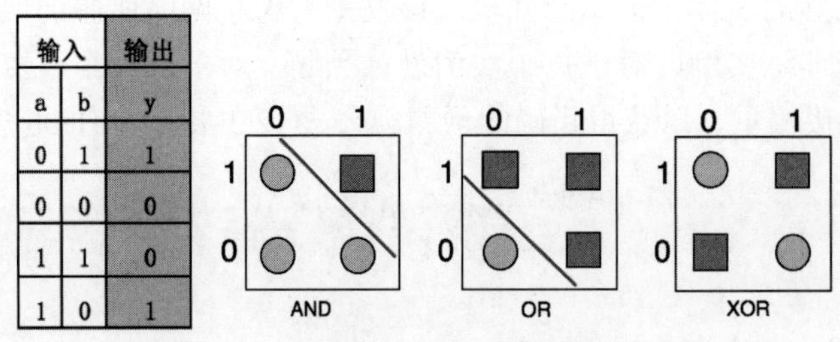

输入		输出
a	b	y
0	1	1
0	0	0
1	1	0
1	0	1

图 12.6 XOR 问题

然而，事实证明，感知机的一些局限性可以通过堆叠多个感知机消除，由此产生的人工神经网络被称为多层感知机（MLP）。特别是，MLP 可以解决 XOR 问题，可以通过计算图 12.7 所示的 MLP 的输出来验证输入的每一个组合：输入 (0, 0) 或 (1, 1)，输出 0；输入 (0,1)

或 (1,0)，输出 1。除了 4 个连接的权重不是 1 外，其他连接都是 1。

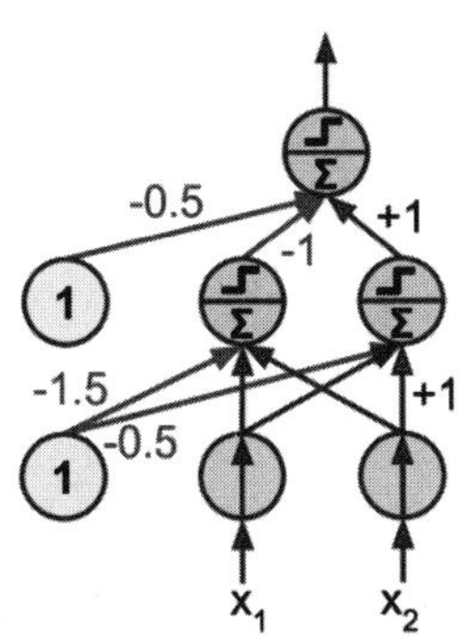

图 12.7 解决 XOR 分类问题的 MLP 模型

下面的代码演示了一个线性感知机如何判断鸢尾花是否属于某一个种类。

【例 12.2】感知机识别鸢尾花。

```
import numpy as np
import os
%matplotlib inline
import matplotlib as mpl
import matplotlib.pyplot as plt
mpl.rc('axes', labelsize=14)
mpl.rc('xtick', labelsize=12)
mpl.rc('ytick', labelsize=12)
# 存放图像的地址
PROJECT_ROOT_DIR = "."
CHAPTER_ID = "ann"
IMAGES_PATH = os.path.join(PROJECT_ROOT_DIR, "images", CHAPTER_ID)
os.makedirs(IMAGES_PATH, exist_ok=True)
def save_fig(fig_id, tight_layout=True, fig_extension="png", resolution=300):
    path = os.path.join(IMAGES_PATH, fig_id + "." + fig_extension)
    print("Saving figure", fig_id)
    if tight_layout:
        plt.tight_layout()
    plt.savefig(path, format=fig_extension, dpi=resolution)
import numpy as np
from sklearn.datasets import load_iris
from sklearn.linear_model import Perceptron
%matplotlib inline
import matplotlib as mpl
import matplotlib.pyplot as plt
iris = load_iris()
#花瓣长度和花瓣宽度
X = iris.data[:, (2, 3)]
y = (iris.target == 0).astype(np.int)
per_clf = Perceptron(max_iter=1000, tol=1e-3, random_state=42)
per_clf.fit(X, y)
#计算出决策函数的斜率和截距
a = -per_clf.coef_[0][0] / per_clf.coef_[0][1]
```

```
b = -per_clf.intercept_ / per_clf.coef_[0][1]
axes = [0, 5, 0, 2]
x0, x1 = np.meshgrid(
        np.linspace(axes[0], axes[1], 500).reshape(-1, 1),
        np.linspace(axes[2], axes[3], 200).reshape(-1, 1),
    )
X_new = np.c_[x0.ravel(), x1.ravel()]
y_predict = per_clf.predict(X_new)
zz = y_predict.reshape(x0.shape)
# 绘制感知机分类图
plt.figure(figsize=(10, 4))
plt.plot(X[y==0, 0], X[y==0, 1], "bs", label="Not Iris-Setosa")
plt.plot(X[y==1, 0], X[y==1, 1], "yo", label="Iris-Setosa")
plt.plot([axes[0], axes[1]], [a * axes[0] + b, a * axes[1] + b], "k-", linewidth=3)
from matplotlib.colors import ListedColormap
custom_cmap = ListedColormap(['#9898ff', '#fafab0'])
plt.contourf(x0, x1, zz, cmap=custom_cmap)
plt.xlabel("Petal length", fontsize=14)
plt.ylabel("Petal width", fontsize=14)
plt.legend(loc="lower right", fontsize=14)
plt.axis(axes)
save_fig("perceptron_iris_plot")
plt.show()
```

最后分类结果如图 12.8 所示。

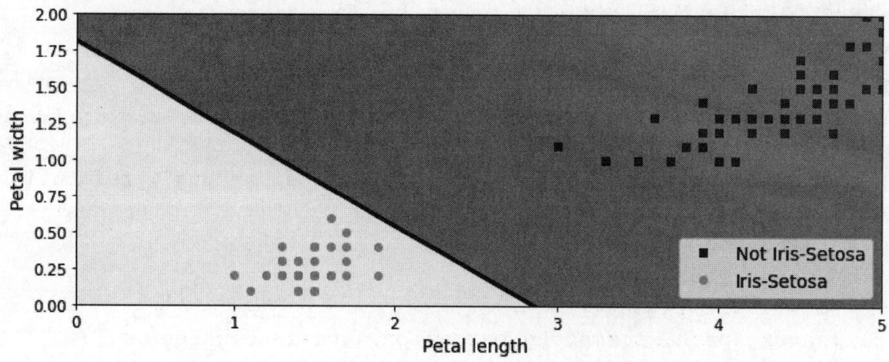

图 12.8 感知机识别鸢尾花

12.3 多层感知机

MLP 由一个输入层、一个或多个被称为隐藏层的 TLU 组成，一个 TLU 层称为输出层（见图 12.9）。靠近输入层的层通常被称为较低层，靠近输出层的层通常被称为较高层。除了输出层外，每一层都有一个偏置神经元，并且全连接到下一层。

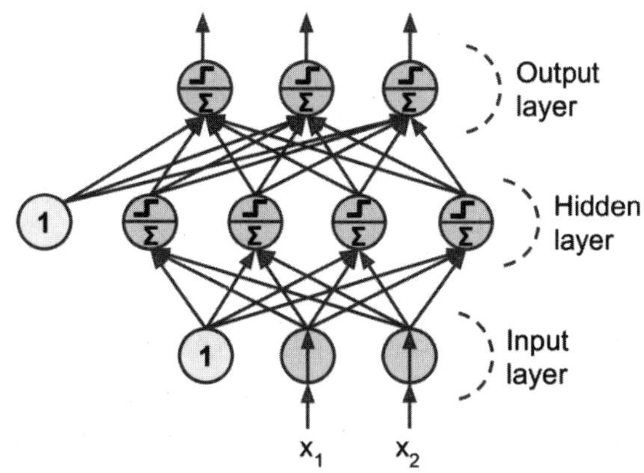

图 12.9 多层感知机

信号是从输入到输出单项流动的，也就是每一层的节点仅和下一层的节点相连，这种架构被称为前馈神经网络（FNN）。感知机其实就是一个单层的前馈神经网络。因为它只有一个节点层——输出层进行复杂的数学计算。允许同一层节点相连或一层的节点连到前面各层中的节点的架构被称为递归神经网络。当人工神经网络具有多个隐藏层的时候，就被称为深度神经网络（DNN）。

12.3.1 反向传播算法

MLP 的训练方法比感知机复杂得多。一种方法是把网络中的每个隐藏节点或输出节点看作是一个独立的感知机单元，使用与公式 12.3 相同的权重更新公式。但是很显然，这种方法行不通，因为缺少隐藏节点的真实输出的先验知识。这样就很难确定各隐藏节点的误差项$y-\hat{y}$。

直到 1986 年，David Rumelhart、Geoffrey Hinton、Ronald Williams 发表了一篇突破性的论文，提出了至今仍在使用的反向传播训练算法（Back Propagation，BP）。总而言之，反向传播算法使用了高效的方法自动计算梯度下降。只需要两次网络传播（一次向前，一次向后），反向传播算法就可以对每个模型参数计算网络误差的梯度。换句话说，反向传播算法为了减小误差，可以计算出每个连接权重和每个偏置项的调整量。当得到梯度之后，就做一次常规的梯度下降，不断重复这个过程，直到网络得到收敛解。

下面我们对反向传播算法进行详细介绍。

- 每次处理一个小批量（例如，每个批次包含 32 个实例），用训练集多次训练 BP，每次被称为一个轮次（epoch）。
- 每个小批量先进入输入层，输入层再将其发到第一个隐藏层。计算得到该层所有神经元的（小批量的每个实例的）输出。输出接着传到下一层，直到得到输出层的输出。这个过程就是前向传播：就像进行预测一样，只是保存了每个中间结果，中间结果要用于反向传播。
- 然后计算输出误差，也就是使用损失函数比较目标值和实际输出值，然后返回误差。
- 接着，计算每个输出连接对误差的贡献程度。这是通过链式法则（就是对多个变量进行微分的方法）实现的。

- 然后还是使用链式法则，计算最后一个隐藏层的每个连接对误差的贡献，这个过程不断反向传播，直到到达输入层。
- 最后，使用 BP 算法做一次梯度下降操作，用刚刚计算的误差梯度调整所有连接权重。

反向传播算法十分重要，再归纳一下：对于每个训练实例，反向传播算法使用前向传播先做一次预测，然后计算误差，接着反向经过每一层以测量每个连接的误差贡献量（反向传播），最后调整所有连接权重以降低误差（梯度下降）。

对于每次训练来说，都先要设置 epoch 数，每次 epoch 其实做的就是三件事：首先前向传播，然后反向传播，最后调整参数。接着进行下一次 epoch，直到 epoch 数执行完毕。

需要注意，随机初始化隐藏层的连接权重很重要。假如所有的权重和偏置都初始化为 0，则在给定一层的所有神经元都是一样的，反向传播算法对这些神经元的调整也会是一样的。换句话说，就算每层有几百个神经元，模型的整体表现就像每层只有一个神经元一样。如果权重是随机初始化的，就可以破坏对称性，训练出不同的神经元。

12.3.2 激活函数

为了使反向传播算法正常工作，研究人员对 MLP 的架构做了一个关键调整，也就是用 Logistic 函数（sigmoid）代替阶跃函数：

$$\sigma(z) = 1 / (1 + \exp(-z)) \quad \text{（公式 12.4）}$$

这是必要的，因为阶跃函数只包含平坦的段，因此没有梯度，而梯度下降不能在平面上移动。而 Logistic 函数处处都有一个定义良好的非零导数，允许梯度下降在每一步上取得一些进展。反向传播算法也可以与其他激活函数一起使用，下面就是两个流行的激活函数：

双曲正切函数：

$$\tanh(z) = 2\sigma(2z) - 1 \quad \text{（公式 12.5）}$$

类似于 Logistic 函数，它是 S 形、连续可微的，但是它的输出值范围为 -1~1，而不是 Logistic 函数的 0~1。这往往使每层的输出在训练开始时或多或少都变得以 0 为中心，这常常有助于加快收敛速度。

ReLU 函数：

$$\text{ReLU}(z) = \max(0, z) \quad \text{（公式 12.6）}$$

ReLU 函数是连续的，但是在 z=0 时不可微，因为函数的斜率在此处突然改变，导致梯度下降，在 0 点左右跳跃。但在实践中，ReLU 效果很好，并且具有计算快速的优点，于是成为了默认的激活函数。

这些流行的激活函数及其派生函数如图 12.10 所示。但是，究竟为什么需要激活函数呢？如果将几个线性变化组合起来，得到的还是线性变换。比如，对于 $f(x) = 2x + 3$ 和 $g(x) = 5x - 1$，两者组合起来是线性变换：$f(g(x)) = 2(5x - 1) + 3 = 10x + 1$。如果层之间不具有非线性，则深层网络和单层网络其实是等同的，这样就不能解决复杂问题。相反，足够深且有非线性激活函数的 DNN，在理论上可以近似于任意连续函数。

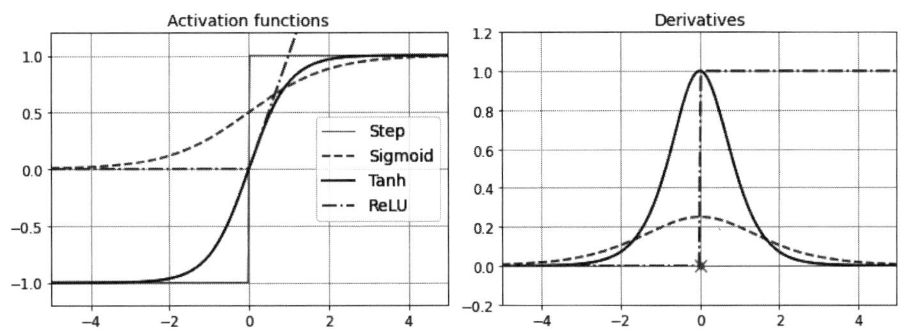

图 12.10 激活函数及其派生函数

12.3.3 分类 MLP

与感知机一样，MLP 可用于分类。对于二元分类问题，只需要一个使用逻辑激活函数的输出神经元：输出一个 0~1 的值，这个输出我们可以将它解释为正类的估计概率。负类的估计概率等于 1 减去正类的估计概率。

MLP 也可以处理多标签二进制分类。例如，邮件分类系统可以预测一封邮件是垃圾邮件还是正常邮件，同时预测是紧急邮件还是非紧急邮件。这时，就需要两个输出神经元，两个都是用 Logistic 函数：第一个输出垃圾邮件的概率，第二个输出紧急的概率。更为一般地讲，需要为每个正类分配一个输出神经元。多个输出概率的和不一定非要等于 1。这样模型就可以输出各种标签的组合：非紧急非垃圾邮件、紧急非垃圾邮件、非紧急垃圾邮件和紧急垃圾邮件。

如果每个实例只能属于一个类，但可能是三个或多个类中的一个，比如对于数字图片分类，可以使用类 0 到类 9，则每一类都要有一个输出神经元，整个输出层要使用 softmax 激活函数（见图 12.11）。softmax 函数可以保证，每个估计概率为 0~1，并且各个值相加等于 1。这被称为多类分类。

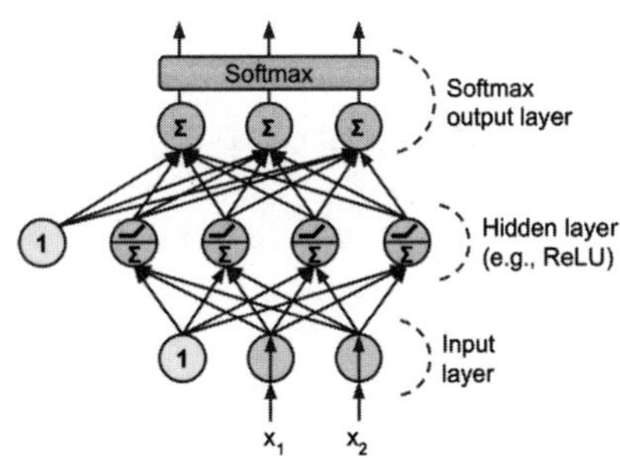

图 12.11 使用 softmax 激活函数的 MLP

对于多分类 MLP 的损失函数，由于我们要预测概率分布，一般选择交叉商损失函数（也称为对数损失）。

sklearn 提供了多层感知机的 MLPClassifier 类实现分类功能，它实现了通过反向传播算法进行训练的 MLP 算法。

下面的示例代码中，MLP在两个数组上进行训练：大小为(n_samples, n_features)的数组*X*，用来存储表示训练样本的浮点型特征向量；大小为(n_samples,)的数组*y*，用来存储训练样本的目标值（类别标签）。

【例 12.3】多层感知机。

```
from sklearn.neural_network import MLPClassifier
X = [[0., 0.], [1., 1.]]
y = [0, 1]
clf = MLPClassifier(solver='lbfgs', alpha=1e-5,
                    hidden_layer_sizes=(5, 2), random_state=1)
clf.fit(X, y)
```

拟合（训练）后，该模型可以预测新样本的标签：

```
>>> clf.predict([[2., 2.], [-1., -2.]])
array([1, 0])
```

MLP 可以为训练数据拟合一个非线性模型。clf.coefs_ 包含构成模型参数的权值矩阵：

```
>>> [coef.shape for coef in clf.coefs_]
[(2, 5), (5, 2), (2, 1)]
```

目前，MLPClassifier 只支持交叉熵损失函数，它通过运行 predict_proba 方法进行概率估计。

MLP 算法使用反向传播的方式，对于分类问题而言，它最小化了交叉熵损失函数，为每个样本 *x* 给出一个向量形式的概率估计 $P(y|x)$：

```
>>> clf.predict_proba([[2., 2.], [1., 2.]])
array([[1.967...e-04, 9.998...-01],
       [1.967...e-04, 9.998...-01]])
```

MLPClassifier 通过应用 softmax 作为输出函数来支持多分类。

此外，该模型支持多标签分类，其中一个样本可以属于多个类别。对于每个种类，原始输出经过 Logistic 函数变换后，大于或等于 0.5 的值将为 1，否则为 0。对于样本的预测输出，值为 1 的索引表示该样本的分类类别：

```
>>> X = [[0., 0.], [1., 1.]]
>>> y = [[0, 1], [1, 1]]
>>> clf = MLPClassifier(solver='lbfgs', alpha=1e-5,
...                     hidden_layer_sizes=(15,), random_state=1)
...
>>> clf.fit(X, y)
MLPClassifier(alpha=1e-05, hidden_layer_sizes=(15,), random_state=1,
              solver='lbfgs')
>>> clf.predict([[1., 2.]])
array([[1, 1]])
>>> clf.predict([[0., 0.]])
array([[0, 1]])
```

12.3.4 回归 MLP

除了分类功能之外，MLP 还可以用来回归任务。如果想要预测一个值，例如根据许多特征预测房价，就只需要一个输出神经元，它的输出值就是预测值。对于多变量回归（即一次预测多个值），则每一维度都要有一个神经元。例如，想要定位一幅图片的中心，就要预测 2D 坐标，因此需要两个输出神经元。如果再给物体周围加个边框，还需要两个值：对象的宽度和高度。

sklearn 提供了多层感知机的 MLPRegressor 类实现回归功能。通常，当用 MLP 进行回归时，输出神经元不需要任何激活函数。但是如果要让输出是正值，则可让输出值使用 ReLU 激活函数。另外，还可以使用 softplus 激活函数，这是 ReLU 的一个平滑化变体：softplus(z)=log(1+exp(z))。z 是负值时，softplus 接近 0；z 是正值时，softplus 接近 z。最后，如果想让输出落入一定范围内，则可以使用调整过的 Logistic 或双曲正切函数：Logistic 函数用于 0~1，双曲正切函数用于 -1~1。

训练中的损失函数一般是均方误差，但如果训练集有许多异常值，则可以使用平均绝对误差。

12.3.5 实用技巧

在使用 sklearn 提供的多层感知机类的时候，应该注意以下问题。

1. 正则化

首先是正则化问题。MLPRegressor 类和 MLPClassifier 类都使用参数 alpha 作为正则化（$L2$ 正则化）系数，正则化通过惩罚大数量级的权重值以避免过拟合问题。增大 alpha 值会使得权重参数的值倾向于取比较小的值来解决高方差的问题，也就是过拟合的迹象，这样会产生曲率较小的决策边界。类似地，减小 alpha 值会使得权重参数的值倾向于取比较大的值来解决高偏差的问题，也就是欠拟合的迹象，这样会产生更加复杂的决策边界。

图 12.12 展示了不同的 alpha 值下的决策函数的变化。

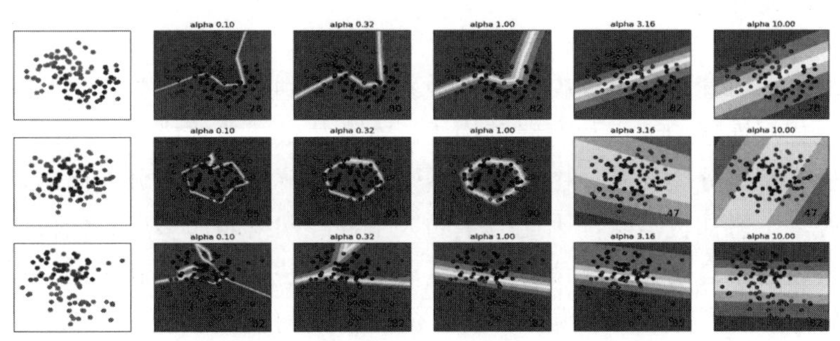

图 12.12 不同 alpha 值大小对决策边界的影响

2. 归一化

多层感知机对特征的缩放是敏感的，所以强烈建议数据进行训练前要进行归一化处理。例如，将输入向量 X 的每个属性缩放到 [0, 1] 或 [-1, +1]，或者将其标准化，使其具有 0 均值和方差 1。另外，要注意的是，为了得到有意义的结果，必须对测试集应用相同的缩放尺度。读者可以使用 StandardScaler 进行标准化。

【例 12.4】将数据归一化。

```
from sklearn.preprocessing import StandardScaler
from sklearn import datasets
# 加载鸢尾花数据集
iris = datasets.load_iris()
# 花瓣长度和花瓣宽度
X = iris["data"][:, (2, 3)]
X_train = X[:100]
X_test = X[100:]
scaler = StandardScaler()
scaler.fit(X_train)
X_train = scaler.transform(X_train)
X_test = scaler.transform(X_test)
```

另一个推荐的方法是在 Pipeline 中使用 StandardScaler。

最好使用 GridSearchCV 找到一个合理的正则化参数，通常范围在 10.0 ** -np.arange(1, 7)。

根据经验可知，我们观察到 L-BFGS 是收敛速度更快且在小数据集上表现更好的解决方案。对于规模相对比较大的数据集，Adam 是非常鲁棒的，它通常会迅速收敛，并得到相当不错的表现。另一方面，如果学习率调整得正确，使用 momentum 或 nesterov' s momentum 的 SGD 可能比这两种算法更好。

3. 使用 warm_start 的各种控制

如果希望更多地控制 SGD 中的停止标准或学习率，或者想要进行额外的监视，使用 warm_start=True 和 max_iter=1 并且自身迭代可能会有所帮助：

```
>>> clf = MLPClassifier(hidden_layer_sizes=(15,), random_state=1, max_iter=1,
warm_start=True)
```

12.4 本章小结

人工神经网络的研究是通过模拟生物神经系统而得到启发的。类似于人脑的结构，人工神经网络由一组相互连接的节点和有向链构成。本章从最简单的模型——感知机开始介绍了如何使用感知机来解决分类问题。由于单层感知机只能解决简单的分类问题，它的一些局限性可以通过堆叠多个感知机消除，因此产生的人工神经网络叫作多层感知机。多层感知机的训练方法是一种使用了自动计算梯度下降的反向传播算法。它非常高效，只需一次向前、一次向后的网络传播，就可以对每个模型参数计算网络误差的梯度。

12.5 复习题

（1）感知机为什么无法表示异或分类？

（2）公式 12.3 中学习率的取值对神经网络训练有什么影响？

（3）如果将线性函数 $f(x)=w^{\mathrm{T}}x$ 用于神经元激活，它会有什么缺陷？

第 13 章 主成分分析降维

主成分分析（Principal Component Analysis，PCA）是一种常用的数据分析方法。PCA 通过线性变换将原始数据变换为一组各维度线性无关的表示，可用于提取数据的主要特征分量，常用于高维数据的降维。

2.4 节介绍了主成分分析的基本概念和原理，本章主要介绍数据的向量表示和降维问题，重点讲解 PCA 基本数学原理与分析过程，以帮助读者了解 PCA 的工作机制。

13.1 数据的向量表示及降维问题

一般情况下，在数据挖掘和机器学习中，数据被表示为向量。例如淘宝网站的年流量及交易情况可以看成一组记录的集合，其中每一天的数据是一条记录，格式如下：

（日期，浏览量，访客数，下单数，成交数，成交金额）

其中“日期”是一个记录标志而非度量值，而数据挖掘关心的大多是度量值，因此如果忽略日期这个字段后得到一组记录，每条记录可以被表示为一个五维向量，其中一条看起来大约是这个样子的：

```
(500,240,25,13,2312.15)T
```

注意这里用了转置，因为习惯上使用列向量表示一条记录（后面会看到原因），本文后面也会遵循这个准则。不过为了方便，有时会省略转置符号，但说到向量默认都是指列向量。

很多机器学习算法的复杂度和数据的维数有着密切关系，甚至与维数呈指数级关联。当然，这里五维的数据还无所谓，但实际机器学习中处理成千上万甚至几十万维的情况也并不罕见，在这种情况下，机器学习的资源消耗是不可接受的，因此必须对数据进行降维。降维当然意味着信息的丢失，不过鉴于实际数据本身常常存在的相关性，可以在降维的同时将信息的损失尽量降低。

上面淘宝店铺的数据中，从经验可以知道，“浏览量”和“访客数”往往具有较强的关联关系，而“下单数”和“成交数”也具有较强的关联关系。可以直观理解为“当某一天这个店铺的浏览量较高（或较低）时，应该很大程度上认为这天的访客数也较高（或较低）”。后面会给出关联性的严格数学定义。这种情况表明，如果删除浏览量或访客数其中一个指标，应该不会丢失太多信息。因此可以删除一个，以降低机器学习算法的复杂度。

上面给出的是降维的朴素思想描述，有助于直观理解降维的动机和可行性，但并不具有操作指导意义。例如，到底删除哪一列损失的信息才最小，亦或根本不是单纯删除几列，而是通过某些变换将原始数据变为更少的列，但又使得丢失的信息最少，到底如何度量丢失信息的多少，如何根据原始数据决定具体的降维操作步骤等。PCA 是一种具有严格数学基础并且已被广泛采用的降维方法。

13.2 向量的表示及基变换

既然面对的数据被抽象为一组向量，那么本节就来研究一下向量的数学性质，这些数学性质将成为后续推导 PCA 的理论基础。

13.2.1 内积与投影

两个维数相同的向量的内积被定义为：

$$(a_1,a_2,\cdots,a_n)^{\mathrm{T}}\cdot(b_1,b_2,\cdots,b_n)^{\mathrm{T}}=a_1b_1+a_2b_2+\cdots+a_nb_n \qquad \text{（公式 13.1）}$$

内积运算将两个向量映射为一个实数。我们分析一下内积的几何意义。假设 A 和 B 是两个 n 维向量，知道 n 维向量可以等价表示为 n 维空间中的一条从原点发射的有向线段，为了简单起见，假设 A 和 B 均为二维向量，则 $A=(x_1,y_1)$、$B=(x_2,y_2)$。在二维平面上 A 和 B 可以用两条发自原点的有向线段来表示，如图 13.1 所示。

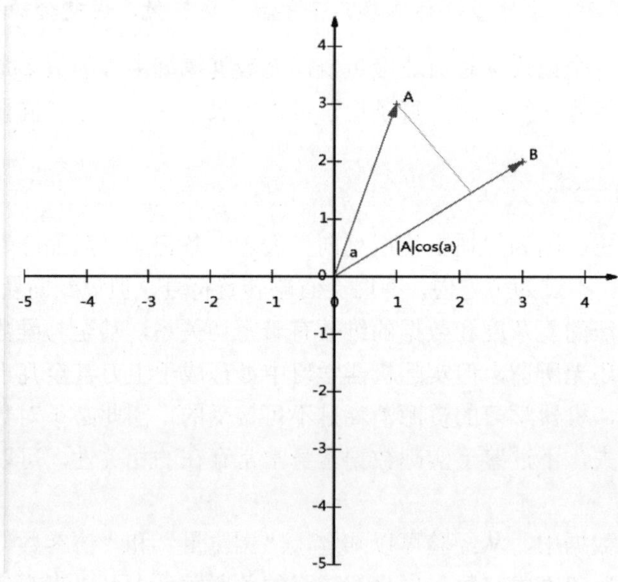

图 13.1 向量的几何表示

从 A 点向 B 点所在直线引一条垂线。知道垂线与 B 的交点叫作 A 在 B 上的投影，再设 A

与 B 的夹角是 a，则投影的矢量长度为 $|A|\cos(a)$，其中 $|A|=\sqrt{x_1^2+y_1^2}$ 是向量 A 的模，也就是 A 线段的标量长度。标量长度总是大于等于 0，值就是线段的长度；而矢量长度可能为负，其绝对值是线段长度，而符号取决于其方向与标准方向相同或相反。

将内积表示为另一种形式：

$$A\cdot B=|A||B|\cos(a) \qquad \text{（公式 13.2）}$$

A 与 B 的内积等于 A 到 B 的投影长度乘以 B 的模。再进一步，如果假设 B 的模为 1，即让 $|B|=1$，那么就变成了：

$$A\cdot B=|A|\cos(a) \qquad \text{（公式 13.3）}$$

也就是说，设向量 B 的模为 1，则 A 与 B 的内积值等于 A 向 B 所在直线投影的矢量长度，这就是内积的一种几何解释。

13.2.2 基

下面继续在二维空间内讨论向量。前文说过，一个二维向量可以对应二维笛卡尔直角坐标系中从原点出发的一个有向线段。在代数表示方面，经常用线段终点的点坐标表示向量，例如某向量可以表示为 (3,2)，这是再熟悉不过的向量表示。

不过只有一个 (3,2) 本身是不能够精确表示一个向量的。仔细看一下，这里的 (3,2) 实际表示的是向量在 x 轴上的投影值是 3，在 y 轴上的投影值是 2。也就是说其实隐式引入了一个定义：以 x 轴和 y 轴上正方向长度为 1 的向量为标准。那么一个向量 (3,2) 实际上是说在 x 轴的投影为 3，而在 y 轴的投影为 2。注意投影是一个矢量，所以可以为负。更正式地说，向量 (x,y) 实际上表示线性组合：

$$x(1,0)^{\mathrm{T}}+y(0,1)^{\mathrm{T}} \qquad \text{（公式 13.4）}$$

不难证明所有二维向量都可以表示为这样的线性组合。此处 (1,0) 和 (0,1) 叫作二维空间中的一组基。所以，要准确描述向量，首先要确定一组基，然后给出基所在的各个直线上的投影值，默认以 (1,0) 和 (0,1) 为基。

之所以默认选择 (1,0) 和 (0,1) 为基，当然是比较方便，因为它们分别是 x 和 y 轴正方向上的单位向量，因此就使得二维平面上点坐标和向量一一对应，非常方便。但实际上任何两个线性无关的二维向量都可以成为一组基，所谓线性无关，在二维平面内可以直观认为是两个不在一条直线上的向量。

例如，(1,1) 和 (-1,1) 也可以成为一组基。一般希望基的模是 1，因为从内积的意义可以看到，如果基的模是 1，那么就可以方便地用向量点乘基而直接获得其在新基上的坐标。实际上，对应任何一个向量，总可以找到其同方向上模为 1 的向量，只要让两个分量分别除以模就好了。例如，上面的基可以变为 $\left(\frac{1}{\sqrt{2}},\frac{1}{\sqrt{2}}\right)$ 和 $\left(-\frac{1}{\sqrt{2}},\frac{1}{\sqrt{2}}\right)$。

现在，想获得 (3,2) 在新基上的坐标，即在两个方向上的投影矢量值，那么根据内积的几何意义，只要分别计算 (3,2) 和两个基的内积，不难得到新的坐标为 $\left(\frac{5}{\sqrt{2}},-\frac{1}{\sqrt{2}}\right)$。图 13.2 给出了新的基以及 (3,2) 在新基上坐标值的示意图。

另外这里要注意，列举的例子中基是正交的（即内积为 0，或直观说相互垂直），但可以成为一组基的唯一要求就是线性无关，非正交的基也是可以的。不过因为正交基有较好的性质，所以一般使用的基都是正交的。

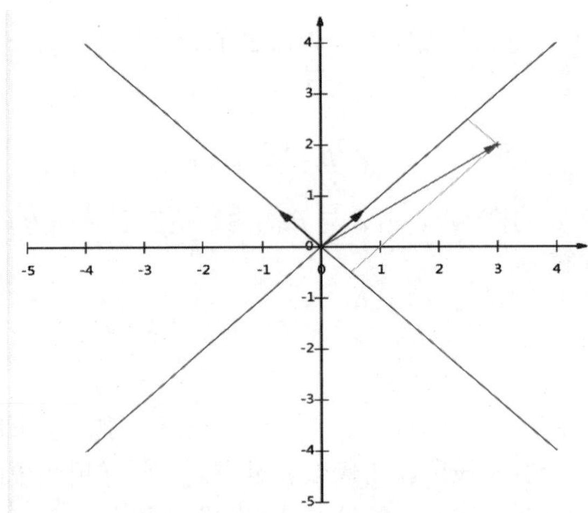

图 13.2 (3,2) 在新基上坐标值的示意图

13.2.3 基变换的矩阵表示

下面找一种简便的方式来表示基变换。还是使用上面的例子，将 (3,2) 变换为新基上的坐标，就是用 (3,2) 与第一个基做内积运算，作为第一个新坐标的分量，然后用 (3,2) 与第二个基做内积运算，作为第二个新坐标的分量。实际上，可以用矩阵相乘的形式简洁地表示这个变换：

$$\begin{pmatrix} 1/\sqrt{2} & 1/\sqrt{2} \\ -1/\sqrt{2} & 1/\sqrt{2} \end{pmatrix}\begin{pmatrix} 3 \\ 2 \end{pmatrix}=\begin{pmatrix} 5/\sqrt{2} \\ -1/\sqrt{2} \end{pmatrix} \quad \text{（公式 13.5）}$$

其中矩阵的两行分别为两个基，乘以原向量，其结果刚好为新基的坐标。如果有 m 个二维向量，只要将二维向量按列排成一个两行 m 列矩阵，然后用“基矩阵”乘以这个矩阵，就得到了所有这些向量在新基下的值。例如 (1,1)、(2,2)、(3,3) 想变换到刚才那组基上，则可以这样表示：

$$\begin{pmatrix} 1/\sqrt{2} & 1/\sqrt{2} \\ -1/\sqrt{2} & 1/\sqrt{2} \end{pmatrix}\begin{pmatrix} 1 & 2 & 3 \\ 1 & 2 & 3 \end{pmatrix}=\begin{pmatrix} 2/\sqrt{2} & 4/\sqrt{2} & 6/\sqrt{2} \\ 0 & 0 & 0 \end{pmatrix} \quad \text{（公式 13.6）}$$

一组向量的基变换被表示为矩阵相乘。

一般情况下，如果有 M 个 N 维向量，想将其变换为由 R 个 N 维向量表示的新空间，那

么首先将 R 个基按行组成矩阵 A，然后将向量按列组成矩阵 B，那么两个矩阵的乘积 AB 就是变换结果，其中 AB 的第 m 列为 A 中第 m 列变换后的结果。数学表示为：

$$\begin{pmatrix} p_1 \\ p_2 \\ \vdots \\ p_R \end{pmatrix} (a_1 a_2 \cdots a_M) \begin{pmatrix} p_1 a_1 & p_2 a_2 & \cdots & p_1 a_M \\ p_2 a_1 & p_2 a_2 & \cdots & p_2 a_M \\ \vdots & \vdots & \ddots & \vdots \\ p_R a_1 & p_R a_2 & \cdots & p_R a_M \end{pmatrix} \qquad (公式 13.7)$$

其中 p_i 是一个行向量，表示第 i 个基，a_j 是一个列向量，表示第 j 个原始数据记录。特别要注意，这里 R 可以小于 N，而 R 决定了变换后数据的维数。也就是说，可以将一个 N 维数据变换到更低维度的空间中去，变换后的维度取决于基的数量。因此，这种矩阵相乘的表示也可以表示降维变换。

两个矩阵相乘的意义是：将右边矩阵中的每一列列向量变换到左边矩阵中每一行行向量为基所表示的空间中去。

13.3 协方差矩阵及优化目标

前面讨论了选择不同的基可以对同样一组数据给出不同的表示，而且如果基的数量少于向量本身的维数，则可以达到降维的效果。但是还没有回答一个最关键的问题：如何选择基才是最优的。或者说，如果有一组 N 维向量，现在要将其降到 K 维（K 小于 N），那么应该如何选择 K 个基才能最大限度地保留原有的信息？要完全数学化这个问题非常繁杂，这里用一种非形式化的直观方法来看这个问题。为了避免过于抽象地讨论，我们以一个具体的例子展开。假设数据由 5 条记录组成，将它们表示成矩阵形式：

$$\begin{pmatrix} 1 & 1 & 2 & 4 & 2 \\ 1 & 3 & 3 & 4 & 4 \end{pmatrix} \qquad (公式 13.8)$$

其中每一列为一条数据记录，而一行为一个字段。为了后续处理方便，首先将每个字段内所有值都减去字段均值，其结果是将每个字段都变为均值为 0。看上面的数据，第一个字段均值为 2，第二个字段均值为 3，所以变换后：

$$\begin{pmatrix} -1 & -1 & 0 & 2 & 0 \\ -2 & 0 & 0 & 1 & 1 \end{pmatrix} \qquad (公式 13.9)$$

图 13.3 可以看到 5 条数据在平面直角坐标系内的样子。

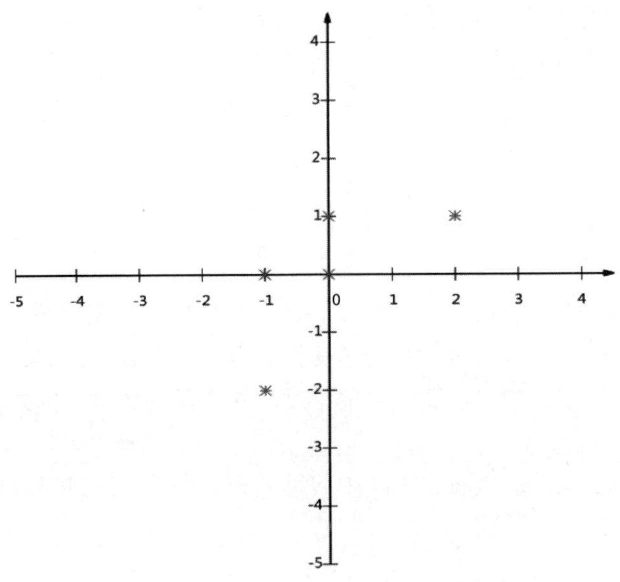

图 13.3 5 条数据在平面直角坐标系内的位置

现在问题是：如果必须使用一维来表示这些数据，又希望尽量保留原始的信息，那要如何选择？通过上一节对基变换的讨论知道，这个问题实际上是要在二维平面中选择一个方向，将所有数据都投影到这个方向所在的直线上，用投影值表示原始记录。这是一个实际的二维降到一维的问题。那么如何选择这个方向（或者说基）才能尽量保留最多的原始信息呢？一种直接的做法是：投影后的投影值尽可能分散。

以图 13.3 为例，可以看出如果向 x 轴投影，那么最左边的两个点会重叠在一起，中间的两个点也会重叠在一起，于是本身 4 个各不相同的二维点投影后只剩下两个不同的值了，这是一种严重的信息丢失，同理，如果向 y 轴投影，最上面的两个点和分布在 x 轴上的两个点也会重叠。所以看来 x 和 y 轴都不是最好的投影选择。直观目测，如果向通过第一象限和第三象限的斜线投影，则 5 个点在投影后还是可以区分的。下面用数学方法来表述这个问题。

13.3.1 方差

上文提到，希望投影后的投影值尽可能分散，而这种分散程度可以用数学上的方差来表述。此处，一个字段的方差可以看作是每个元素与字段均值的差的平方和的均值，即：

$$\mathrm{Var}(a)=\frac{1}{m}\sum_{i=1}^{m}(a_i-\mu)^2 \qquad \text{（公式 13.10）}$$

由于前面已经将每个字段的均值都化为了 0，因此方差可以直接用每个元素的平方和除以元素个数表示：

$$\mathrm{Var}(a)=\frac{1}{m}\sum_{i=1}^{m}a_i^2 \qquad \text{（公式 13.11）}$$

于是上面的问题被形式化表述为：寻找一个一维基，使得所有数据变换为这个基上的坐标表示后，方差值最大。

13.3.2 协方差

对于上面二维降成一维的问题来说，找到使得方差最大的方向就可以了。不过对于更高维，还有一个问题需要解决：考虑将三维降到二维。与之前相同，首先希望找到一个方向使得投影后方差最大，这样就完成了第一个方向的选择，继而选择第二个投影方向。

如果还是单纯只选择方差最大的方向，很明显，这个方向与第一个方向应该是“几乎重合在一起”，显然这样的维度是没有用的，因此应该有其他约束条件。从直观上说，让两个字段尽可能表示更多的原始信息，不希望它们之间存在（线性）相关性，因为相关性意味着两个字段不是完全独立的，必然存在重复表示的信息。

数学上可以用两个字段的协方差表示其相关性，由于已经让每个字段均值为 0，因此：

$$\mathrm{Cov}(a,b)=\frac{1}{m}\sum_{i=1}^{m}a_i b_i \tag{公式 13.12}$$

可以看到，在字段均值为 0 的情况下，两个字段的协方差简洁地表示为其内积除以元素数 m。

当协方差为 0 时，表示两个字段完全独立。为了让协方差为 0，选择第二个基时只能在与第一个基正交的方向上选择。因此，最终选择的两个方向一定是正交的。至此，得到了降维问题的优化目标：将一组 N 维向量降为 K 维（K 大于 0，小于 N），其目标是选择 K 个单位（模为 1）正交基，使得原始数据变换到这组基上后，各字段两两间协方差为 0，而字段的方差则尽可能大（在正交的约束下，取最大的 K 个方差）。

13.3.3 协方差矩阵

前面导出了优化目标，但这个目标似乎不能直接作为操作算法，因为它根本没有指出怎么做，所以要继续在数学上研究计算方案。可以看到，最终要达到的目的与字段内的方差及字段间的协方差有密切关系。因此，希望能将两者统一表示，仔细观察发现，两者均可以表示为内积的形式，而内积又与矩阵相乘密切相关。于是假设只有 a 和 b 两个字段，那么将它们按行组成矩阵 X：

$$X=\begin{pmatrix} a_1\, a_2 \cdots a_m \\ b_1\, b_2 \cdots b_m \end{pmatrix} \tag{公式 13.13}$$

然后用 X 乘以 X 的转置，并乘以系数 $1/m$：

$$\frac{1}{m}XX^{\mathrm{T}}=\begin{pmatrix}\frac{1}{m}\sum_{i=1}^{m}a_i^2 & \frac{1}{m}\sum_{i=1}^{m}a_ib_i\\ \frac{1}{m}\sum_{i=1}^{m}a_ib_i & \frac{1}{m}\sum_{i=1}^{m}b_i^2\end{pmatrix} \quad \text{（公式 13.14）}$$

这个矩阵对角线上的两个元素分别是两个字段的方差，而其他元素是 a 和 b 的协方差。两者被统一到了一个矩阵，根据矩阵相乘的运算法则，这个结论很容易被推广到一般情况：设有 m 个 n 维数据记录，将其按列排成 n 乘 m 的矩阵 X，设 $C=\frac{1}{m}XX^{\mathrm{T}}$，则 C 是一个对称矩阵，其对角线分别是各个字段的方差，而第 i 行 j 列和 j 行 i 列元素相同，表示 i 和 j 两个字段的协方差。

13.3.4 协方差矩阵对角化

根据上述推导，发现要达到优化目标，等价于将协方差矩阵对角化，即除对角线外的其他元素化为 0，并且在对角线上将元素按大小从上到下排列，这样就达到了优化目的。这样说可能还不是很明晰，进一步看一下原矩阵与基变换后矩阵协的方差矩阵的关系：设原始数据矩阵 X 对应的协方差矩阵为 C，而 P 是一组基按行组成的矩阵，设 $Y=PX$，则 Y 为 X 对 P 做基变换后的数据。设 Y 的协方差矩阵为 D，推导一下 D 与 C 的关系：

$$\begin{aligned}D&=\frac{1}{m}YY^{\mathrm{T}}\\&=\frac{1}{m}(PX)(PX)^{\mathrm{T}}\\&=\frac{1}{m}PXX^{\mathrm{T}}P^{\mathrm{T}}\\&=P(\frac{1}{m}XX^{\mathrm{T}})P^{\mathrm{T}}\\&=PCP^{\mathrm{T}}\end{aligned} \quad \text{（公式 13.15）}$$

要找的 P 是能让原始协方差矩阵对角化的 P。优化目标变成了寻找一个矩阵 P，满足 PCP^{T} 是一个对角矩阵，并且对角元素按从大到小依次排列，那么 P 的前 K 行就是要寻找的基，用 P 的前 K 行组成的矩阵乘以 X 就使得 X 从 N 维降到了 K 维并满足上述优化条件。

由上文可知，协方差矩阵 C 是一个对称矩阵，在线性代数上，实对称矩阵有一系列的性质：

- 实对称矩阵不同特征值对应的特征向量必然正交。
- 设特征向量 λ 的重数为 r，则必然存在 r 个线性无关的特征向量对应于 λ，因此可以将这 r 个特征向量单位正交化。

由上面两条性质可知，一个 n 行 n 列的实对称矩阵一定可以找到 n 个单位正交特征向量，设这 n 个特征向量为 $e_1,e_2,\cdots,e_n$，将其按列组成矩阵：

$$E=(e_1e_2\cdots e_n) \quad \text{（公式 13.16）}$$

则对协方差矩阵 C 有如下结论：

$$E^{\mathrm{T}}CE = \Lambda = \begin{pmatrix} \lambda_1 & & & \\ & \lambda_2 & & \\ & & \ddots & \\ & & & \lambda_n \end{pmatrix} \quad \text{（公式 13.17）}$$

其中 Λ 为对角矩阵，其对角元素为各特征向量对应的特征值（可能有重复）。

到这里，已经找到了需要的矩阵 P：

$$P = E^{\mathrm{T}} \quad \text{（公式 13.18）}$$

P 是协方差矩阵的特征向量单位化后按行排列出的矩阵，其中每一行都是 C 的一个特征向量。如果设 P 按照 Λ 中的特征值从大到小，将特征向量从上到下排列，则用 P 的前 K 行组成的矩阵乘以原始数据矩阵 X，就得到了需要的降维后的数据矩阵 Y。

13.4 PCA 算法流程

从前面的介绍可以看出，求样本 $x^{(i)}$ 的 n' 维的主成分其实就是求样本集的协方差矩阵 XX^{T} 的前 n' 个特征值对应的特征向量矩阵 W，然后对于每个样本 $x^{(i)}$，做如下变换：$z^{(i)}=W^{\mathrm{T}}x(i)$，即达到降维的 PCA 目的。

具体的算法流程如下：

输入：n 维样本集 $D=(x^{(1)},x^{(2)},\cdots,x^{(m)})$，要降维到的维数 n'。

输出：降维后的样本集 D'。

（1）对所有的样本进行中心化：$x^{(i)} = x^{(i)} - \frac{1}{m}\sum_{j=1}^{m} x^{(j)}$ 。

（2）计算样本的协方差矩阵 XX^{T}。

（3）对矩阵 XX^{T} 进行特征值分解。

（4）取出最大的 n' 个特征值对应的特征向量 $(w_1,w_2,\cdots,w_{n'})$，将所有的特征向量标准化后，组成特征向量矩阵 W。

（5）将样本集中的每一个样本 $x^{(i)}$，转化为新的样本 $z^{(i)}=W^{\mathrm{T}}x^{(i)}$。

（6）得到输出样本集 $D'=(z^{(1)},z^{(2)},\cdots,z^{(m)})$。

有时候，不指定降维后的 n' 的值，而是换一种方式，指定一个降维到的主成分比重阈值 t。这个阈值 t 在 $(0,1]$。假如 n 个特征值为 $\lambda_1 \geqslant \lambda_2 \geqslant \cdots \geqslant \lambda_n$，则 n' 可以通过下式得到：

$$\frac{\sum_{i=1}^{n'}\lambda_i}{\sum_{i=1}^{n}\lambda_i} \geqslant t \quad \text{（公式 13.19）}$$

13.5 PCA 实例

这里以上文提到的矩阵为例：

$$\begin{pmatrix} -1 & -1 & 0 & 2 & 0 \\ -2 & 0 & 0 & 1 & 1 \end{pmatrix}$$

用 PCA 方法将这组二维数据降到一维。因为这个矩阵的每行已经是零均值，这里直接求协方差矩阵：

$$C = \frac{1}{5}\begin{pmatrix} -1 & -1 & 0 & 2 & 0 \\ -2 & 0 & 0 & 1 & 1 \end{pmatrix}\begin{pmatrix} -1 & -2 \\ -1 & 0 \\ 0 & 0 \\ 2 & 1 \\ 0 & 1 \end{pmatrix} = \begin{pmatrix} \frac{6}{5} & \frac{4}{5} \\ \frac{4}{5} & \frac{6}{5} \end{pmatrix}$$

然后求其特征值和特征向量，具体求解方法不再详述，可以参考相关资料。求解后特征值为：

$$\lambda_1 = 2, \lambda_2 = 2/5$$

其对应的特征向量分别是：

$$c_1\begin{pmatrix} 1 \\ 1 \end{pmatrix}, \quad c_2\begin{pmatrix} -1 \\ 1 \end{pmatrix}$$

其中对应的特征向量分别是一个通解，c_1 和 c_2 可取任意实数。那么标准化后的特征向量为：

$$\begin{pmatrix} 1/\sqrt{2} \\ 1/\sqrt{2} \end{pmatrix}, \quad \begin{pmatrix} -1/\sqrt{2} \\ 1/\sqrt{2} \end{pmatrix}$$

因此矩阵 P 是：

$$P = \begin{pmatrix} 1/\sqrt{2} & 1/\sqrt{2} \\ -1/\sqrt{2} & 1/\sqrt{2} \end{pmatrix}$$

可以验证协方差矩阵 C 的对角化：

$$PCP^{\mathrm{T}} = \begin{pmatrix} 1/\sqrt{2} & 1/\sqrt{2} \\ -1/\sqrt{2} & 1/\sqrt{2} \end{pmatrix}\begin{pmatrix} 6/5 & 4/5 \\ 4/5 & 6/5 \end{pmatrix}\begin{pmatrix} 1/\sqrt{2} & -1/\sqrt{2} \\ 1/\sqrt{2} & 1/\sqrt{2} \end{pmatrix} = \begin{pmatrix} 2 & 0 \\ 0 & 2/5 \end{pmatrix}$$

最后用 P 的第一行乘以数据矩阵，就得到了降维后的表示：

$$Y = \left(1/\sqrt{2}\ \ 1/\sqrt{2}\right)\begin{pmatrix} -1 & -1 & 0 & 2 & 0 \\ -2 & 0 & 0 & 1 & 1 \end{pmatrix} = \left(-3/\sqrt{2}\ \ -1/\sqrt{2}\ \ 0\ \ 3/\sqrt{2}\ \ -1/\sqrt{2}\right)$$

降维投影结果如图 13.4 所示。

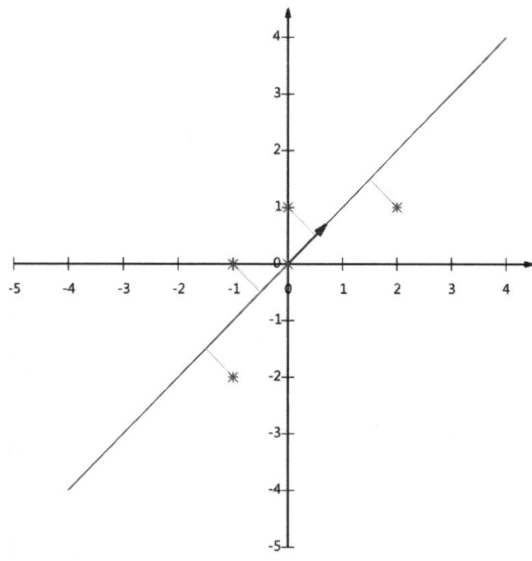

图 13.4 降维投影结果

13.6 scikit-learn PCA 降维实例

1. scikit-learn PCA 类介绍

在 scikit-learn 中，与 PCA 相关的类都在 sklearn.decomposition 包中。最常用的 PCA 类就是 sklearn.decomposition.PCA，下面主要会讲解这个类的使用方法。

除了 PCA 类以外，常用的 PCA 相关类还有 KernelPCA 类，它主要用于非线性数据的降维，需要用到核技巧。因此，在使用的时候需要选择合适的核函数并对核函数的参数进行调参。

另一个常用的 PCA 相关类是 IncrementalPCA 类，它主要可以解决单机内存限制的问题。有时候样本量可能是上百万，维度可能是上千，直接去拟合数据可能会让内存崩溃，此时可以用 IncrementalPCA 类来解决这个问题。IncrementalPCA 类先将数据分成多个 batch，然后对每个 batch 依次递增调用 partial_fit 函数，这样一步一步地得到最终的样本最优降维。

此外，还有 SparsePCA 类和 MiniBatchSparsePCA 类。它们和上面讲到的 PCA 类的区别主要是使用了 $L1$ 的正则化，这样可以将很多非主要成分的影响度降为 0。在 PCA 降维的时候仅仅需要对那些相对比较主要的成分进行 PCA 降维，避免了一些噪声之类的因素对 PCA 降维的影响。SparsePCA 类和 MiniBatchSparsePCA 类之间的区别则是 MiniBatchSparsePCA 类通过使用一部分样本特征和给定的迭代次数来进行 PCA 降维，以解决在大样本时特征分解过慢的问题，当然，代价就是 PCA 降维的精确度可能会降低。使用 SparsePCA 类和

MiniBatchSparsePCA 类需要对 $L1$ 正则化参数进行调参。

2. sklearn.decomposition.PCA 参数介绍

接下来主要基于 sklearn.decomposition.PCA 类来讲解如何使用 scikit-learn 进行 PCA 降维。PCA 类基本不需要调参，一般来说，只需要指定需要降维到的维度，或者希望降维后的主成分的方差和占原始维度所有特征方差和的比例阈值就可以了。

下面对 sklearn.decomposition.PCA 的主要参数进行介绍。

（1）n_components：这个参数可以帮助指定希望 PCA 降维后的特征维度数目。最常用的做法是直接指定降维到的维度数目，此时 n_components 是一个大于等于 1 的整数。当然，也可以指定主成分的方差和所占的最小比例阈值，让 PCA 类自己去根据样本特征方差来决定降维到的维度数，此时 n_components 是一个 (0,1] 的数。当然，还可以将参数设置为 "mle"，此时 PCA 类会用 MLE 算法根据特征的方差分布情况自己去选择一定数量的主成分特征来降维；也可以用默认值，即不输入 n_components，此时 n_components=min(样本数 , 特征数)。

（2）whiten：判断是否进行白化。所谓白化，就是对降维后的数据的每个特征进行归一化，让方差都为 1，对于 PCA 降维本身来说，一般不需要白化。如果 PCA 降维后有后续的数据处理动作，可以考虑白化。默认值是 False，即不进行白化。

（3）svd_solver：即指定奇异值分解 SVD 的方法，由于特征分解是奇异值分解 SVD 的一个特例，一般的 PCA 库都是基于 SVD 实现的。有 4 个可以选择的值：{'auto','full','arpack','randomized'}。randomized 一般适用于数据量大、数据维度多同时主成分数目比例又较低的 PCA 降维，它使用了一些加快 SVD 的随机算法。full 则是传统意义上的 SVD，使用了 SciPy 库对应的实现。arpack 与 randomized 的适用场景类似，区别是 randomized 使用 scikit-learn 自己的 SVD 实现，而 arpack 直接使用 SciPy 库的 Sparse SVD 实现。默认是 auto，即 PCA 类会自己到前面所讲的三种算法里面去权衡，选择一个合适的 SVD 算法来降维。一般来说，使用默认值就够了。

除了这些输入参数外，还有两个 PCA 类的成员值得关注。第一个是 explained_variance_，它代表降维后的各主成分的方差值。方差值越大，说明越是重要的主成分。第二个是 explained_variance_ratio_，它代表降维后的各主成分的方差值占总方差值的比例，这个比例越大，说明越是重要的主成分。

【例 13.1】下面用一个实例来学习 scikit-learn 中的 PCA 类的使用，这里使用三维的数据来降维。实验环境是 Anaconda3 和 Jupyter Notebook。

首先生成随机数据并可视化，代码如下：

In[1]:

```
import numpy as np
import matplotlib.pyplot as plt
from mpl_toolkits.mplot3d import Axes3D
%matplotlib inline
from sklearn.datasets.samples_generator import make_blobs
```

```
# X 为样本特征，Y 为样本簇类别，共有 1000 个样本，每个样本有 3 个特征，共 4 个簇
X, y = make_blobs(n_samples=10000, n_features=3, centers=[[3,3, 3], [0,0,0],
[1,1,1], [2,2,2]], cluster_std=[0.2, 0.1, 0.2, 0.2],
                  random_state =9)
fig = plt.figure()
ax = Axes3D(fig, rect=[0, 0, 1, 1], elev=30, azim=20)
plt.scatter(X[:, 0], X[:, 1], X[:, 2],marker='o')
```

Out[1]：三维数据的分布如图 13.5 所示。

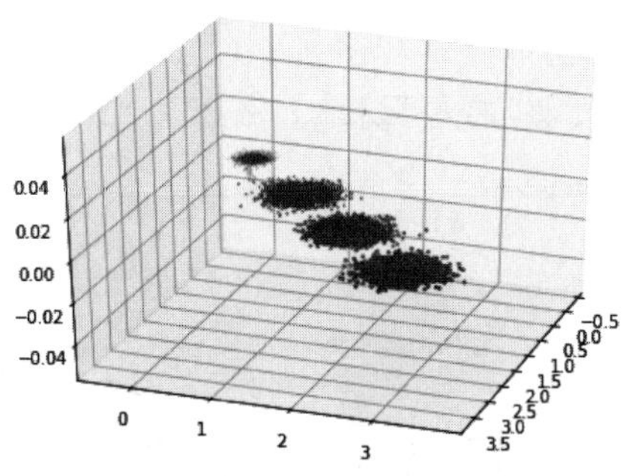

图 13.5 三维数据的分布

先不降维，只对数据进行投影，看看投影后的三个维度的方差分布，代码如下：

In[2]：

```
from sklearn.decomposition import PCA
pca = PCA(n_components=3)
pca.fit(X)
print (pca.explained_variance_ratio_)
print (pca.explained_variance_)
```

Out[2]：

```
[0.98318212 0.00850037 0.00831751]
[3.78521638 0.03272613 0.03202212]
```

可以看出投影后三个特征维度的方差比例大约为 98.3%、0.8%、0.8%。投影后第一个特征占了绝大多数的主成分比例。

现在来进行降维，从三维降到二维，代码如下：

In[3]：

```
pca = PCA(n_components=2)
pca.fit(X)
print (pca.explained_variance_ratio_)
print (pca.explained_variance_)
```

Out[3]：

```
[0.98318212 0.00850037]
```

```
[3.78521638 0.03272613]
```

这个结果其实可以预料到，因为上面三个投影后的特征维度的方差分别为：[3.78521638 0.03272613 0.03202212]，投影到二维后选择的肯定是前两个特征，而抛弃第三个特征。

为了有一个直观的认识，下面看看此时转化后的数据分布，代码如下：

In[4]:

```
X_new = pca.transform(X)
plt.scatter(X_new[:, 0], X_new[:, 1],marker='o')
plt.show()
```

Out[4]：降维后的数据分布如图 13.6 所示。

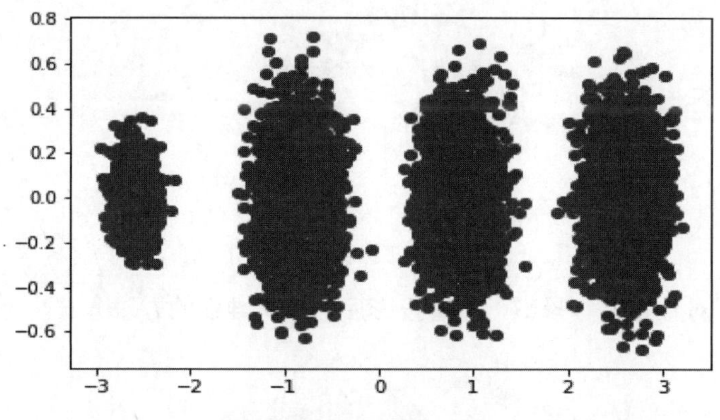

图 13.6 降维后的数据分布

现在看看不直接指定降维的维度，而指定降维后的主成分方差和比例。

In[5]:

```
pca = PCA(n_components=0.95)
pca.fit(X)
print (pca.explained_variance_ratio_)
print (pca.explained_variance_)
print (pca.n_components_)
```

Out[5]（指定了主成分至少占 95%，输出如下）：

```
[0.98318212]
[3.78521638]
1
```

可见只有第一个投影特征被保留。这也很好理解，第一个主成分占投影特征的方差比例高达98%。只选择这一个特征维度便可以满足95%的阈值。现在选择阈值99%看看，代码如下：

In[6]:

```
pca = PCA(n_components=0.99)
pca.fit(X)
```

```
print (pca.explained_variance_ratio_)
print (pca.explained_variance_)
print (pca.n_components_)
```

Out[6]:

```
[0.98318212 0.00850037]
[3.78521638 0.03272613]
2
```

这个结果也很好理解，因为第一个主成分占了98.3%的方差比例，第二个主成分占了0.8%的方差比例，两者一起可以满足阈值。

最后看看让MLE算法自己选择降维维度的效果，代码如下：

In[7]:

```
pca = PCA(n_components='mle')
pca.fit(X)
print (pca.explained_variance_ratio_)
print (pca.explained_variance_)
print (pca.n_components_)
```

Out[7]:

```
[0.98318212]
[3.78521638]
1
```

可见，由于数据的第一个投影特征的方差占比高达98.3%，MLE算法只保留了第一个特征。

【例 13.2】将 Iris 数据特征降为二维。

```
# -*- coding: utf-8 -*-
import matplotlib.pyplot as plt
from sklearn.datasets import load_iris
from sklearn.decomposition import PCA
iris = load_iris()
y = iris.target
X = iris.data
import pandas as pd
pd.DataFrame(X)
pca = PCA(n_components=2) #将特征降为二维
pca = pca.fit(X)
X_dr = pca.transform(X)
X_dr
color = ["red","green","blue"]
plt.figure()
for i in [0,1,2]:
    plt.scatter(X_dr[y==i, 0]
               ,X_dr[y==i, 1]
```

```
                    ,alpha = 0.7
                    ,c=color[i]
                    ,label=iris.target_names[i])
plt.legend()
plt.title('PCA of IRIS dataset')
plt.show()
```

Iris 数据 PCA 特征降维分布结果如图 13.7 所示。

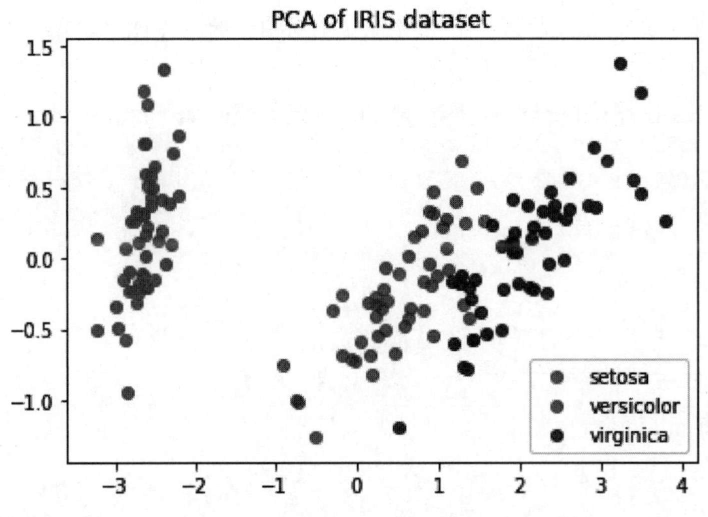

图 13.7 Iris 数据 PCA 特征降维分布

13.7 核主成分分析 KPCA 简介

在上面的 PCA 算法中，假设存在一个线性的超平面，可以对数据进行投影。但是有些时候，数据不是线性的，不能直接进行 PCA 降维。这就需要用到和支持向量机一样的核函数的思想，先把数据集从 n 维映射到线性可分的高维 $N>n$，再从 N 维降维到一个低维度 n'，这里的维度之间满足 $n'<n<N$。

使用了核函数的主成分分析一般称为核主成分分析（Kernelized PCA，KPCA）。假设高维空间的数据是由 n 维空间的数据通过映射 ϕ 产生的。

对于 n 维空间的特征分解为：

$$\sum_{i=1}^{m} x^{(i)} x^{(i)} W = \lambda W \qquad （公式 13.20）$$

映射为：

$$\sum_{i=1}^{m} \phi(x^{(i)}) \phi(x^{(i)})^{\mathrm{T}} W = \lambda W \qquad （公式 13.21）$$

通过在高维空间进行协方差矩阵的特征值分解，然后用和 PCA 一样的方法进行降维。一般来说，映射 ϕ 不用显式地计算，而是在需要计算的时候通过核函数完成。由于 KPCA 需要核函数的运算，因此它的计算量要比 PCA 大很多。

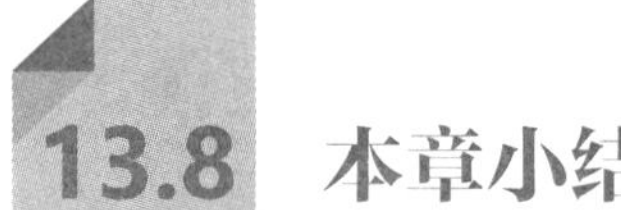

13.8 本章小结

PCA 算法作为一个非监督学习的降维方法，它只需要特征值分解，就可以对数据进行压缩和去噪。因此，在实际场景中的应用很广泛。为了克服 PCA 的一些缺点，出现了很多 PCA 的变种，比如为解决非线性降维的 KPCA，还有解决内存限制的增量 PCA 方法 IncrementalPCA，以及解决稀疏数据降维的 PCA 方法 SparsePCA 等。

本章主要介绍了 PCA 算法的数据向量表示与降维分析过程，给出了 PCA 算法流程，举例讲解了 PCA 算法的数据实际降维操作，最后简要介绍了核主成分分析 KPCA。

13.9 复习题

（1）如何求取向量的内积？

（2）简单描述基。

（3）基变换的矩阵表示是什么？

（4）简述方差。

（5）简述协方差。

（6）简述 PCA 算法流程。

（7）简述 scikit-learn 中常见的 PCA 相关类。

参考文献

[1] 陈海虹，黄彪，刘峰，陈文国 . 机器学习原理及应用 [M]. 成都：电子科技大学出版社，2017.

[2] McCallum,a.&K.Nigam. A Comparison of Event Models for Naive Bayes Text Classification[EB/OL]. http://www.cs.cmu.edu/~knigam/papers/multinomial-aaaiws98.pdf，1999.

[3] Shimodaira.H. Text Classification using Naive Bayes[EB/OL]. https://www.inf.ed.ac.uk/teaching/courses/ inf2b/learnnotes/inf2b-learn07-notes-nup.pdf，2020.

[4] scikit-learn developers. Naive Bayes[EB/OL]. https://scikit-learn.org/stable/modules/naive_bayes.html #naive-bayes，2021.

[5] 刘帝伟 . 概率分布 Probability Distributions[EB/OL]. http://www.csuldw.com/2016/08/19/2016-08-19-probability-distributions/，2016.

[6] 李航 . 统计学 [M]. 北京：清华大学出版社，2012.

[7] 张洋 . PCA 的数学原理 [EB/OL]. http://blog.codinglabs.org/articles/pca-tutorial.html，2013.

[8] 周志华 . 机器学习 [M]. 北京：清华大学出版社，2016.

[9] 黄永昌 . scikit-learn 机器学习：常用算法原理及编程实战 [M]. 北京：机械工业出版社，2018.

[10] Geron. scikit-learn, Keras 和 TensorFlow 的机器学习实用指南（影印版）[M]. 南京：东南大学出版社，2020).

[11] Boyd,S.&L.Vandenberghe. Convex Optimization[M]. Cambridge：Cambridge University Press，2014.

[12] Mitchell,T. Machine Learning[M]. New York：McGraw Hill，1997.

[13] Escalera,S.,O. Pujol&P. Radeva. Error-correcting output codes library[J]. Journal of Machine Learning Research，2010(11)：661-664.

[14] Tibshirani, R. Regression shrinkage and selection via the LASSO[J]. Journal of the Royal Statistical Society: Series B, 1996(1):267-288.

[15] 美团算法团队 . 美团机器学习实践 [M]. 北京：人民邮电出版社，2018.

[16] Pang-Ning T., M. Steinbach& V. Kumar. 数据挖掘导论（完整版）[M]. 范明等译 . 北京：人民邮电出版社，2016.